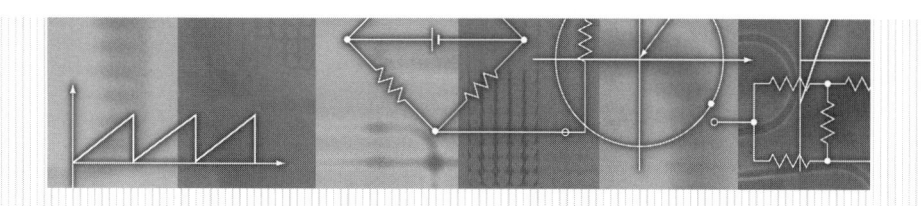

基本を学ぶ
電気と回路

小林敏志・坪井 望 共著

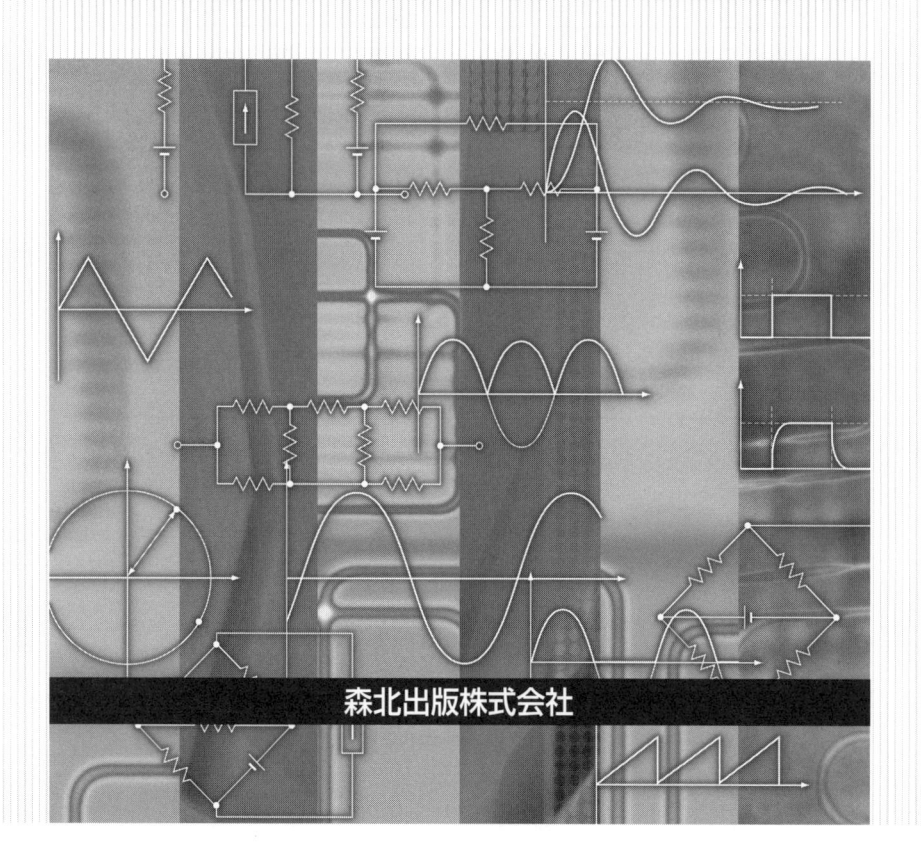

森北出版株式会社

● 本書のサポート情報を当社Webサイトに掲載する場合があります．下記のURLにアクセスし，サポートの案内をご覧ください．

https://www.morikita.co.jp/support/

● 本書の内容に関するご質問は，森北出版 出版部「(書名を明記)」係宛に書面にて，もしくは下記のe-mailアドレスまでお願いします．なお，電話でのご質問には応じかねますので，あらかじめご了承ください．

editor@morikita.co.jp

● 本書により得られた情報の使用から生じるいかなる損害についても，当社および本書の著者は責任を負わないものとします．

■ 本書に記載している製品名，商標および登録商標は，各権利者に帰属します．

■ 本書を無断で複写複製（電子化を含む）することは，著作権法上での例外を除き，禁じられています．複写される場合は，そのつど事前に(一社)出版者著作権管理機構（電話03-5244-5088, FAX03-5244-5089, e-mail：info@jcopy.or.jp）の許諾を得てください．また本書を代行業者等の第三者に依頼してスキャンやデジタル化することは，たとえ個人や家庭内での利用であっても一切認められておりません．

序

　電気回路は電磁気学の一分野として，高等学科の物理学でもその基礎的なところは学んでいる．しかし，多くの学生にとって電気は分かりにくいもののようである．電気系の学生でも，電気回路の形式的な解法は知っていても，電気回路を物理現象と結びつけて理解していないことがある．

　筆者のひとりは，機能材料工学科の1年生に「電気回路基礎論」（2単位）を10年間教えてきた．材料技術者にとって電気および電気回路の基礎知識は不可欠であると考えるからである．しかし，当学科は電気を専門としない学科であるうえ，入学試験が多様化しているため，中には高等学校で物理を履修してこない学生や，個別学力試験で物理学を選択しない学生もいる．また，将来の働き場所も多岐にわたる．

　このような，学生のバックグランドや進路が異なる学科における電気回路の講義には，必然的に電気系学科とは異なる幾つかの工夫が必要になる．この工夫をここに紹介することにより，本書を記したいきさつと本書の特徴を述べたいと思う．

　まず，電磁気学や回路部品の基礎や原理を理解させながら，これと連動して電気回路を理解できるように，内容を工夫した．次に，ぴったりする教科書が無かったので，教科書形式のプリントを作った．ここでは，通常の教科書のような説明的な記述の代わりに，例題と解答を体系的に連続させることによって，対象としている主題を記述することを試みた．こうすることにより，学生はポイントを絞りながら，一つ一つ理解を積み重ねて前に進むことができ，学んだことを確実に身につけることができる．

　また，予習を前提とする講義を行うので，予習の段階で理解できるように，プリントには随所に補足説明と注意事項を書き加えるとともに，間違えやすいところや重要なところがすぐ分かるようにした．さらに，数式でつまずかないように，必要に応じて数学を平易に説明した．

　高等学校で物理を履修しなかった学生にも分かるレベルから書き始めたが，到達レベルは下げてない．すなわち，到達レベルは，さらに進んだ電気回路の

専門書が読め，電子回路の学習に必要な回路解析の知識が得られるところにおいた．

このプリントを本にしたい，と考えたのは一学生の次の言葉による．

「先生，本にしませんか．高校の物理では電気が分からなかったけれど，このプリントなら良く分かります」

この言葉に励まされ，森北出版の広木敏博氏に相談したところ，社内で諮っていただき，出版の許可を頂いた．ところが出版するとなると，もう一度全体を見直す必要がある．場合によっては書き改める箇所が出てくる．そんなことで，予想外に日数を要してしまい，広木氏はじめ関係諸氏には大変ご迷惑をおかけした．ここにお礼とともにお詫び申し上げます．

以上のようないきさつなので，本書には先に述べたプリントの特徴が全部含まれている．2単位としては分量が多い，という印象を受けるかもしれないが，予習をきちんとすれば，90分の講義15回でちょうど終えることができることは，実証ずみである．

なお，計算式についてお断りしておきたい．本書では，数値計算の計算式に単位を書き込んだ場合が多い．不要とする意見もあろうが，単位を入れて計算する方が理解しやすく，また桁間違いが少ないと思うからである．

最後に，本書で学んだ学生諸君が，電気に親しみ，電気回路の基礎知識を身につけるとともに，ここで学んだことを応用・発展させ，一味違った幅広い技術者・研究者に育っていただければ幸いである．

2005年8月

著者しるす

目　　次

第1章　電気の基礎 ··· 1
- 1-1　オームの法則 ·· 1
- 1-2　電　　荷 ··· 7
- 1-3　電　　流 ·· 10
- 1-4　導電率と抵抗率 ·· 15
- 1-5　電　　位 ·· 19
- 1-6　電　　力 ·· 22
- 1-7　電流の熱作用 ·· 24
- 演 習 問 題 ·· 26

第2章　直流回路の基礎 ··· 29
- 2-1　用語の定義 ·· 29
- 2-2　電 位 差 ·· 29
- 2-3　キルヒホッフの法則 ·· 30
  - 2-3-1　第1法則（電流の法則）30　　2-3-2　第2法則（電圧の法則）31
- 2-4　抵抗の直列接続と並列接続 ·· 33
  - 2-4-1　直 列 接 続　33　　2-4-2　並 列 接 続　36
  - 2-4-3　直並列接続　40
- 2-5　合成抵抗による回路解析 ·· 41
- 演 習 問 題 ·· 42

第3章　回路解析の基本 ··· 45
- 3-1　行　列　式 ·· 45
  - 3-1-1　行列式の定義　45　　3-1-2　クラメルの公式　48
- 3-2　簡単な回路（I） ··· 50
  - 3-2-1　枝電流による解法　50　　3-2-2　閉路電流による解法　53
- 3-3　簡単な回路（II） ·· 55

3-4 合成抵抗 …………………………………………………………… 59
3-5 直流電源 …………………………………………………………… 60
 3-5-1 電圧源と電流源 60   3-5-2 最大電力の供給 64
3-6 テブナンの定理 …………………………………………………… 65
3-7 重ねの理 …………………………………………………………… 69
3-8 閉路方程式と節点方程式 ………………………………………… 71
演習問題 …………………………………………………………………… 74

第4章 回路素子 ……………………………………………………… 76
4-1 抵抗素子 …………………………………………………………… 76
 4-1-1 定義と記号 76
 4-1-2 抵抗器の構造とオームの法則 76
4-2 容量素子 …………………………………………………………… 78
 4-2-1 定義と記号 78
 4-2-2 コンデンサの構造と原理 79
 4-2-3 静電容量 84   4-2-4 合成容量 86
 4-2-5 コンデンサに蓄えられるエネルギー 89
4-3 誘導素子 …………………………………………………………… 90
 4-3-1 定義と記号 90   4-3-2 電磁誘導 90
 4-3-3 自己誘導 95   4-3-4 相互誘導 97
 4-3-5 コイルに蓄えられるエネルギー 100
 4-3-6 誘導素子の時間応答の概略 100
演習問題 …………………………………………………………………… 103

第5章 回路素子の応答 ……………………………………………… 105
5-1 抵抗回路 …………………………………………………………… 105
5-2 CR 直列回路 ……………………………………………………… 105
 5-2-1 微分方程式と解法 105   5-2-2 CR 直列回路の応用 112
5-3 LR 直列回路 ……………………………………………………… 114
5-4 LCR 直列回路 …………………………………………………… 117
 5-4-1 $R^2 > 4L/C$ の場合 117   5-4-2 $R^2 = 4L/C$ の場合 118
 5-4-3 $R^2 < 4L/C$ の場合 119

演習問題 ･･･ 121

第6章　交　　　流 ･･･ 123
　6-1　交　　　流 ･･･ 123
　6-2　正弦波交流の記述 ･････････････････････････････････････ 124
　6-3　平均値と実効値 ･･･････････････････････････････････････ 127
　　6-3-1　平　均　値　127　　　　6-3-2　実　効　値　129
　6-4　抵抗で消費される電力 ･････････････････････････････････ 131
　　6-4-1　オームの法則　131
　　6-4-2　抵抗で消費される電力　132
　　6-4-3　実効値の意味　134
　6-5　正弦波交流の複素数表示 ･･･････････････････････････････ 135
　　6-5-1　複素平面　135　　　　6-5-2　交流の複素数表示　139
　　6-5-3　複素電力　140
　　演習問題 ･･･ 142

第7章　交流回路理論（I） ････････････････････････････････ 143
　7-1　CR 回路（I） ･･･ 143
　　7-1-1　定常状態における電流　143
　　7-1-2　電流と電圧の位相差　145
　　7-1-3　コンデンサで消費される電力　146
　　7-1-4　インピーダンス　147
　7-2　CR 回路（II） ･･ 148
　　7-2-1　複素数表示　148　　　7-2-2　複素インピーダンス　152
　　7-2-3　並　列　接　続　154
　　7-2-4　複素インピーダンスの計算　156
　　7-2-5　簡単な CR 回路の応用　157
　7-3　現実のコンデンサ ･････････････････････････････････････ 160
　　7-3-1　$\tan \delta$　160　　　　7-3-2　コンデンサの損失　162
　　演習問題 ･･･ 164

第 8 章　交流回路理論（II）　………………………………………… 166

8-1　LR 回路 …………………………………………………………… 166
- 8-1-1　LR 直列回路　166
- 8-1-2　複素インピーダンス　168
- 8-1-3　LR 直並列接続　170

8-2　コ　イ　ル ………………………………………………………… 172
- 8-2-1　電流と電圧の位相差　172
- 8-2-2　現実のコイル　173

8-3　L, C, R を含む回路 ………………………………………………… 174
- 8-3-1　LCR 直列回路の解析　174
- 8-3-2　複素インピーダンス　177
- 8-3-3　直 列 共 振　178
- 8-3-4　共 振 の 鋭 さ　181
- 8-3-5　並 列 共 振　183

演 習 問 題 …………………………………………………………………… 185

第 9 章　交流回路のまとめ …………………………………………… 188

9-1　複素数表示と $j\omega$ ………………………………………………… 188

9-2　インピーダンスとアドミタンス ……………………………………… 189
- 9-2-1　インピーダンスとアドミタンス　189
- 9-2-2　回路素子における電流と電圧の位相差　191

9-3　回 路 解 析 …………………………………………………………… 192
- 9-3-1　閉路方程式と節点方程式　192
- 9-3-2　電源の内部インピーダンス　194
- 9-3-3　インピーダンス整合　194
- 9-3-4　テブナンの定理　196
- 9-3-5　重 ね の 理　196

演 習 問 題 …………………………………………………………………… 196

問 題 解 答 ……………………………………………………………………… 198
参 考 文 献 ……………………………………………………………………… 220
索　　　　引 ……………………………………………………………………… 221

電気の基礎

この章では，これから学ぶ電気回路だけではなく，物理学や工学を理解するためにも必要な電気の基礎を述べる．物理的な意味をよく考えながら学んでいただきたい．

1-1 オームの法則

図 1-1 のように，小さな電球（豆電球）を乾電池に電線（導線という）でつなぐと，電球が光る．これは，電球に電気が流れるためである．この電気の流れをとりあえず**電流**（current）ということにしよう．電流の単位は**アンペア**（ampere）であり A と書く．なお，電流の正確な定義は 1-3 節で述べる．

この図のように，電池や電球のような電流が流れる部品を導線でつないだものを**電気回路**（electric circuit）という．簡単に**回路**（circuit）ということも多い．ここで電気は乾電池の正極から出て，導線 1，電球 2，導線 3 を流れ，乾電池の負極に入る．乾電池の中は負極から正極に向かって電気が流れるので，結局，電流は図 1-1 の回路を一回りしているのである．このような，一回りしている電流の通路を**閉路**（loop）という．英語読みのまま**ループ**ともいう．

水面の高さを水位という．水は水位の高い所から水位の低い所に向かって流れる．言いかえれば，水位の差があるとき水が流れる．

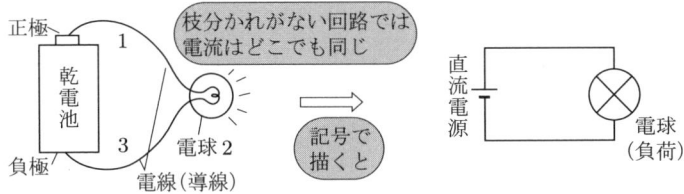

図 1-1　乾電池と豆電球による簡単な回路

> **注意：** 導線が枝分かれしていないところでは，どこでも電流は同じである．たとえば，図 1-1 では枝分かれがどこにもないので，導線 1 と導線 3 の電流は同じであり，電球の中を流れている電流も同じである．導線 1 と導線 3 では乾電池に近いところでも，電球に近いところでも，どこでも同じである．

電流を水の流れに例えると，水位に相当するものは，後に述べる**電位**（potential）であり，導体の中に電位の差があるとき，導体を電流が流れる．電位の差を**電位差**（potential difference）または**電圧**（voltage）という．電位差または電圧の単位は**ボルト**（volt）であり，これを V と書く．

マンガン電池やアルカリ電池では，その負極と正極の間の 電位差 は公称 1.5 V である（負極を基準とする正極の 電位 が 1.5 V である）．すなわち負極と正極の間に 1.5 V の 電圧 が発生している．このような電圧を発生させる能力を**起電力**（electromotive force：略して e.m.f）という．

乾電池では電気化学反応により起電力が生じる．その結果，電池の両端に電圧（電位差）が生じ，回路に電流を連続的に供給することができるのである．このような機能をもつ装置を総称して**電源**（electric source）という．

乾電池の起電力は，図 1-2 に示すように，時間的に変化せず一定であり，乾電池両端の電圧や回路に流れる電流も，**負荷**（load；図 1-1 の電球など）の状態が変化しなければ，時間的に変化せず一定である（実際の乾電池では電圧や電流は少しずつ減少してゆくのであるが，ここでは理想的な場合を考えている）．

このように時間的に一定な電圧や電流を**直流**（direct current：略して DC）という．直流電圧を供給し，直流電流を流すための電源を**直流電源**（DC power supply）という．直流電源の記号を図 1-3 に示す（＋と－に注意．通常は＋と－は書かない）．

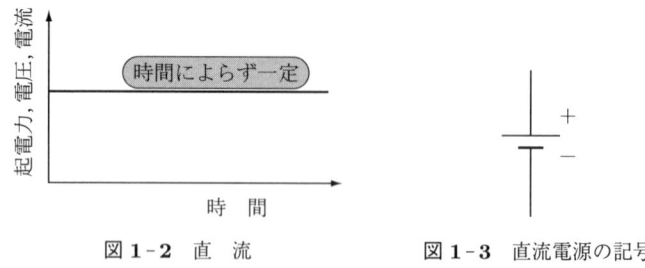

図 1-2　直　流　　　　　図 1-3　直流電源の記号

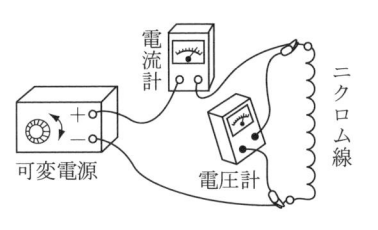
図 1-4 測定回路

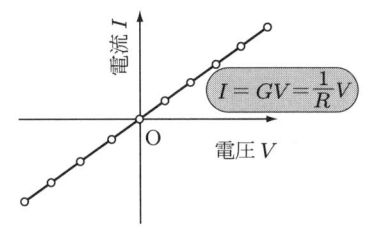
図 1-5 電圧-電流特性
(G が大きいと直線の傾きが大きくなる)

さて，マンガン電池やアルカリ電池の起電力は 1.5 V と一定であるが，起電力を自由に変えることができる直流電源がある．このような可変電源に細いニクロム線を接続して，図 1-4 のような回路をつくり，電源の起電力を変化させて回路に流れる電流とニクロム線両端の電圧を測ってみる．

ニクロム線の両端の電圧 V を横軸に，ニクロム線を流れる電流 I を縦軸にとれば，図 1-5 のような結果が得られる（図 1-4 の測定回路では，第 1 象限のみが測定される．図 1-4 の電源の出力の極性を反対にすれば，測定される電圧と電流の方向が反対になる．これは電圧と電流が負ということであり，第 3 象限に表される）．すなわち，I と V の関係は原点を通る直線になる．これは，I が V に比例するということであり，比例定数を G とすれば，

$$I = GV \tag{1-1}$$

と書ける．G は直線の傾き（勾配）である．

ニクロム線が太かったり，短かったりすれば G は大きくなる．G が大きいということは，図 1-5 では直線の傾きが大きいことを意味するから，電流 I が大きくなる．このように，G は電流の流れやすさを表す量で，**コンダクタンス**（conductance）と呼ばれる．

電流 I の単位をアンペア A，電圧 V の単位をボルト V で表すとき，G の単位は A/V の次元をもつが[注)]，これを**ジーメンス**（siemens）といい，S という記号で表す（Ω^{-1} や $1/\Omega$ を使うこともある）．

コンダクタンス G の逆数を R とすれば，

$$R = \frac{1}{G} \tag{1-2}$$

注) 分数 $\dfrac{b}{a}$ を b/a と書くことがある．

と書ける．これと式 (1-1) より，

$$I = \frac{V}{R} \tag{1-3}$$

が得られる．これは**オームの法則**（Ohm's law）として知られている．

前述のように，G は電流の流れやすさを表す量であるから，その逆数である R は電流の流れにくさを表す量である．この意味で，R を**抵抗**（resistance）という．抵抗 R は V/A の単位をもつが，これを**オーム**（ohm）といい，Ω という記号で表す．

この節では，電流の大きさを制限するものとしてニクロム線を考えたが，電流の大きさを制限するものはニクロム線に限らない．電流を制限する目的で作られた部品（素子ということもある）を**抵抗器**（resistor）という．簡単に**抵抗**ともいう．

このように，抵抗という言葉は，量 (V/I) を意味する場合と，物（抵抗器やニクロム線など）を意味する場合の両方に用いられる．

抵抗の図記号は ─\/\/\/─ である[28頁参照]．この図記号を用いて図 1-4 を書き直せば図 1-6 のようになる．なお，導線には銅などの低抵抗の金属を用いるが，厳密にいえばその抵抗はゼロではない．しかし，その抵抗値は極めて小さくできるので，回路解析においては導線の抵抗を無視する．したがって，導線の中に電位差はないとして扱う．

さて，これまでに出てきた電圧，電流，抵抗，コンダクタンスの量記号と単位記号，および読み方をまとめて表 1-1 に示しておく．なお，本書では，電圧や電流などを表す量記号（V や I）と単位記号（V や A）の表記を区別する．すなわち，量記号は斜体（イタリック体）で書き，単位記号は立体で書く．この表記上の区別は工学や物理学でよく行われる．

次に，単位について補足しておこう．電圧や電流などの値が大きいときや小

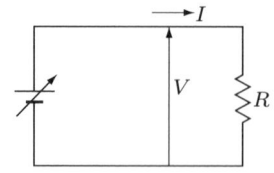

図 1-6　図 1-4 を図記号で表したもの
（電圧計と電流計は省略してある）

表 1-1　単位記号と読み方

量	量記号	単位記号	読み方	単位換算
電圧	V	V	ボルト	
電流	I	A	アンペア	
抵抗	R	Ω	オーム	=V/A
コンダクタンス	G	S	ジーメンス	=A/V

表 1-2　良く用いられる接頭語

接頭語	記号	倍率	接頭語	記号	倍率
デカ	da	10	デシ	d	10^{-1}
ヘクト	h	10^2	センチ	c	10^{-2}
キロ	k	10^3	ミリ	m	10^{-3}
メガ	M	10^6	マイクロ	μ	10^{-6}
ギガ	G	10^9	ナノ	n	10^{-9}
テラ	T	10^{12}	ピコ	p	10^{-12}
ペタ	P	10^{15}	フェムト	f	10^{-15}

さいときに，キロ（k）やミリ（m）などの接頭語をつける．よく用いられる接頭語と倍率を表 1-2 に示す．

> **補足：** たとえば，ミリ（m）は 10^{-3} 倍を意味するから，1 mm（1 ミリメートル）は 1 m（1 メートル）の 10^{-3} 倍（$10^{-3} \times 1\,\mathrm{m}$，すなわち 1000 分の 1 メートル）である．1 μm（1 マイクロメートル；1 ミクロンのこと）は 1 mm の 1000 分の 1 と覚えている人がいるかもしれないが，もともとは 10^{-6} メートルのことである（だから $10^{-3} \times 1\,\mathrm{mm}$）．

> **例題 1-1**　図 1-6 に示す回路で，$V = 10\,\mathrm{V}$，$R = 2.5\,\mathrm{k\Omega}$ のとき，回路を流れる電流 I を求めよ．

解　オームの法則（式 (1-3)）に，$V = 10\,\mathrm{V}$，$R = 2.5\,\mathrm{k\Omega} = 2.5 \times 10^3\,\Omega$ を代入すれば，
$$I = \frac{10\,[\mathrm{V}]}{2.5 \times 10^3\,[\Omega]} = 4.0 \times 10^{-3}\,[\mathrm{A}] = 4.0\,[\mathrm{mA}]$$

問 1-1　起電力が 9 V の電池に 120 Ω の抵抗を図 1-6 のようにつないだ．回路を流れる電流は何 mA か．

> **コツ:** この例では抵抗の単位を kΩ から Ω に直したが，最初のうちは，このように抵抗や電流の単位を Ω や A に合わせる方が間違いが少ない．慣れてくると，kΩ のまま計算すると電流の単位は mA となることが分かる．
>
> **注意:** 回路を流れる電流と抵抗を流れる電流は同じなのか？ という質問が時々ある．前述のように，導線（枝路）が分岐していないところでは，どこでも（抵抗の中も）電流は同じである．この例題では回路を流れる電流 I を求めよ，と記しているが，これは抵抗を流れる電流 I を求めよ，ということと同じである．

例題 1-2 $R = 2\,\text{k}\Omega$ の抵抗に $1.5\,\text{mA}$ の電流が流れているとき，この抵抗の両端の電圧はいくらか．

[解] 式 (1-3) は，抵抗 R の両端に電圧 V が印加されているとき，抵抗を流れる電流 I が V/R で表されることを示すものであった．抵抗 R に電流 I が流れているときには，抵抗の両端の電位差（電圧）は，式 (1-3) を書き直した

$$V = RI$$

になっている．

上式に，$R = 2\,\text{k}\Omega = 2 \times 10^3\,\Omega$，$I = 1.5\,\text{mA} = 1.5 \times 10^{-3}\,\text{A}$ を代入すれば，

$$V = (2 \times 10^3)\,[\Omega] \times (1.5 \times 10^{-3})\,[\text{A}] = 3.0\,[\text{V}]$$

となる．　■

問 1-2 $6.8\,\text{k}\Omega$ の抵抗に $2\,\text{mA}$ の電流が流れているとき，抵抗の両端の電圧は何 V か．

例題 1-3 図 1-6 の回路で，$V = 12\,\text{V}$ とする．$I = 2\,\text{mA}$ のとき R は何 Ω か．

[解] 式 (1-3) は $R = V/I$ と書きなおせる．この式は，抵抗器の両端に電圧 V が加わり，抵抗器に電流 I が流れているときは，抵抗器の抵抗値 R は V/I であることを示している．ここに，$V = 12\,\text{V}$，$I = 2\,\text{mA}$ を代入すれば，

$$R = \frac{V}{I} = \frac{12\,[\text{V}]}{2 \times 10^{-3}\,[\text{A}]} = 6 \times 10^3\,[\Omega] = 6\,[\text{k}\Omega]$$

となる．　■

問 1-3 図 1-7 のように電球が抵抗 R_S を通して 15 V の直流電源につながっているときを考える．この電球に 100 mA を超える電流を流すと電球が切れてしまうという．また電球の抵抗は 10 Ω であるという．電球が切れないようにするためには R_S の値はいくら以上にすればよいか．

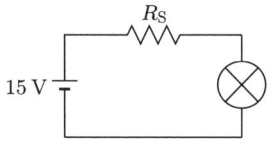

図 1-7　問 1-3 の回路

> **発展：** この問いのように，ある部品（素子）に流す電流の大きさや，部品にかかる電圧の大きさを制限することが良くある．このために R_S のように抵抗が使われる．

1-2　電　荷

　乾燥した日にセータを脱ぐとき，摩擦電気が発生することがある．摩擦の条件を変えると帯電の状態が変わる．一定の帯電状態にある物質は一定の電気量をもっていると考え，この電気量のことを**電荷**（electric charge）という．電荷の単位は**クーロン**（coulomb）と呼ばれ，C という記号で表される．

　この電荷には，正（または陽）と負（または陰）の二つがある．図 1-8 に示すように，異なる符号の電荷は互いに引き合い（引力が働く），同じ符号の電荷は反発し合う（斥力が働く）．すなわち電荷の間には力が働く．

　真空中に距離 r へだてて置かれた二つの点電荷 Q と Q' の間に働く力の大きさ F は，次式 (1-4) のように，二つの電荷量の積に比例し距離の 2 乗に反比例することが，クーロン（C.A.Coulomb）の実験により明らかになった．

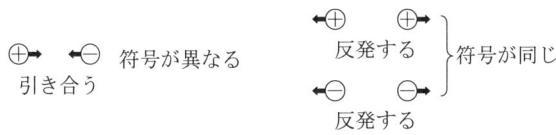

図 1-8　電荷と力

$$F = \frac{1}{4\pi\varepsilon_0}\frac{QQ'}{r^2} \tag{1-4}$$

ここで，ε_0 は**真空の誘電率**（dielectric constant of vacuum）と呼ばれ，

$$\varepsilon_0 = \frac{10^7}{4\pi c^2} = 8.854 \times 10^{-12} \ [\text{F/m}] \tag{1-5}$$

である．ここに c は真空中での光速である．単位の F はファラッド（farad）と読むが，この意味は後述する．F の次元は $\text{C}^2/(\text{N}\cdot\text{m})$ である．

同じ電気量をもつ二つの点電荷が 1 m 離れているとき，この電荷の間に働く力が $c^2/10^7$ N（ニュートン）のとき，その電荷を 1 C と定義する．別の言い方をすれば，式 (1-4) で，r の単位を m で，Q と Q' の単位を C で表し，ε_0 の単位に F/m を使えば，F の単位は N となる．

なお，式 (1-4) とその意味を**クーロンの法則**（Coulomb's law）といい，この法則に従って作用する力を**クーロン力**（Coulomb's force）という．

補足： 式 (1-5) は

$$\frac{1}{4\pi\varepsilon_0} = \frac{c^2}{10^7} \approx 9.0 \times 10^9 \ [\text{m/F}] \tag{1-5}'$$

と覚えても良い．この方が式 (1-4) を計算するのに楽であるが，後に ε_0 だけが必要になる場合が出てくるから，式 (1-5) によって ε_0 の値を知っていることも大切である．

例題 1-4 0.5 μC と 1.2 μC の電荷をもつ二つの点電荷がある．二つの点電荷の間の距離が 20 cm のとき，二つの点電荷の間に働くクーロン力の大きさと方向を求めよ．

解 式 (1-4) に $Q = 0.5\,\mu\text{C} = 0.5 \times 10^{-6}\text{C}$，$Q' = 1.2\,\mu\text{C} = 1.2 \times 10^{-6}\text{C}$，$\varepsilon_0 = 8.854 \times 10^{-12}\text{F/m}$，$r = 20\,\text{cm} = 0.2\,\text{m}$ を代入すれば，$F = 0.135\,\text{N}$ となる．これより，力の大きさは 0.135 N．電荷が同符号（F が正）なので，電荷の間に斥力が働く．■

コツ： ε_0 の単位が F/m のときは，電荷を C，長さを m の単位に統一すれば，力は N の単位となる．

重要： F が負のときは引力．正のときは斥力．図 1-8 参照．

例題 1-5 水素原子では，$+q$ の電荷をもつ質量の大きな陽子を中心とする半径 $0.53\,\text{Å}$ の円上を，$-q$ の電荷をもつ電子が回っている．陽子と電子を点電荷とみなして，電子に働く力の大きさと方向を求めよ．ただし，q の大きさは $1.602 \times 10^{-19}\,\text{C}$ である．

解 式 (1-4) の Q に $+q = 1.602 \times 10^{-19}\,\text{C}$ を，Q' に $-q = -1.602 \times 10^{-19}\,\text{C}$ を代入する．また，$\varepsilon_0 = 8.854 \times 10^{-12}\,\text{F/m}$，$r = 0.53\,\text{Å} = 0.53 \times 10^{-10}\,\text{m}$ を代入すれば，$F = -8.2 \times 10^{-8}\,\text{N}$ となる．

これより，力の大きさは $8.2 \times 10^{-8}\,\text{N}$ で，F が負なので（二つの電荷が異符号なので），電子は陽子に引きつけられる．すなわち電子に働く力は水素原子の中心に向かう． ■

電荷は電子と陽子だけがもっている．例題 1-5 で述べたが，電子は負の電荷を有し，その電荷は $-1.602 \times 10^{-19}\,\text{C}$ である．陽子は正の電荷を有していて，その電荷は $+1.602 \times 10^{-19}\,\text{C}$ である．すなわち，電子と陽子の電荷は大きさが同じで，符号が反対である．この章では，電子の電荷を $-q$ と書くことにする（陽子の電荷は $+q$，$|q| = 1.602 \times 10^{-19}\,\text{C}$）．

重要： $|q| = 1.602 \times 10^{-19}\,\text{C}$ を記憶すること．$1.6 \times 10^{-19}\,\text{C}$ でもよい．

図 1-9 にヘリウム原子の模型を示す．この模型のように，物質を構成する原子は，陽子と中性子からなる原子核の回りを電子がとりまいている（ただし水素原子は例外．水素 (H) には中性子がない．重水素 (D) にはある）．中性子はその名のとおり電荷をもたず（正でも負でもない），中性である．

ヘリウムに限らず，原子では電荷 $+q$ をもつ陽子の数と電荷 $-q$ をもつ電子

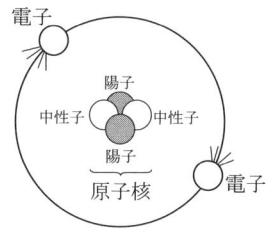

図 1-9 ヘリウム原子の模型

の数が同じであるから，正負の電荷が打ち消しあって原子全体では中性（電荷がゼロ）となっている．原子から電子が一つ離れると，電子より陽子が一つ多くなるから，全体の電荷は $+q$ となる．すなわち 1 価の陽イオンとなる．

同様にして，電子が二つ離れた 2 価の陽イオンの電荷は $+2q$ である．電子が一つ余分に付くと，1 価の陰イオンになり，その電荷は $-q$ である．2 価の陰イオンの電荷は $-2q$ である．このように，あらゆる物質の電荷の量は電子（または陽子）の電荷の整数倍である．

このように，物質の電荷量は連続した値ではなく，とびとびの値をもつ．しかし，電気回路で通常扱う電荷の大きさは電子の電荷の大きさよりはるかに大きいので，特別な場合でなければ，電荷量は連続として扱ってかまわない．

問 1-4 1 μC の電荷は何個の電子に相当するか．

1-3　電　流

電気を流しやすい物質を**導体**（conductor）という．金属は良い導体であるが，ニクロムのような抵抗が比較的高い合金や半導体も，ここでは導体として扱う．導体中を電荷が移動するとき電流が流れる．

一般にある物の「流れ」を定量的に扱うとき，図 1-10 のイラストのように，決められた場所を決められた時間内に物がどれだけ通過するか，で表す．導体中の任意の断面を流れる電流の大きさは，**その面を単位時間あたり通過する電荷の量**で表す．これを式で書けば以下のとおりである．

すなわち，ある断面を微小時間 dt の間に電荷 dQ が通過するとき，

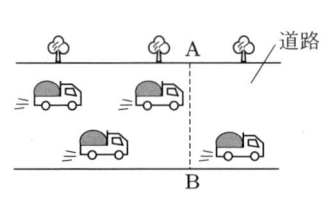
荷物の流れ：単位時間あたり
AB を通過する荷物の量

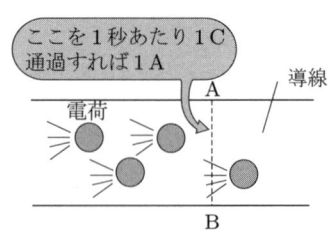
電流：単位時間あたり AB を
通過する電荷の量

図 1-10　「流れ」および「電流」の概念図

$$i = \frac{dQ}{dt} \tag{1-6}$$

で電流 i が定義される．ある断面を **1 秒間あたり通過する電荷量が 1C である
ときの電流が 1A** である．すなわち，A = C/s の単位の関係がある．

> **重要：** 上の太字で記した二つの部分および式 (1-6)
>
> **注意：** 数学的には，「微小時間 dt の間に電荷 dQ が通過する」というように dt や dQ を使うのはおかしいかもしれない．微小時間 Δt の間に微小電荷 ΔQ が通過するとき，電流 i は
> $$i = \lim_{\Delta t \to 0} \frac{\Delta Q}{\Delta t}$$
> で定義される，というべきである．しかし，物理学や工学では，極限をとるということを前提にして，Δt や ΔQ の代わりに最初から dt や dQ で表すことが多い．
>
> **注意：** 本書では電流と電圧が時間で変化するとき，これらの量を小文字で書き，時間で変化せず一定のときは大文字で書くことにする．式 (1-6) は時間によって変化する場合を含む一般的な場合なので，i と小文字で書いたが，電荷の移動が時間によらず一定（dQ/dt が一定）である直流の場合は，i の代わりに大文字 I で書く．

電荷を運ぶものは，一般に，金属や半導体では電子であり，電解質や一部の固体ではイオンである[注]．なお，図 1-11 に示すように，**電流の向きは正電荷の移動する方向を正**（言いかえると，<u>負の電荷をもつ電子や陰イオンの移動する方向と反対方向</u>）としている．

> **重要：** 太字で示した電流の向きと，アンダーラインの部分．

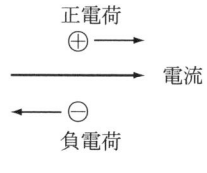

図 **1-11** 電流の方向

注） 半導体では正の電荷をもつ正孔も電荷を運ぶが，これは本質的には電子である．

例題 1-6 金属中を 2A の電流が流れるとき，1 秒あたりいくつの電子が流れるか．

解 電流の定義より，2A では 1 秒あたり 2C の電荷が流れるから，

$$\frac{2\,[\mathrm{C}]}{1.602 \times 10^{-19}\,[\mathrm{C}]} = 1.25 \times 10^{19}\, 個$$

∎

問 1-5 導線のある断面を 1 秒あたり 100 μC の電荷が流れている．このときの電流の大きさはいくらか．

導体の代表的な例として銅を考えてみよう．銅原子には 29 個の電子があるが，図 1-12 に示すように，K 殻，L 殻および M 殻の軌道にあわせて 28 個が入り，最も外側の軌道（最外核）の N 殻には電子が一つ入っている．

銅原子が集まって固体を作ると，銅原子はこの最外殻の電子を容易に離し銅イオン Cu^+ となる．銅原子から離れた電子は，図 1-13 に示すように銅イオンの間を自由に動き回る．

この電子を自由電子というが，これは，動き回ることによって電荷 $-q$ が動くのであるから，電気伝導に寄与する．この意味でこの電子を**伝導電子**（conduction electron）という．簡単に電子ということもある．

それぞれの銅原子から電子が一つ離れるから，銅原子の数と伝導電子の数は等しい．

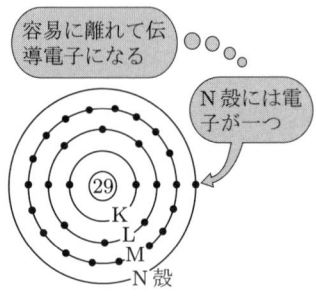

図 1-12 銅原子の電子配置

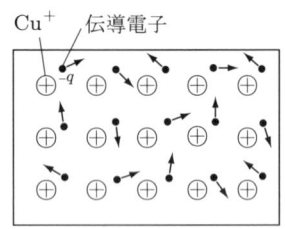

図 1-13 銅の伝導電子

例題 1-7 $1\,\mathrm{cm}^3$ の銅には伝導電子がいくつあるか. ただし, 銅の原子量を 63.6, 密度を $9.0\,\mathrm{g/cm}^3$ とする.

解 まず, $1\,\mathrm{cm}^3$ の銅は何モルかを求める. 銅 1 モルの体積は $63.6\,[\mathrm{g}] \div 9.0\,[\mathrm{g/cm}^3]$ $= 7.07\,[\mathrm{cm}^3]$ なので, $1\,\mathrm{cm}^3$ の銅は $1 \div 7.07 = 0.141$ モルである. 1 モルの銅にはアボガドロ数 6.02×10^{23} に等しい原子があるから, $1\,\mathrm{cm}^3$ の銅 (0.141 モルの銅) には, $0.141 \times (6.02 \times 10^{23}) = 8.5 \times 10^{22}$ 個の原子がある. 先に述べたように, 銅原子数と伝導電子数は等しいから, 伝導電子の数は 8.5×10^{22} 個である. ∎

問 1-6 厚さ $0.1\,\mathrm{mm}$, 幅 $1\,\mathrm{mm}$, 長さ $5\,\mathrm{mm}$ の銅箔中には伝導電子が幾つあるか.

次に電気伝導を定量的に扱うために, 具体的な例として, 図 1-14 のような, 断面積 S, 長さ L の導体棒を考えよう. この導体棒には, 例題 1-7 と問 1-6 で調べたように, たくさんの電子 (伝導電子) があり, この電子すべてが電気伝導に寄与する.

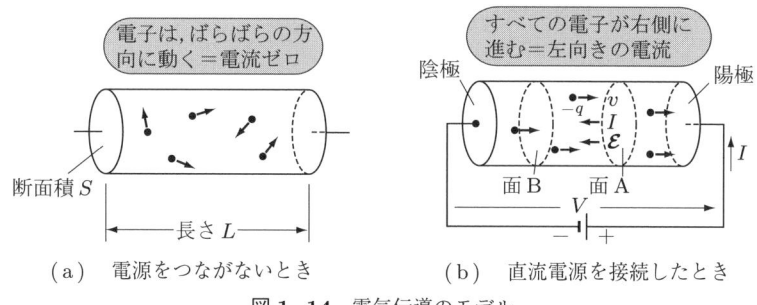

(a) 電源をつながないとき　　(b) 直流電源を接続したとき

図 1-14 電気伝導のモデル

導体棒に電源がつながっていないときは, それぞれの電子は図 1-14 (a) の場合のように, ばらばらの方向に勝手に動きまわり, 電子全体がある特定の方向に移動する, ということにはならないから, 導体に電流が流れない.

しかし, 図 1-14 (b) のように導体棒に直流電源を接続すると, 棒中のすべての電子は, その電荷が負であるから, 電源の正極につながる陽極の方に (図の場合は右側に) 引き寄せられ, その方向に移動 (運動) するので, 導体に電流が流れる.

簡単のため, 全部の電子が一様に移動すると仮定し, その速度を v とする.

単位体積あたりの電子の数を**電子濃度**（electron concentration）あるいは**電子密度**（electron density）というが、これを n とすれば、電流 I は

$$I = -qnvS \tag{1-7}$$

と表される。I を S で割った

$$J = \frac{I}{S} = -qnv \tag{1-8}$$

は、単位断面積あたりの電流を意味するが、これを**電流密度**（current density）という[注]。I を A、S を m^2 で表せば、電流密度の単位は A/m^2 である。

式 (1-7) と式 (1-8) で負の符号がついているのは、電子の電荷が負であることに基づいているが、これは、電流が電子の動く向きと反対向き（速度 v と電流 I あるいは電流密度 J が反対向き）であることを表している。すなわち、電子は導体中を陽極の方に向かって進むが、電流は（電子と反対向きであるから）陰極に向かうことになる。図 1-14 (b) でいうと、電子は導体の中を右側に向かって進むが、電流は導体中を左側に向かって流れる。

> **重要：** 式 (1-8) の $J = -qnv$ は重要なので覚えよ。

> **例題 1-8** 電流の定義に従って、式 (1-7) を次の手順で導け。
> (1) 図 1-14 (b) において、面 B にある電子が面 A に達するまでの時間が dt であるとき、AB 間の距離はいくらか。電子の速さを v とする。
> (2) 面 A と面 B に挟まれた領域の体積はいくらか。
> (3) 上で求めた体積中の全電子が dt の間に面 A を通過する。dt の間にこの面 A を通過する電子数 dN はいくらか。
> (4) 電子 1 個の電荷は $-q$ である。dt の間に面 A を通過する電荷 dQ はいくらか。
> (5) 単位時間あたり面 A を通過する電荷はいくらか。
> (6) 電流はどのように表されるか。

解 (1) vdt, (2) $vdtS$, (3) $dN = n \times vdtS$, (4) $dQ = -qdN = -qnvSdt$,

---

注）電流密度と電流は同じ方向をもつベクトルであるが、ここでは一次元で扱うので、正負の符号で方向を示し、それ以外はスカラーのように表現する。

(5) $dQ/dt = -qnvS$, (6) 前の問 (5) は電流の定義そのものであるから，式 (1-6) より電流 $I = dQ/dt = -qnvS$（時間的に変化しないので，i を大文字 I で書いた）． ∎

> **補足:** (1) 以下を求めるにあたり，v を速さとしたが，電荷の運動に方向を与えているので，最終的には速度（ベクトル）と解釈する．

1-4　導電率と抵抗率

再び，図 1-14 (b) の導体棒を考える．図のように電圧 V が印加されているとき，導体棒中の電子は右側（陽極側）に向かって運動するが，これは導体棒の内部に，右から左に向かう（陽極側から陰極側に向かう）**電界**（electric field）が生じているからである^{補足}．

通常の導体では，あまり電界が高くないとき，電子の速度 v は電界 $\mathcal{E}$ に比例し，その向きは電界と反対である．すなわち，比例定数を $-\mu$ と書けば，

$$v = -\mu\mathcal{E} \tag{1-9}$$

である．上の式で負の符号は，電子の動く方向が電界の方向と反対であることを意味する．

なお，μ は電子の**移動度**（mobility）と呼ばれる物質固有の量である．

> **補足:** 単位正電荷に働く力を電界という．電場ともいう．電界 $\mathcal{E}$ と電位 Φ の間には一次元では $\mathcal{E} = -d\Phi/dx$ の関係があり，電界は電位の高いところから低いところに向かう（図 1-14 (b) の棒中では右から左に向かう）．正電荷は電界と同じ方向に力をうけるが，電子は負電荷をもつので電界と反対方向の力を受ける．したがって，電子は電界と反対方向に移動する（図 1-14 (b) の棒中では左から右に移動する）．
>
> なお，電界はベクトルであるが，本書では一次元で扱うのでスカラーと同じに記し，正負の符号で方向を表すことにする．

> **例題 1-9**　導体の形状や寸法に依存しないオームの法則を導き，これが，式 (1-1) あるいは式 (1-3) に対応することを調べよ．

解 式 (1-8) に式 (1-9) を代入すれば

$$J = qn\mu \mathcal{E} \tag{1-10}$$

が得られる．この式より，電流密度 J の方向と電界 $\mathcal{E}$ の方向が一致することが分かるので，J と $\mathcal{E}$ をベクトルと意識せず，単にスカラーとして書いても，式 (1-10) が成り立つ．

均一な導体では電界は場所によらず一定で，その強さ（大きさ）は電位差を長さで割ったものである．すなわち，図 1-14(b) において，$\mathcal{E}$ の大きさは V/L である．これを式 (1-10) に代入し，$J = I/S$ を使えば，

$$I = qn\mu \frac{S}{L} V \tag{1-11}$$

が得られる．
ここで，

$$G = qn\mu \frac{S}{L} \tag{1-12}$$

とおけば，式 (1-11) は式 (1-1) と一致し，また

$$R = \frac{1}{G} = \frac{1}{qn\mu} \frac{L}{S} \tag{1-13}$$

とおけば，式 (1-11) は式 (1-3) と一致する．

以上述べた式の変形の道筋をたどってみれば，式 (1-10) はオームの法則であることが分かる．■

ところで

$$\sigma = qn\mu \tag{1-14}$$

とおけば，式 (1-10) は

$$J = \sigma \mathcal{E} \tag{1-15}$$

と書ける．

ここで，σ は **導電率**（conductivity）と呼ばれる．**電気伝導度** ともいう．これは物質固有の量である．

読者は，オームの法則といえば式 (1-3) の形式を思い浮かべると思うが，例題 1-9 で明らかになったように，式 (1-10) と，これを簡略化して表した式 (1-15) もオームの法則であることに注意して欲しい．

式 (1-3) は式 (1-11) と同じであるから，導体の形状や寸法によって変化するが（L や S で変化する），「電流密度が電界に比例する」ことを表す式 (1-10)

と式 (1-15) は，導体の寸法には依存せず，導体となる物質で決まる．言いかえれば，導体中の電子濃度と電子の移動度で決まる．

式 (1-3) のオームの法則は，電圧と電流という直接測定できる量の関係を表すので実用的であるのに対し，式 (1-10) と式 (1-15) のオームの法則は，物質の電子に関する量だけで表されるので，物性学で良く使われる．

> **重要：** 式 (1-10) または式 (1-15) を記憶せよ．
> **重要：** 式 (1-14) を記憶せよ．

> **例題 1-10** 導電率の逆数を**抵抗率**（resistivity）というが，抵抗率と抵抗を結びつける式を導け．

解 抵抗率を ρ と書けば，その定義と式 (1-14) から

$$\rho = \frac{1}{\sigma} = \frac{1}{qn\mu} \tag{1-16}$$

となる．

これを用いれば，式 (1-13) は

$$R = \rho \frac{L}{S} \tag{1-17}$$

と書きなおせる．これが，抵抗率と抵抗を結びつける式である． ■

式 (1-17) は，導体の<u>抵抗が長さに比例し，断面積に反比例する</u>ことを示す重要な式である．水道につながれたホースから流れる水のたとえを図 1-15 に描いておく．

抵抗率は**比抵抗**とか**固有抵抗**とも呼ばれるが，これは導電率の逆数であるから，物質固有の量である．

（a）太くて短い＝流れやすい
　　　　　　　　＝抵抗が低い

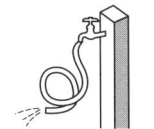
（b）細くて長い＝流れにくい
　　　　　　　　＝抵抗が高い

図 1-15 水道のたとえ

R を Ω, L を m, S を m^2 で表すとき, ρ の単位は Ω·m である. 導電率 σ は ρ の逆数であるから, その単位は (Ω·m)$^{-1}$ である. Ω^{-1}·m^{-1} と書いても良い. また, S/m あるいは S·m^{-1} と書いても良い.

> **重要:** 式 (1-17) を記憶せよ.
> **注意:** 抵抗率の単位を Ω/m と間違って書く人がいる. これは次元を考えずに, 機械的に書くためである. 次の例題で次元を確認してみよ.

例題 1-11 断面が 1 mm × 5 mm, 長さが 10 mm の直方体の形状をした半導体の長さ方向に測った抵抗が 10 kΩ であった. この半導体の抵抗率と導電率を求めよ.

解 式 (1-17) より,

$$\rho = R\frac{S}{L} = 10 \times 10^3\,[\Omega] \times \frac{1 \times 10^{-3}\,[\text{m}] \times 5 \times 10^{-3}\,[\text{m}]}{10 \times 10^{-3}\,[\text{m}]}$$

$$= 5\,[\Omega\cdot\text{m}] = 500\,[\Omega\cdot\text{cm}]$$

導電率は抵抗率の逆数だから,

$$\sigma = \frac{1}{\rho} = \frac{1}{5\,[\Omega\cdot\text{m}]} = 0.2\,[\Omega^{-1}\cdot\text{m}^{-1}] = 2 \times 10^{-3}\,[\Omega^{-1}\cdot\text{cm}^{-1}]$$

■

> **コツ:** 長さの単位を m か cm に合わせる. m で計算すれば抵抗率の単位は Ω·m となり, cm で計算すれば Ω·cm となる.

問 1-7 厚さ 0.5 mm, 幅 3 mm, 長さ 10 mm の直方体の形状をした導体がある. この導体の長さ方向に 12 V の電圧を印加したところ, 3 mA の電流が流れた. この導体の抵抗率と導電率を求めよ.

> **注意:** この問いでは, 式 (1-17) の R を 12 [V]/(3×10^{-3}) [A] のままにしておいてかまわない. その方が楽に計算できる. しかし, このように計算する人の中に, 抵抗率の単位を (V/A)·m と書く例を見かけるが, V/A を Ω に直して, Ω·m と書いて欲しい.

問 1-8 銅の抵抗率は 1.7×10^{-8} Ω·m である. 断面が直径 0.1 mm の円形で長さが 1 m の銅線の抵抗を求めよ.

1-5 電　位

　図 1-16 は，山の斜面に添って，標高 z_A の点 A から標高 z_B の点 B まで，質点が滑らかに落ちる様子を描いたものである．

　質点の質量を m，重力の加速度を g とすれば，質点が点 A から点 B に落ちるとき，重力が質点になす仕事は $mg(z_A - z_B)$ である．そして，質点はこれと等しい量のエネルギーを得る．

　ところで，質点が落ちるということは，図 1-16 の下側に描いた地図（平面図）でみると，質点が山の頂上の位置から離れるということである．

　以上のことを頭に入れておいて，平面上の一点に $Q(>0)$ の点電荷が固定されているときを考えよう．この平面上に，図 1-17 の下側の図に描いたように $Q'(>0)$ の点電荷を置くと，電荷 Q' は電荷 Q から離れるように移動する．これは図 1-16 から類推すれば，電荷 $Q(>0)$ によって図 1-17 の上側の図に示すような電気的な山ができていて，電荷 Q' がその山の斜面に添って落ちると考えても良い．このことをもう少し正確に言うと次のようになる．

　点電荷 Q' が電荷 Q から離れるのは，1-2 節で述べたクーロンの法則に基づくものであるが，別の見方をすれば，正の点電荷 Q から電界が放射状に外に向かっていて，電荷 $Q'(>0)$ は電界の方向に力を受けるため，Q から離れるのである．電界の方向は電位の高い点から電位の低い点に向くので，点電荷 $Q'(>0)$ は電位の低い方に向かう力を受けて，その方向に動くことになる．

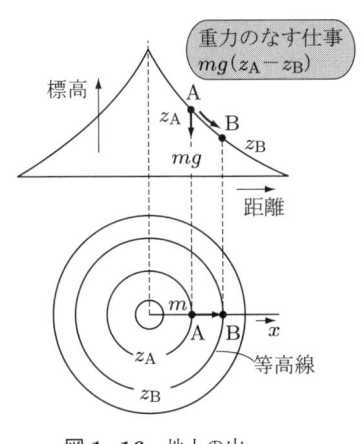

図 1-16　地上の山

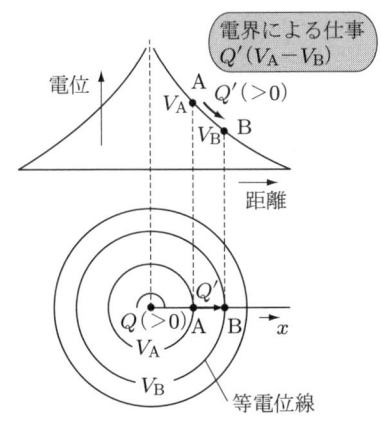

図 1-17　電気の山

山の標高に相当するものが，電気の山では電位である．地上の山では質点が標高の低いところに向かって落ちるように，電気の山では正電荷が電位の低いところに向かって落ちる．地上の山では質点の移動が重力によってなされたのに対し，電気の山では，電荷の移動は電界による力によってなされる．電位 V_A の点 A から電位 V_B の点 B に Q' の電荷が移動するとき，電界による力が電荷 Q' になす仕事（これを電界による仕事という）は $Q'(V_A - V_B)$ である[補足]．このとき，電荷 Q' は電界によって加速されて $Q'(V_A - V_B)$ に等しいエネルギーを得る．

ここで，V_A と V_B の電位差 $V_A - V_B$ に意味があることが分かった．もし，Q' の単位を C，$V_A - V_B$ の単位を V で表せば，$Q'(V_A - V_B)$ の単位は J（ジュールと読む）である．すなわち，1 C の電荷が 1 V の電位差の間を移動するとき，電界は 1 J の仕事をなす（電荷は 1 J のエネルギーを得る）．言い換えると，**1 C の電荷が移動するとき，電界のなす仕事（あるいは電荷が電界から得るエネルギー）が 1 J であるときの電位差を 1 V** と定義するのである．

> **重要：** 上の太字の部分．
> **補足：** 電荷 Q を原点として電荷 Q' に向かう方向に座標 x をとり 1 次元で扱えば，電荷に働く力は $Q'\mathcal{E}$ なので，電荷 $Q'\mathcal{E}$ を微小距離 dx 移動させるのに必要な仕事 dW は，$dW = Q'\mathcal{E}dx$．電位 Φ と電界 $\mathcal{E}$ の間に，$\mathcal{E} = -d\Phi/dx$ の関係があるから，$dW = Q'\mathcal{E}dx = -Q'd\Phi$．点 A から点 B まで電荷 Q' を移動させるのに必要な仕事は，dW を点 A から点 B まで積分すればよい．すなわち，$\int_{V_A}^{V_B}(-Q')d\Phi = -Q'\int_{V_A}^{V_B}d\Phi = Q'(V_A - V_B)$．

> **例題 1-12** 電子が電位 100 V の点から 101 V の点まで加速されるとき（1 V の電位差の間で加速されるとき），電子が得るエネルギーは何 J か．

解 電子の動きを図 1-17 で考えれば，この場合，Q' は電子の電荷であるから，$Q' = -q = -1.602 \times 10^{-19}$ C．また，電子は電位が低い点 B（電位 100 V）から電位が高い点 A（電位 101 V）に動くので，電位差は $V_B - V_A = 100\,[\text{V}] - 101\,[\text{V}] = -1\,[\text{V}]$．これより，$Q'(V_B - V_A) = -1.602 \times 10^{-19}\,[\text{C}] \times (-1)\,[\text{V}] = 1.602 \times 10^{-19}\,[\text{J}]$．■

> **補足：** $V_B - V_A$ の順番が先の説明と反対になっているが，この例題では点 B か

> ら点 A に電荷が動くからである．最初の V_B が出発点，後の V_A が到達点．また，図 1-17 では $Q' > 0$ として図示したが，Q' は負でもよい（ただし，点 B から点 A に動く）．

なお，例題 1-12 のエネルギーを 1 **電子ボルト**（electron volt）という．これは電子が 1 V の間で加速されたとき得るエネルギーで，極めて重要な単位である．英語読みで**エレクトロンボルト**ともいう．eV と書く．すぐ分かるように

$$1\,\text{eV} = 1.602 \times 10^{-19}\,\text{J} \tag{1-18}$$

である．

> **重要：** $1\,\text{eV} = 1.602 \times 10^{-19}\,\text{J}$．これを記憶せよ．$1.6 \times 10^{-19}\,\text{J}$ でもよい．
> **コツ：** J で出た答えを，C 単位で表した電子の電荷の大きさ 1.602×10^{-19} で割れば，eV 単位になる．

問 1-9 電子を 500 V の電位差の間で加速するとき，電子のエネルギーは何 eV 増加するか．また，これは何 J か．

> **コツ：** 電位差を V で表せば，その数字がそのまま eV の数字になる．

ここで，上に述べた電位差と電界のなす仕事，および電荷が得るエネルギーについて整理する意味で，これらを図 1-18 に模型的に描いておく．

さて，山の高さの位置を表す標高の基準はどこにとっても良いのであるが，通常は海面を基準にしている．電気の山では電位が標高に相当する．電位の基準も，どこにとっても構わないのであるが，通常は正電荷（この節では Q）から無限に離れた点を基準にとる．すなわち，無限遠方をゼロとする．

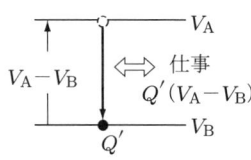
(a) 電界のなす仕事
（電荷の得るエネルギー）

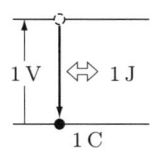
(b) 単位正電荷が得るエネルギー（V の定義）

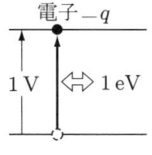
(c) 電子が得るエネルギー（eV の定義）

図 **1-18** 電位差とエネルギー

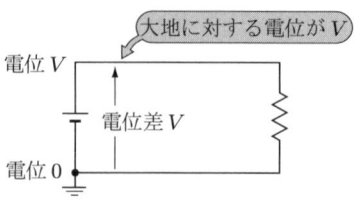

図 1-19 直流電源と電位

　この節では電位を作るものとして点電荷 Q を考えたが，実用的には電位を作るために電源を用い，大地の電位をゼロとすることが多い．図 1-19 の回路において，電源の正極と負極間の電位差（電圧）が V のとき，負極側を接地（導線で大地につなぐこと）すれば，負極の電位はゼロなので（すぐ上で述べたように実用的には大地をゼロとするから），電源の正極の電位は V である[補足]．

　家庭に配電されている電線は 2 本が一組になっていて，その間の電位差（電圧）は 100 V である．2 本の線のうち一つは接地されているので，この線の電位はゼロで，接地されていないもう一方の電線の電位は 100 V である．だから，二つの電線の電位差（電圧）は 100 V である．接地されていない線の大地に対する電位差は，当然 100 V である．

> 補足： 必ずしも接地する必要はない．図 1-19 で電源の負極を接地しなくても，この点をゼロとすれば正極の電位は V である．このように，扱っている回路の一点をゼロとすることもある．

1-6　電　力

　図 1-20 のように断面積 S，長さ L の導体棒に電圧 V が印加されているとする．導体中を陽極に向かって速度 v で運動する電子を考える．

> **例題 1-13**　図 1-20 (a) に示す電圧 V を印加した導体棒において，ある時刻で点 B にあった電子が微小時間 dt の間に点 A まで進んだとする．時間 dt の間に電源がこの電子になした仕事を求めよ．

　解　微小時間 dt の間に電子が進んだ距離（AB 間の距離）は vdt である．したがって，AB 間の電位差 $V_A - V_B$ は，棒が均質であれば電位は図 1-20 (b) に示すように直線的に変化するから，

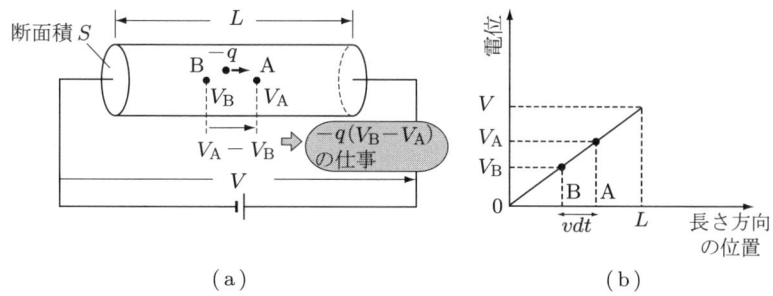

図 1-20 電圧を印加した導体棒 (a) と棒中の軸に沿う電位分布 (b)

$$V_A - V_B = \frac{vdt}{L}V \tag{1-19}$$

と書ける．これより，電源が行った仕事は例題 1-12 を参照して，

$$-q(V_B - V_A) = q(V_A - V_B) = qv\frac{V}{L}dt \tag{1-20}$$

である．■

> **補足：** 式 (1-20) は導体中の電界がなした仕事であるが，この電界は電源をつないだために生じたのであるから，電源がなした仕事である．

> **例題 1-14** 電源が，時間 t の間に図 1-20 (a) に示す導体棒中のすべての電子になす仕事を求めよ．

[解] 導体棒中の電子の数は nLS である．dt の間に電源が導体中の全電子に行う仕事は，式 (1-20) に電子数を掛けて，

$$nLS \times qv\frac{V}{L}dt = qnvSVdt = IVdt \tag{1-21}$$

となる．なお，ここで，電流 I は大きさを示した（負の符号をはずした）．時間 t の間になす仕事 W_E は上式を 0 から t まで積分して

$$W_E = \int_0^t IVdt = IVt \tag{1-22}$$

である．■

W_E のことを**電力量**（electric energy）という．t の単位に s，I の単位に A，V の単位に V を用いれば，W_E の単位は J である．

単位時間あたりの電力量を**電力**（power）という．電力量と時間の単位をそれぞれ J と s で表すとき，電力の単位は**ワット**（watt）であり，W と書く．電力を P と書けば，W_E が t に比例しているから（式 (1-22)），

$$P = \frac{W_\mathrm{E}}{t} = IV \qquad (1\text{-}23)$$

となるが，すぐに分かるように，単位の間には

$$\mathrm{W} = \frac{\mathrm{J}}{\mathrm{s}} \qquad (1\text{-}24)$$

の関係がある．

オームの法則を用いれば，式 (1-23) は

$$P = IV = I^2 R = \frac{V^2}{R} \qquad (1\text{-}25)$$

のように書ける．

また，式 (1-22) は $W_\mathrm{E} = Pt$ と書けるが，実用的には，1 キロワット・アワーまたは 1 キロワット・時（kW·h）などのように用いられる．これは，1 kW の電力を 1 時間供給したり，1 時間消費する電力量のことである．

問 1-10 起電力 6 V の直流電源に 2 Ω の抵抗が接続されているとき，電源が抵抗に供給する電力は何 W か．

問 1-11 上の問いで電源が 10 秒間になす仕事は何 J か．

問 1-12 起電力 1.5 V の乾電池につないだ回路に，1 秒あたり 1 mC の電荷が 1 分間流れた．電池が供給した仕事は何 J か．

問 1-13 500 Wh は何 J か．

1-7 電流の熱作用

ところで，前節で述べてきた仕事というのは，どのようなことなのであろうか．前節までの議論で図 1-20 (a) を考えれば，電子を点 B から点 A に移動するために電源がなした仕事は $-q(V_\mathrm{B} - V_\mathrm{A})$ であるから，電子はこれと等しい量の運動エネルギーを得る，ということになりそうである．そうだとすれば，点 A における電子の速度は点 B より大きいことになる．

速度が大きいということは，電流が大きいことである．したがって，点 A における電流は，点 B における電流より大きいということになるが，導体中のど

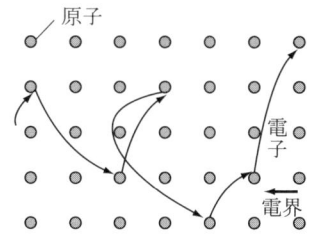

図 1-21 導体中での電子の運動

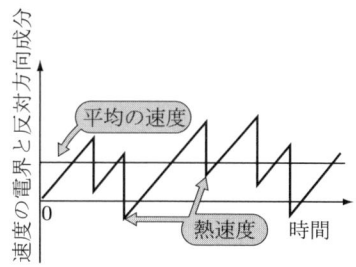

図 1-22 速度の電界と反対方向成分の時間変化（電子の熱速度は実際よりずっと小さく描いた）

こでも電流の大きさは同じでなければならないから，これはおかしい．この矛盾はどのように説明したら良いのであろうか．

　これは，図 1-21 に示すように，導体中の電子は，導体を構成している原子と衝突しながら，電界と反対の方向に移動しているためである．この衝突により，電子はそれまでに電界から得ていた運動エネルギーを失う．すなわち，衝突により速度が減る．衝突後に再び電子は電界により加速し，運動エネルギーを得るが，次の衝突でそれを失う．これを繰りかえしながら進むので電子の速度は上がらない．速度の電界と反対方向成分の時間変化を図 1-22 に示しておく．衝突間隔はまちまちであるが 10^{-14} s 程度の極めて短い時間である．

　導体中には多数の電子があるが，それぞれの電子は勝手に運動するので，図 1-22 のような変化は各電子でまちまちである．電子の数は極めて多いから，ある電子が最大の速度になった瞬間，他の電子が最低の速度になっているかもしれないし，別の他の電子は中間の速度になっているかもしれない．このような多数の電子の速度を各時刻で平均した値は時間によらず一定の値になる．この平均値が図 1-14 や図 1-20 (a) に示す速度 v である．

　以上のことを図 1-20 (a) に適用して言いなおすと，電子は点 B から点 A に移動する間に多くの衝突を繰り返し，電界によって得たエネルギーを衝突のたびに失う．失われたエネルギーは原子に伝えられ，原子は振動し熱になる．すなわち，電源が電子に行った仕事 $-q(V_B - V_A)$ は，電子の運動エネルギーになるのではなく（速度が増すことはなく），熱エネルギーに変換されるのである．

　このように，式 (1-22) で表される電源が供給したエネルギーは，導体を熱するために使われる．これを導体がエネルギーを消費するといい，単位時間あ

たり消費されるエネルギーを**消費電力**(power consumption) という.

こうして導体に生じる熱を**ジュール熱**(Joule's heat) という. 電流の単位を A, 電圧の単位を V にとればジュール熱の単位は J になる.

一方, 熱量の単位として**カロリー**(cal) がしばしば用いられる. 1 cal は **1 g の水の温度を 1°C だけ高めるのに必要な熱量**であるが, cal と J の間には

$$1\,\text{cal} = 4.19\,\text{J} \tag{1-26}$$

の関係がある.

> **重要**: 太字で記した 1 cal の定義を記憶せよ.
> **重要**: 式 (1-26) の関係を記憶せよ. 1 cal=4.2 J でもよい.

> **例題 1-15** 水槽中の $0.02\,\text{m}^3$ の水を 2 kW の電熱線で熱し, 水の温度を 15°C から 43°C まで高めるとする. このために必要な時間を求めよ. ただし, 熱はすべて水に加わり, 熱の放散は考えないものとする.

解 1 g ($10^{-6}\,\text{m}^3$) の水を 1°C 上げるのに必要な仕事が 1 cal (=4.19 J) である. $0.02\,\text{m}^3 (= 2\times 10^4\,\text{g})$ の水を 15°C から 43°C まで高めるのに必要な仕事は,

$$(2\times 10^4)[\text{g}] \times (43-15)\,[°\text{C}] = 5.6\times 10^5\,[\text{cal}] = 2.35\times 10^6\,[\text{J}].$$

一方, 2 kW の電熱線を t 秒間熱するとき, 電源が電熱線に供給するエネルギー (電源がなした仕事) は電力の定義より, $2\times 10^3 t\,[\text{J}]$. これが水を 43°C まで温めるのに使われるのだから, $2\times 10^3 t\,[\text{J}] = 2.35\times 10^6\,[\text{J}]$ の等式がなりたつ. これより, $t = 1.18\times 10^3\,[\text{s}] = 19.7\,[\text{分}]$ ■

問 1-14 3 Ω の抵抗に 5 A の電流が流れているとき, 10 秒間に発生するジュール熱は何 J か. また, それは何 cal か.

演 習 問 題

1. 電圧計は, 図 1-23 のように, 電流計 Ⓐ と直列に高抵抗 R_i を接続して構成される. すなわち, 電流計 Ⓐ の抵抗が無視できるときは, 抵抗 R_i の両端電圧は端子 AB 間の電圧に等しいとみなせるので, 電流計 Ⓐ で抵抗 R_i を流れる電流を測り,

図 1-23 電圧計の構成

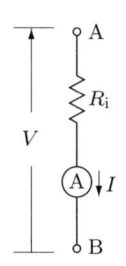

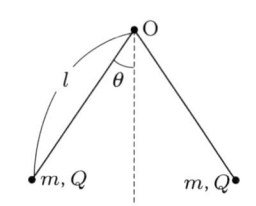

図 1-24 問題 2 の図

端子 AB 間の電圧を知るのである．今，$R_i=10\,\mathrm{k\Omega}$ の電圧計において，内蔵した電流計Ⓐが $1\,\mathrm{mA}$ を示しているとき，端子 AB 間の電圧は何 V か．

2. 長さ l の糸が 2 本ある．それぞれの糸の一端を一点 O に固定し，もう一端に質量 m の小球をつけた．二つの球に大きさの等しい正の電荷 Q を与えたところ，糸は図 1-24 のように鉛直方向と θ の角度をなして釣り合った．重力加速度を g とするとき，小球に働く重力は鉛直方向に mg であることに留意して，小球に与えた電荷 Q を求めよ．ヒント：重力，クーロン力および糸の張力（糸に沿う）の釣り合いを考えよ．

3. 図 1-25 のように三つの導線 AO，BO および OC が一点 O で接続している．次の問いに答えよ．
(1) 導線 AO 内を点 O に向かって 1 秒あたり $2\,\mathrm{\mu C}$ の電荷が流れ，導線 BO を点 O に向かって 1 秒あたり $4\,\mathrm{\mu C}$ の電荷が流れるとき，導線 OC には 1 秒あたり何 $\mathrm{\mu C}$ の電荷が流れこむか．
(2) 導線 AO，BO および OC を流れる電流はそれぞれ何 $\mathrm{\mu A}$ か．

4. 図 1-26 のように，断面積 $2\,\mathrm{mm}^2$ の均一な導体棒に $10\,\mathrm{mA}$ の電流を流し，導体棒上の $10\,\mathrm{mm}$ 離れた 2 点（点 A と点 B）の間の電圧 V_{AB} を測定したところ，V_{AB} は $400\,\mathrm{mV}$ であった．以下の問いに答えよ．
(1) この導体棒の導電率を求めよ．
(2) この導体棒の電子濃度は $5\times10^{16}\,\mathrm{cm}^{-3}$ であることが分かっている．電子の移動度はいくらか．

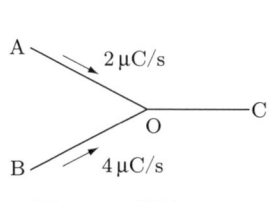

図 1-25 問題 3 の図

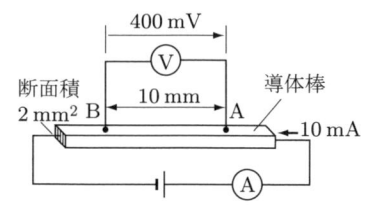

図 1-26 問題 4 の図

(3) 電子が点 B の位置から点 A の位置まで移動するのに要する時間は何 ms か．

5. 抵抗器には，それに加えることができる最大電力（定格電力という）が決められている．たとえば，$\frac{1}{4}$ W 形の抵抗器に $\frac{1}{4}$ W (= 250 mW) を越える電力を供給すると，抵抗器が発熱して劣化したり，はなはだしいときは燃えて破壊したりする．定格電力の観点で計算するとき，$\frac{1}{4}$ W 形，2.7 kΩ の抵抗器に流すことができる電流は最大何 mA か，また印加することができる電圧は最大何 V か．

6. 抵抗 20 Ω のニクロム線ヒータに 100 V の電圧を印加して，20 ℃の水 1 リットルを 60 ℃まで温めたい．そのためには何分を要するか．ただし，熱はすべて水に伝わり，また熱の放散は考えないものとする．

――― 抵抗の図記号 ―――

抵抗の図記号は，日本工業規格（JIS）の旧規格では ―\/\/\/― と表されていたが，新規格 JIS C 0617 では ―▭― に改められた．これは，国際規格 IEC 60617 の図記号に合わせたものである．

中学・高校の理科の教科書には新規格の図記号が採用されているが，エレクトロニクス関係の雑誌や電気系学会論文誌に掲載されている回路図は，旧規格の図記号で書かれているものが多い．そこで，本書では旧規格の抵抗の図記号を用いることにする．

2 直流回路の基礎

この章では，抵抗で構成される直流回路について，基本的なことを述べる．

2-1 用語の定義

図 2-1 のような，いくつもの素子からなる回路を**回路網**（network）という．ネットワークともいう．二つ以上の素子がつながる点を**節**または**節点**（node），あるいは英語読みのままノードという．節点と節点の間の部分を**枝路**（branch）またはブランチという．また，前章で述べたように，回路網上を一巡する通路を閉路またはループという．

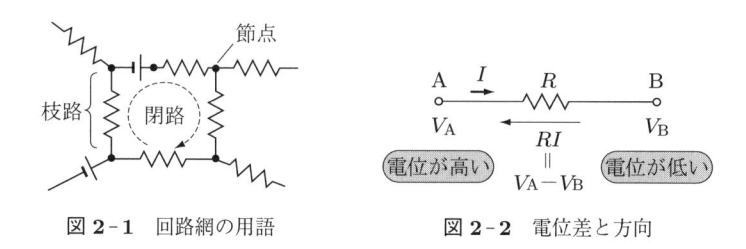

図 2-1 回路網の用語

図 2-2 電位差と方向

2-2 電位差

すでに述べたことであるが，図 2-2 のように抵抗 R に電流 I が流れると，抵抗の両端に電圧 RI が現れる（オームの法則）．これは，点 A の電位 V_A が，点 B の電位 V_B より RI だけ高いということである．すなわち，

$$V_A - V_B = RI \tag{2-1}$$

である．

$V_A - V_B$ は点 A と点 B の電位の差（電位差）であるが，点 B を基準とする点 A の電位でもある．これが正のときは点 B にくらべて点 A の電位が高く，負のときは点 B より点 A の電位が低い．これ以後，電位差に方向を与えることにし，図 2-2 に示すように 低電位側から高電位側に向けて矢印を引く ことにしよう（後に拡張して用いるから注意）．

なお，この電圧 RI を 電圧降下（voltage drop）ということがある．

2-3 キルヒホッフの法則

複雑な回路の任意の点における電流と電位を求めるために，キルヒホッフの法則（Kirchhoff's law）を用いると便利である．この法則は以下に説明する二つの法則（第 1 法則と第 2 法則）からなる．

2-3-1 第 1 法則（電流の法則）（Kirchhoff's current law）

任意の節点に流れ込む電流の総和はゼロ．この場合は，流れ出す電流を，負の電流が流れ込む，と考える．節点に流れこむ電流の和は節点から流れ出る電流の和に等しい，と覚えても良い（この場合は負の電流は考えない）．

この法則の妥当性は，前章の演習問題 3 で納得できると思うが，さらに，例題 2-1 と問 2-1 で理解しよう．

例題 2-1 図 2-3 はある回路の節点付近の一部を取り出したものである．各枝路の電流を I_n と書く．I_1 と I_2 を用いて I_3 を表せ．

解 I_1 は節点に流れ込むので正にとり，I_2 と I_3 は節点から流れ出るので負の符号をつけると，キルヒホッフの第 1 法則より，節点に流れ込む電流の総和はゼロなので（図 2-4），

$$I_1 - I_2 - I_3 = 0 \tag{2-2}$$

これより，I_3 は

$$I_3 = I_1 - I_2 \tag{2-3}$$

となる． ∎

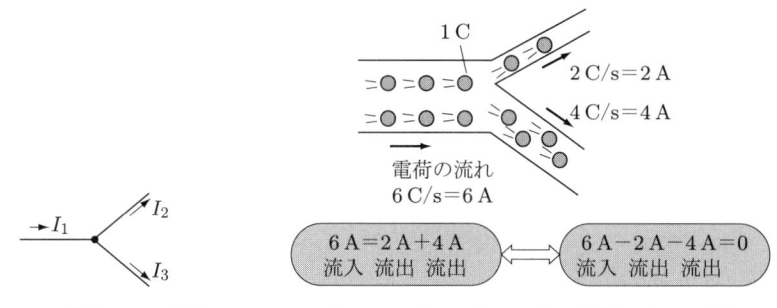

図 2-3　例題 2-1 の回路　　　図 2-4　キルヒホッフ第 1 法則のイメージ図

問 2-1　図 2-3 の回路で $I_2 = 2\,\text{A}$, $I_3 = 4\,\text{A}$ のとき, I_1 は何 A か.

2-3-2　第 2 法則（電圧の法則）（Kirchhoff's voltage law）

一つの閉路を考えると，その中の電位差の総和はゼロ．ただし，閉路を回る方向を任意に定め，それに沿って電位差に符号をつけて和をとる．

例題 2-2 でこの法則を理解しよう．

例題 2-2　図 2-5(a) に示す閉路で，各枝路には太い実線の矢印で示した方向に電流 $I_1 \sim I_4$ が流れているとする．この閉路におけるキルヒホッフの第 2 法則を記せ．

解　図 2-5(a) の破線で示したように閉路の方向を定める．すなわち，節点 A を起点とし，節点 B，C，D，E，F を経由し，再び節点 A に戻る閉路を考える．そして，各節点の電位を V_A, V_B, V_C, $\cdots$, V_F のように書くことにする．

電流 $I_1 \sim I_4$ が太線で示す矢印の方向に流れているとすれば，節点 B の電位 V_B は節点 A の電位 V_A より $R_1 I_1$ だけ高いから，BA 間の電位差 $V_B - V_A$ は，

$$V_B - V_A = R_1 I_1 \tag{1}$$

節点 C の電位 V_C は節点 B の電位 V_B より E_1 だけ高いから，CB 間の電位差 $V_C - V_B$ は，

$$V_C - V_B = E_1 \tag{2}$$

節点 D の電位 V_D は節点 C の電位 V_C より $R_2 I_2$ だけ低くなるので，DC 間の電位差 $V_D - V_C$ は，

$$V_D - V_C = -R_2 I_2 \tag{3}$$

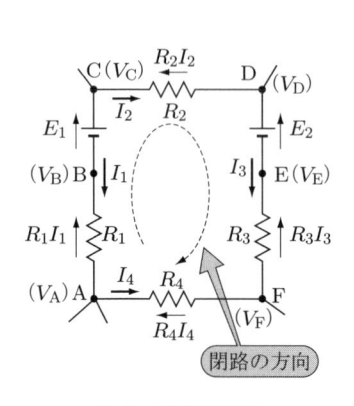

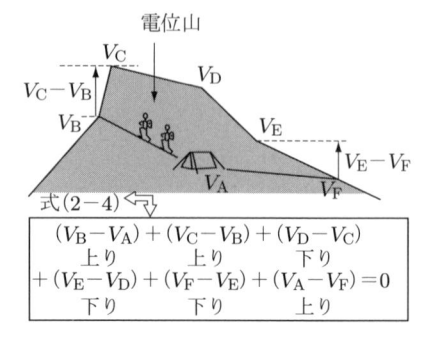

(a) 考える回路　　　　　(b) イメージ図（左の回路の場合）

図 2-5　例題 2-2 の回路

同様にして，ED 間の電位差 $V_E - V_D$ は，

$$V_E - V_D = -E_2 \tag{4}$$

FE 間の電位差 $V_F - V_E$ は，

$$V_F - V_E = -R_3 I_3 \tag{5}$$

AF 間の電位差 $V_A - V_F$ は，

$$V_A - V_F = R_4 I_4 \tag{6}$$

式 (1)〜式 (6) を加えれば，

$$0 = R_1 I_1 + E_1 - R_2 I_2 - E_2 - R_3 I_3 + R_4 I_4 \tag{2-4}$$

これが，求めるキルヒホッフの第 2 法則である．　■

上に示した例題 2-2 の解において，式 (1)〜式 (6) の左辺は各節点間の電位差であるが，その和は式 (2-4) の左辺のようにゼロとなる．これがキルヒホッフの第 2 法則を意味している．

コツ：　図 2-5 を見たら，すぐ式 (2-4) が書けることが大切である．そのため，まず閉路の方向を任意に決める．次に，節点間の電位差の方向が閉路の方向と一致するとき ($R_1 I_1$, E_1, $R_4 I_4$) は正の符号をつけ，反対向きのとき ($R_2 I_2$, E_2, $R_3 I_3$) は負の符号をつけて加える．

補足：　この例題では電流の方向が決められていたから電位差の方向が決まった．しかし，電流の方向が与えられていないときは，自分で電位差の方向を決

める必要がある．起電力は電源の記号を見れば電位差の方向が分かるが，抵抗での電圧降下については以下のように行う．
(a) 回路を流れる電流の方向を仮定する．電流の方向は自由に決めて良い．
(b) 電流の方向を仮定すれば，図 2-2 と式 (2-1) の説明のとおりに，電位差の方向が決まる．

問 2-2 図 2-6 の回路で，キルヒホッフの第 2 法則を記せ．
問 2-3 図 2-7 に示した閉路 ABCDA におけるキルヒホッフの第 2 法則を記せ．

補足： 上の問 2-2 の答 $E = R_1 I + R_2 I$ や問 2-3 の答 $E_1 - E_2 = R_2 I_2 - R_1 I_1$ のように，起電力を左辺にまとめ，RI の項を右辺にまとめると，左辺が起電力の和で右辺は抵抗での電圧降下の和になる（方向を考える）．慣れると，この形式で書けるようになる．
　この形式の答えは，キルヒホッフの第 2 法則を，<u>起電力の和が電圧降下の和に等しい</u>と考えれば，直接書ける．

忠告： キルヒホッフの第 1 法則と第 2 法則は，電気回路の基本中の基本．言葉で覚えず，使い方を体得せよ．問 2-2 と問 2-3 ができなければ理解できていない．

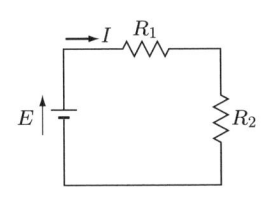

図 2-6　問 2-2 の回路　　図 2-7　問 2-3 の回路

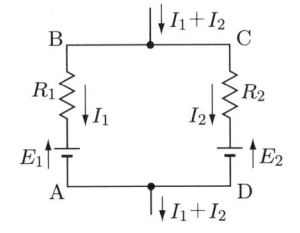

2-4　抵抗の直列接続と並列接続

2-4-1　直 列 接 続

　幾つかの抵抗を図 2-8(a) のように一列につなげることを，**直列接続**（series connection）という．直列接続したときの全体の抵抗と個々の抵抗の関係を，次の例題により調べよう．

図 2-8 直列抵抗の合成

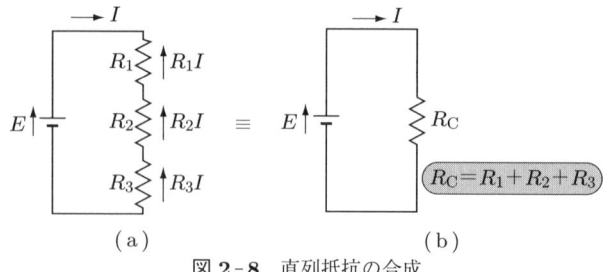

例題 2-3 3個の抵抗 R_1, R_2, R_3 を直列接続するとき，全体の抵抗 R_C を求めよ．

[解] 図 2-8(a) のように 3 個の抵抗 R_1, R_2, R_3 を直列接続して起電力 E の直流電源につないだ回路を考える．回路を流れる電流を I とすれば，キルヒホッフの第 2 法則より，

$$E - R_1 I - R_2 I - R_3 I = 0 \tag{2-5}$$

すなわち，

$$E = R_1 I + R_2 I + R_3 I$$
$$= (R_1 + R_2 + R_3)I \tag{2-6}$$

となる．
もし，図 2-8(b) のように

$$R_C = R_1 + R_2 + R_3 \tag{2-7}$$

の関係をもつ一つの抵抗 R_C を起電力 E の電源に接続すれば，この回路を流れる電流 I と起電力 E の関係は，図 (a) における関係と全く同じである．すなわち，抵抗 R_C は，抵抗 R_1, R_2, R_3 を直列に接続したものと等価である． ■

抵抗 R_C を**合成抵抗** (combined resistance) という．
一般に n 個の抵抗 R_1, R_2, R_3, …, R_n を直列接続したときの合成抵抗 R_C は

$$R_C = R_1 + R_2 + R_3 + \ldots + R_n \tag{2-8}$$

である．また，R_i の逆数（コンダクタンス）を G_i と書けば，**合成コンダクタンス** (combined conductance) G_C は，

$$\frac{1}{G_{\mathrm{C}}} = \frac{1}{G_1} + \frac{1}{G_2} + \frac{1}{G_3} + \cdots + \frac{1}{G_n} \tag{2-9}$$

である．

> **重要**：式 (2-8) を記憶せよ．

> **例題 2-4** $2\,\mathrm{k\Omega}$ の抵抗と $3\,\mathrm{k\Omega}$ の抵抗を直列に接続したときの合成抵抗はいくらか．

解 式 (2-8) より，$R_{\mathrm{C}} = 2\,[\mathrm{k\Omega}] + 3\,[\mathrm{k\Omega}] = 5\,[\mathrm{k\Omega}]$

問 2-4 $2\,\mathrm{k\Omega}$ の抵抗と $500\,\Omega$ の抵抗を直列に接続したときの合成抵抗はいくらか．
（注意：単位を揃えて計算すること）

問 2-5 図 2-9 の回路において，
(1) 回路を流れる電流は何 mA か．合成抵抗を用いて求めよ．
(2) $2\,\mathrm{k\Omega}$ の抵抗で消費される電力を，(1) で求めた電流を使って求めよ．
(3) $2\,\mathrm{k\Omega}$ での電圧降下は何 V か．(1) の結果を使って求めよ．

> **補足**： 次の例題で説明する式 (2-10) を使って，問 2-5 の (3) は $\{2/(2+3+4)\} \times 18 = 4\,\mathrm{V}$ としても求められる．(2) についても，この $4\,\mathrm{V}$ より V^2/R を用いて求められる．この方法も重要であるから理解せよ．しかし，ここでは練習のために (1) の結果を利用して求めることにした．

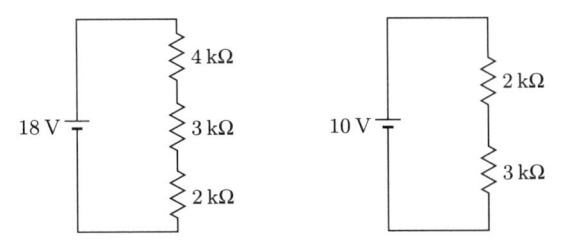

図 2-9 問 2-5 の回路   図 2-10 例題 2-5 の回路

> **例題 2-5** 図 2-10 のように，抵抗 $3\,\mathrm{k\Omega}$ と抵抗 $2\,\mathrm{k\Omega}$ が，起電力 $10\,\mathrm{V}$ の直流電源に直列に接続されているとき，抵抗 $3\,\mathrm{k\Omega}$ の両端の電圧を求めよ．

解 $3\,\mathrm{k}\Omega$ と $2\,\mathrm{k}\Omega$ の合成抵抗は $2\,[\mathrm{k}\Omega]+3\,[\mathrm{k}\Omega]$ だから，抵抗回路を流れる電流は $10\,[\mathrm{V}]/(2\,[\mathrm{k}\Omega]+3\,[\mathrm{k}\Omega])$. したがって，抵抗 $3\,\mathrm{k}\Omega$ の両端の電圧は

$$\frac{10\,[\mathrm{V}]}{2\,[\mathrm{k}\Omega]+3\,[\mathrm{k}\Omega]} \times 3\,[\mathrm{k}\Omega] = \underline{\frac{3\,[\mathrm{k}\Omega]}{2\,[\mathrm{k}\Omega]+3\,[\mathrm{k}\Omega]}} \times 10\,[\mathrm{V}] = 6\,[\mathrm{V}]$$

■

> **コツ：** 解の式において，アンダーラインの部分は，抵抗 $3\,\mathrm{k}\Omega$ の両端の電圧は電源電圧 $10\,\mathrm{V}$ の $3/(2+3)$ 倍であることを意味している．すなわち，全抵抗に対する注目している抵抗の割合になっている．これを理解しておくと便利である．

例題 2-5 を一般の場合に拡張すれば次のようになる．

n 個の抵抗 R_1, R_2, R_3, $\cdots$, R_n を直列接続したとき，抵抗全体にかかる電圧が V ならば抵抗 R_j の両端の電圧は，

$$\frac{R_j}{R_1+R_2+R_3+\cdots+R_n} V \qquad (2\text{-}10)$$

である．

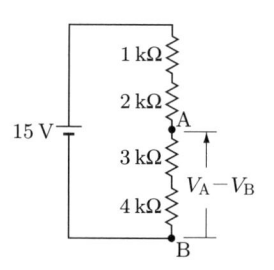

問 2-6 図 2-11 に示す回路において，節点 A と節点 B の間の電圧 $V_\mathrm{A} - V_\mathrm{B}$ を求めよ．

図 2-11 問 2-6 の回路

2-4-2 並列接続

幾つかの抵抗を図 2-12 (a) のように並べて接続することを**並列接続** (parallel connection) という．並列接続したときの全体の抵抗と個々の抵抗の関係を，次の例題により調べよう．

> **例題 2-6** 3 個の抵抗 R_1, R_2, R_3 を並列接続するとき，全体の抵抗 R_C を求めよ．

解 図 2-12 (a) のように，3 個の抵抗 R_1, R_2, R_3 を並列接続して起電力 E の直流電源につないだ回路を考える．

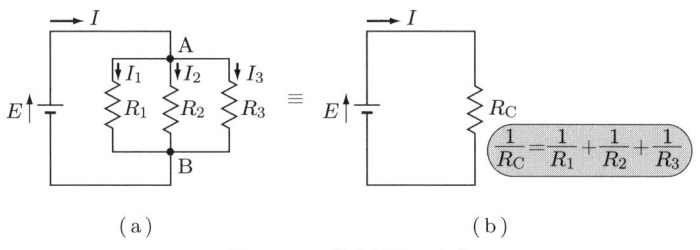

2-4 抵抗の直列接続と並列接続　**37**

図 **2**-**12**　並列抵抗の合成

電源を通って流れる電流を I，各抵抗を流れる電流を I_1, I_2, I_3 とすれば，節点 A において，キルヒホッフの第 1 法則は

$$I - I_1 - I_2 - I_3 = 0 \tag{2-11}$$

と書ける（節点 B においても同じ式になる）．

ところで，$I_1 = E/R_1$, $I_2 = E/R_2$, $I_3 = E/R_3$ であるから，これらを式 (2-11) に代入すれば，I は

$$I = \frac{E}{R_1} + \frac{E}{R_2} + \frac{E}{R_3}$$
$$= \left(\frac{1}{R_1} + \frac{1}{R_2} + \frac{1}{R_3}\right)E \tag{2-12}$$

となる．もし，

$$\frac{1}{R_\mathrm{C}} = \frac{1}{R_1} + \frac{1}{R_2} + \frac{1}{R_3} \tag{2-13}$$

の関係をもつ一つの抵抗 R_C を，図 2-12 (b) のように接続するなら，その E と I の関係 $I = E/R_\mathrm{C}$ は，図 2-12 (a) における関係（式 (2-12)）と変わらない．すなわち，R_C は 3 個の抵抗 R_1, R_2, R_3 を並列接続したときの合成抵抗である．　■

　一般に n 個の抵抗 R_1, R_2, R_3, $\cdots$, R_n を並列接続したときの合成抵抗 R_C は

$$\frac{1}{R_\mathrm{C}} = \frac{1}{R_1} + \frac{1}{R_2} + \frac{1}{R_3} + \cdots + \frac{1}{R_n} \tag{2-14}$$

で表される．また，コンダクタンス G_i を使って表すと，合成コンダクタンス G_C は，

$$G_\mathrm{C} = G_1 + G_2 + G_3 + \cdots + G_n \tag{2-15}$$

である．

> 重要： 式 (2-14) を記憶せよ．

> **例題 2-7** 抵抗 $2\,\mathrm{k\Omega}$ と抵抗 $3\,\mathrm{k\Omega}$ を並列に接続したときの合成抵抗はいくらか．

解 式 (2-14) より，
$$\frac{1}{R_\mathrm{C}} = \frac{1}{2\,[\mathrm{k\Omega}]} + \frac{1}{3\,[\mathrm{k\Omega}]}$$
これより，
$$R_\mathrm{C} = \frac{2\,[\mathrm{k\Omega}] \times 3\,[\mathrm{k\Omega}]}{2\,[\mathrm{k\Omega}] + 3\,[\mathrm{k\Omega}]} = 1.2\,[\mathrm{k\Omega}]$$

∎

> **コツ：** 上の例題のように，抵抗 R_1 と抵抗 R_2 が並列接続しているとき，合成抵抗 R_C は
> $$R_\mathrm{C} = \frac{R_1 R_2}{R_1 + R_2} \qquad (2\text{-}16)$$
> となる．良く使うので覚えておくと便利である．分母が二つの抵抗の和，分子が積になっていることを意識すれば覚えやすい．次元を考えれば，分子と分母を入れ間違えることはない．
>
> **注意：** 三つの抵抗 R_1, R_2, R_3 の並列抵抗は $\dfrac{R_1 R_2 R_3}{R_1 R_2 + R_2 R_3 + R_3 R_1}$ である．$\dfrac{R_1 R_2 R_3}{R_1 + R_2 + R_3}$ と間違えやすいので注意．これでは次元が合わない．

問 2-7 抵抗 $2\,\mathrm{k\Omega}$ と抵抗 $500\,\Omega$ を並列に接続したときの合成抵抗はいくらか．（注意：単位を揃えて計算すること）

問 2-8 起電力 $6\,\mathrm{V}$ の直流電源に，$1\,\mathrm{k\Omega}$ と $3\,\mathrm{k\Omega}$ の抵抗を並列接続した．電源から流れ出る（または電源に流れ込む）電流を求めよ．

> **例題 2-8** 図 2-13 (a) のように，n 個の抵抗 R_1, R_2, $\cdots$, R_j, $\cdots$, R_n の並列接続に，電流 I が流れるとき，各抵抗を流れる電流 I_1, I_2, $\cdots$, I_j, $\cdots$, I_n と I の関係式を求めよ．ここに，R_j と I_j は任意に選んだ j 番目の抵抗とそこを流れる電流である．

2-4 抵抗の直列接続と並列接続 **39**

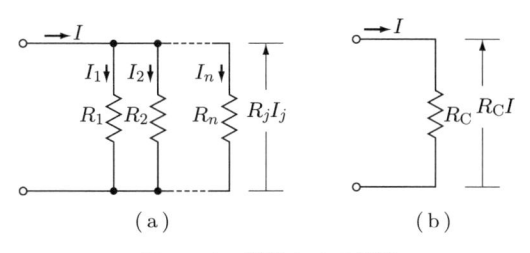

図 **2-13** 例題 2-8 の回路

[解] 図 2-13(a) において，各抵抗両端の電圧は同じであるから，$R_1 I_1 = R_2 I_2 = \cdots = R_j I_j = \cdots = R_n I_n$ である．合成抵抗 R_C で表した図 2-13(b) は図 2-13(a) と等価であるから，R_C 両端の電圧 $R_C I$ は，図 2-13(a) の各抵抗両端の電圧 $R_j I_j$ に等しい．

したがって，
$$I_j = \frac{R_C}{R_j} I \tag{2-17}$$
の関係がある． ∎

例題 2-9 図 2-14 のように，抵抗 R_1 と抵抗 R_2 の並列回路に電流 I が流れるとき，抵抗 R_1 を流れる電流 I_1 と，抵抗 R_2 を流れる電流 I_2 を求めよ．

[解] キルヒホッフ第 1 法則より，
$$I = I_1 + I_2$$
R_1 両端の電圧と R_2 両端の電圧は等しいから，
$$R_1 I_1 = R_2 I_2$$
以上の 2 式より，I_2 または I_1 を消去して整理すれば，

$$I_1 = \frac{R_2}{R_1 + R_2} I \qquad I_2 = \frac{R_1}{R_1 + R_2} I$$

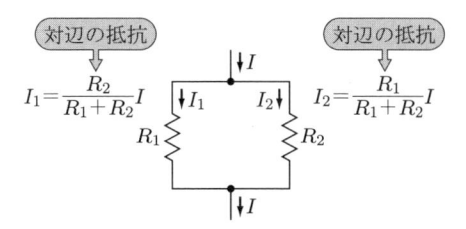

（対辺の抵抗）

図 **2-14** 例題 2-9 の回路

$$I_1 = \frac{R_2}{R_1 + R_2} I \tag{2-18}$$

および，

$$I_2 = \frac{R_1}{R_1 + R_2} I \tag{2-19}$$

が得られる． ■

別解 $R_C = R_1 R_2/(R_1 + R_2)$（式 (2-16) 参照）を式 (2-17) に代入すれば，上と同じ式が得られる．

> **コツ：** 抵抗が二つのときは，例題 2-9 の式を覚えておくと便利である．電流の添え字と分子の抵抗の添え字が入れ替わっているところに注目せよ．

問 2-9 図 2-14 において，$R_1 = 2\,\mathrm{k\Omega}$，$R_2 = 4\,\mathrm{k\Omega}$，$I = 12\,\mathrm{mA}$ のとき，各抵抗を流れる電流を求めよ．

2-4-3 直並列接続

抵抗の直列接続と並列接続が組み合わされた，直並列接続の合成抵抗を求めよう．

例題 2-10 図 2-15 (a) の回路において CB 間の抵抗を求めよ．

解 まず，R_3 と R_4 の合成抵抗 R_{C1} は次のようになる．

$$R_{C1} = R_3 + R_4 \tag{2-20}$$

R_{C1} を使うと図 2-15 (a) は図 2-15 (b) のように書き直せる．CB 間の抵抗（全体の合成抵抗）R_C は，R_{C1} と R_2 の並列接続だから，

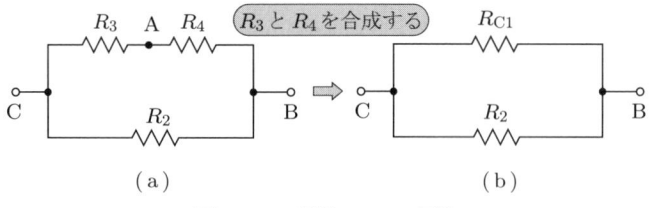

図 2-15 例題 2-10 の回路

$$\frac{1}{R_C} = \frac{1}{R_{C1}} + \frac{1}{R_2} \tag{2-21}$$

すなわち，

$$R_C = \frac{R_2 R_{C1}}{R_2 + R_{C1}} = \frac{R_2(R_3 + R_4)}{R_2 + R_3 + R_4} \tag{2-22}$$

となる． ■

問 2-10 図 2-16 の回路で，R_2 と R_3 の合成抵抗，および，R_1, R_2, R_3 全体の合成抵抗を求めよ．

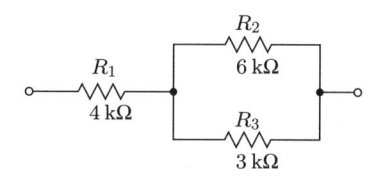

図 **2-16** 問 2-10 の回路

2-5 合成抵抗による回路解析

本節では，合成抵抗の考えを使って，やや複雑な回路を解析しよう．

例題 2-11 例題 2-10 の結果を利用して図 2-17 (a) に示す回路の各枝路を流れる電流 I_1, I_2, I_3 を求めよ．

解 図 2-17 (a) の回路で，閉路 2 における CB 間の抵抗接続は，図 2-15 (a) の CB 間と同じである．例題 2-10 で合成抵抗 R_C を求めた手順に従えば，図 2-17 (a) の回路は図 2-17 (b)，さらには図 2-17 (c) のように書き直せる．

図 2-17 (c) に示す回路を流れる電流を I_1 とすれば，キルヒホッフの第 2 法則より，

$$E_1 - R_1 I_1 - E_2 - R_C I_1 = 0 \tag{2-23}$$

であるから，I_1 は

$$\begin{aligned}
I_1 &= \frac{E_1 - E_2}{R_1 + R_C} = \frac{E_1 - E_2}{R_1 + \dfrac{R_2(R_3 + R_4)}{R_2 + R_3 + R_4}} \\
&= \frac{R_2 + R_3 + R_4}{R_1 R_2 + (R_1 + R_2)(R_3 + R_4)} (E_1 - E_2)
\end{aligned} \tag{2-24}$$

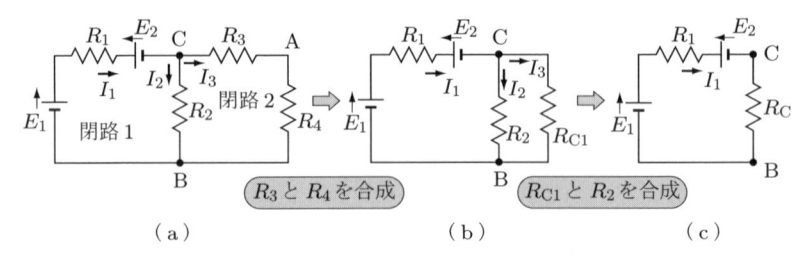

図 2-17　例題 2-11 で解析する回路

と表される．

図 2-17 (b) に例題 2-9 を適用すれば，

$$I_2 = \frac{R_{C1}}{R_2 + R_{C1}} I_1 = \frac{R_3 + R_4}{R_1 R_2 + (R_1 + R_2)(R_3 + R_4)} (E_1 - E_2) \quad (2\text{-}25)$$

$$I_3 = \frac{R_2}{R_2 + R_{C1}} I_1 = \frac{R_2}{R_1 R_2 + (R_1 + R_2)(R_3 + R_4)} (E_1 - E_2) \quad (2\text{-}26)$$

が得られる．　■

　以上，複数の抵抗が直列あるいは並列に接続されているとき，合成抵抗を求め，また，これを利用して回路解析ができる例を示した．
　しかし，この回路解析の方法が常に簡単であるという訳でもない．また，抵抗の接続によっては，進んだ知識がないと簡単に合成抵抗を求められない場合がある．
　そこで，次の章では，回路解析の一般的な方法を述べる．

演 習 問 題

1. 図 2-18 に示す回路で，節点 A でキルヒホッフの第 1 法則を書き，また，閉路 1 と閉路 2 のそれぞれに適用するキルヒホッフの第 2 法則を書け．次に，$E_1 = 2E_2$，$I_1 = -2I_2$ の関係があるとき，抵抗 R_1, R_2, R_3 の間にどのような関係が成り立つか調べよ．

2. 図 2-19 に示す回路で，スイッチ S を閉じると，抵抗 R_2 の両端の電圧がスイッチ S を閉じていないときの 80% に減少するという．抵抗 R_x の値を求めよ．

3. 図 2-20 に示す回路で，AC 間に 12 V の電圧が加えられているとき，AB 間の電圧 $V_A - V_B$ と BC 間の電圧 $V_B - V_C$ を求め，次に各抵抗を流れる電流 I_1, I_2 および I_3 を求めよ．

図 2-18 問題 1 の回路

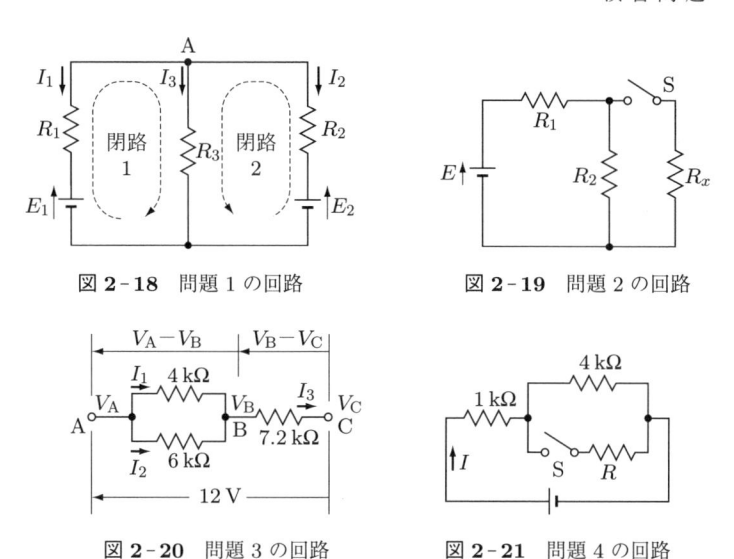

図 2-19 問題 2 の回路

図 2-20 問題 3 の回路

図 2-21 問題 4 の回路

4. 図 2-21 に示す回路で，スイッチ S を開いたときの電流 I が，スイッチ S を閉じたときの電流の半分になるようにするためには，抵抗 R を何 kΩ にすればよいか．合成抵抗の考え方を用いて解け．

5. 図 2-22(a) の回路で端子 AB 間，BC 間および CA 間の抵抗をそれぞれ，R_{AB}，R_{BC} および R_{CA} とする．図 2-22(b) の回路でも同様に，端子 AB 間，BC 間および CA 間の抵抗をそれぞれ，R'_{AB}，R'_{BC} および R'_{CA} とする．$R_{AB} = R'_{AB}$，$R_{BC} = R'_{BC}$，$R_{CA} = R'_{CA}$ が成り立つとき，この二つの回路は等価である．このとき，

$$R_a = \frac{R_3 R_1}{R_1 + R_2 + R_3}, \quad R_b = \frac{R_1 R_2}{R_1 + R_2 + R_3}, \quad R_c = \frac{R_2 R_3}{R_1 + R_2 + R_3} \quad (2\text{-}27)$$

の関係があることを証明せよ．

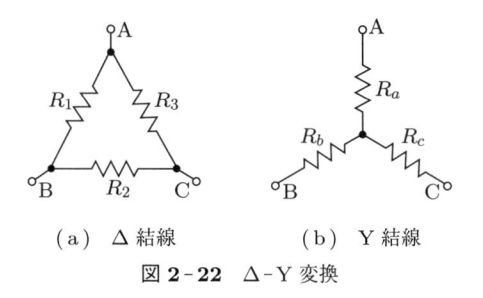

(a) Δ 結線 (b) Y 結線

図 2-22 Δ-Y 変換

補足： 式 (2-27) の関係を使えば，図 2-22 (a) の回路（Δ 結線）を等価な図 2-22 (b) の回路（Y 結線）に書き換えることができる．この操作を Δ-Y（デルタ・スター）変換という．

── 添え字には意味がある (I) ──

物理量を表す文字に下付きの添え字を用いる場合があるが，本書では，立体（ローマン）の添え字と斜体（イタリック）の添え字を区別している．前者は，言葉や用語を意味する場合と，位置や場所を指定する場合に用い，後者は，物理量を意味する場合と，数や順番を表す場合に用いる．

例えば，第 1 章演習問題 1 の R_i の i は internal resistance（内部抵抗）を意味するので立体で書くが，34 ページの R_i の i は i 番目の抵抗という順番を表すので斜体で書く．

23 ページの W_E の E は，electric energy（電力量）を意味するものであり，34 ページの R_C の C は combined resistance（合成抵抗）の意味をもつので立体で書く．また，図 1.17 の V_A の A は，点 A という位置を意味するので立体とする．

3 回路解析の基本

前章では，直流回路を例にとりキルヒホッフの法則と合成抵抗を説明し，簡単な回路解析の方法を示した．この章では，複雑な回路解析ができるように，キルヒホッフの法則の適用法を述べ，さらに進んで，回路解析法の基本的な定理を説明する．

行列式による連立方程式の解法が必要になるので，最初に行列式について簡単に述べる．

3-1 行 列 式

3-1-1 行列式の定義

たとえば図 3-1 に示すように，数を縦横に正方形の形に並べ，その数の間に，式 (3-1) と式 (3-2) に記すような計算規則を定めた，**行列式**（determinant）というものを考える．行列式の横の並びを**行**（row），縦の並びを**列**（column）という．

行列式を $|A|$ とか $\det A$ と書く．

> 注意： 行列式と行列は別のものである．混同しがちなので注意．

$$\begin{vmatrix} a_{11} & a_{12} & a_{13} \\ a_{21} & a_{22} & a_{23} \\ a_{31} & a_{32} & a_{33} \end{vmatrix} \qquad \begin{vmatrix} 2 & 1 & 6 \\ 3 & -1 & 0 \\ 1 & 9 & 4 \end{vmatrix}$$

(a) (b)

図 3-1 行列式の例

行列式を作っている一つ一つの数を**要素**（element）または**成分**というが，i 番めの行と j 番めの列の交点にある成分を (i, j) 成分といい，図 3-1(a) に示すように a_{ij} と書くことにする．ここで，添え字 ij は行，列の順序に書く．たとえば，図 3-1(b) の場合には，$a_{11} = 2$, $a_{12} = 1$, $a_{21} = 3$, $\cdots$ である．

縦横がそれぞれ 2 個の数からなる行列式（2 次の行列式と呼ばれる）は，次のように定義される．

$$\begin{vmatrix} a_{11} & a_{12} \\ a_{21} & a_{22} \end{vmatrix} = a_{11}a_{22} - a_{12}a_{21} \tag{3-1}$$

また，縦横がそれぞれ 3 個の数からなる 3 次の行列式は，次のように定義される．

$$\begin{vmatrix} a_{11} & a_{12} & a_{13} \\ a_{21} & a_{22} & a_{23} \\ a_{31} & a_{32} & a_{33} \end{vmatrix} = a_{11}a_{22}a_{33} + a_{12}a_{23}a_{31} + a_{13}a_{32}a_{21}$$
$$- a_{13}a_{22}a_{31} - a_{12}a_{21}a_{33} - a_{11}a_{32}a_{23} \tag{3-2}$$

縦横の数がそれぞれ 4 個以上の行列式の定義はやや面倒なので，ここでは省略するが，そのような 4 次以上の次数の行列式もある．

2 次の行列式と 3 次の行列式の場合は，図 3-2 のように並べると覚えやすい．これを**サラスの展開**という．しかし，サラスの展開は **4 次以上の次数の行列式には適用できない**ことに注意．

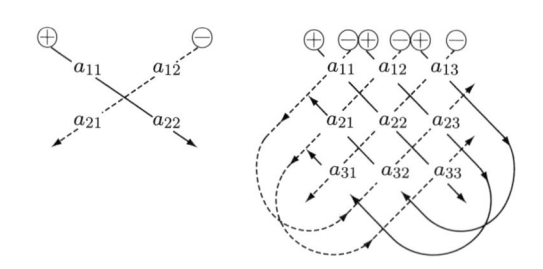

図 3-2 サラスの展開

例題 3-1 3次の行列式 $|A| = \begin{vmatrix} 5 & 3 & -1 \\ -2 & 0 & 3 \\ -1 & -3 & -1 \end{vmatrix}$ の値を求めよ．

解 サラスの展開を用いると，
$$|A| = 5 \times 0 \times (-1) + 3 \times 3 \times (-1) + (-1) \times (-3) \times (-2)$$
$$- (-1) \times 0 \times (-1) - 3 \times (-2) \times (-1) - 5 \times (-3) \times 3 = 24$$

■

問 3-1 次の各行列式の値を求めよ．

$$|A| = \begin{vmatrix} \sqrt{3}/2 & 1/3 \\ 1/2 & \sqrt{3}/2 \end{vmatrix} \quad |B| = \begin{vmatrix} \sin\theta & \cos\theta \\ -\cos\theta & \sin\theta \end{vmatrix}$$

$$|C| = \begin{vmatrix} 1 & 8 & 7 \\ 2 & 9 & 6 \\ 3 & 4 & 5 \end{vmatrix} \quad |D| = \begin{vmatrix} 1 & 4 & 7 \\ -2 & 5 & 3 \\ 3 & -6 & 4 \end{vmatrix}$$

行列式の計算に関して，**余因子展開**と呼ばれているものがある．n 次行列式 $|A|$ から i 行と j 列を取り除いて得られる $n-1$ 次行列式 D_{ij} を，この行列式の (i,j) 成分の**小行列式**（minor determinant）といい，$(-1)^{i+j}D_{ij}$ を $|A|$ の (i,j) 成分の**余因子**（cofactor）という．n 次行列式 $|A| = |a_{ij}|$ の (i,j) 成分の余因子を A_{ij} とすれば，

$$|A| = a_{i1}A_{i1} + a_{i2}A_{i2} + \cdots + a_{in}A_{in} \quad (i \text{ 行による展開}) \qquad (3\text{-}3)$$

$$|A| = a_{1j}A_{1j} + a_{2j}A_{2j} + \cdots + a_{nj}A_{nj} \quad (j \text{ 列による展開}) \qquad (3\text{-}4)$$

これを用いれば，n 次行列式は，次数がそれより一つ低い $n-1$ 次行列式で書き表せるから，これを繰り返すことにより，4次以上の次数の行列式を3次以下の行列式に変換できる．そうすれば，サラスの展開を使って行列式の値を求めることができる．

なお，行列式の性質の一つに，

「ある行（または列）の k 倍を他の行（または列）に加えても，行列式の値

は変わらない」
というものがあるが，これを使って，行列式の要素をなるべくゼロ 0 が多くなるように変形すると計算が楽である．

例題 3-2 4 次の行列式 $|A| = \begin{vmatrix} 2 & -1 & 0 & -1 \\ -1 & 3 & -1 & 0 \\ 0 & -1 & 3 & -1 \\ -1 & 0 & -1 & 3 \end{vmatrix}$ の値を求めよ．

解 いろいろなやり方があるが，一例を示す．

第 2 列に 2 を掛けて第 1 列に加える　　第 4 列に -1 を掛けて第 2 列に加える

$$|A| = \begin{vmatrix} 2 & -1 & 0 & -1 \\ -1 & 3 & -1 & 0 \\ 0 & -1 & 3 & -1 \\ -1 & 0 & -1 & 3 \end{vmatrix} = \begin{vmatrix} 0 & -1 & 0 & -1 \\ 5 & 3 & -1 & 0 \\ -2 & -1 & 3 & -1 \\ -1 & 0 & -1 & 3 \end{vmatrix} = \begin{vmatrix} 0 & 0 & 0 & -1 \\ 5 & 3 & -1 & 0 \\ -2 & 0 & 3 & -1 \\ -1 & -3 & -1 & 3 \end{vmatrix}$$

$$= (-1)(-1)^{1+4} \begin{vmatrix} 5 & 3 & -1 \\ -2 & 0 & 3 \\ -1 & -3 & -1 \end{vmatrix} = -9 - 6 - 6 + 45 = 24$$

1 行による展開（式 (3-3) 参照）　　例題 3-1 参照

3-1-2　クラメルの公式

未知数と方程式の個数が等しい連立 1 次方程式

$$\left. \begin{aligned} a_{11}x_1 + a_{12}x_2 + \cdots + a_{1j}x_j + \cdots + a_{1n}x_n &= b_1 \\ a_{21}x_1 + a_{22}x_2 + \cdots + a_{2j}x_j + \cdots + a_{2n}x_n &= b_2 \\ &\vdots \\ a_{n1}x_1 + a_{n2}x_2 + \cdots + a_{nj}x_j + \cdots + a_{nn}x_n &= b_n \end{aligned} \right\} \quad (3\text{-}5)$$

において，係数行列が正則のとき，この方程式の解は

$$x_j = \frac{\begin{vmatrix} a_{11} & \cdots & a_{1j-1} & \boldsymbol{b_1} & a_{1j+1} & \cdots & a_{1n} \\ \vdots & & \vdots & \vdots & \vdots & & \vdots \\ a_{n1} & \cdots & a_{nj-1} & \boldsymbol{b_n} & a_{nj+1} & \cdots & a_{nn} \end{vmatrix}}{\begin{vmatrix} a_{11} & \cdots & a_{1j-1} & a_{1j} & a_{1j+1} & \cdots & a_{1n} \\ \vdots & & \vdots & \vdots & \vdots & & \vdots \\ a_{n1} & \cdots & a_{nj-1} & a_{nj} & a_{nj+1} & \cdots & a_{nn} \end{vmatrix}} \quad (3\text{-}6)$$

である．これを**クラメルの公式**（Cramer's formula）という．クラーマーの公式ともいう．

> **補足**： 式 (3-6) の分母は，式 (3-5) の左辺の係数をそのまま並べた行列式（係数行列式）．分子は，その係数行列式のうち，求めようとしている解 x_j の係数列 $a_{1j}, a_{2j}, \cdots, a_{nj}$ だけを，式 (3-5) 右辺の列 $b_1, b_2, \cdots, b_n$ でおきかえたもの．

例題 3-3　次の連立 1 次方程式をクラメルの公式を用いて解け．
$$\left.\begin{array}{r} 4x + 2y + 3z = \boldsymbol{4} \\ -x + 3y + 4z = \boldsymbol{-2} \\ 5x + 2y + 2z = \boldsymbol{3} \end{array}\right\}$$

解　係数行列式 $|A| = \begin{vmatrix} 4 & 2 & 3 \\ -1 & 3 & 4 \\ 5 & 2 & 2 \end{vmatrix} = -15$

$$x = \frac{\begin{vmatrix} \boldsymbol{4} & 2 & 3 \\ \boldsymbol{-2} & 3 & 4 \\ \boldsymbol{3} & 2 & 2 \end{vmatrix}}{|A|} = \frac{-15}{-15} = 1$$

$$y = \frac{\begin{vmatrix} 4 & \boldsymbol{4} & 3 \\ -1 & \boldsymbol{-2} & 4 \\ 5 & \boldsymbol{3} & 2 \end{vmatrix}}{|A|} = \frac{45}{-15} = -3$$

$$z = \frac{\begin{vmatrix} 4 & 2 & \mathbf{4} \\ -1 & 3 & \mathbf{-2} \\ 5 & 2 & \mathbf{3} \end{vmatrix}}{|A|} = \frac{-30}{-15} = 2$$

■

注意： 分子の太字で記した数字が与えられた方程式の右辺の数字である．

問 3-2 クラメルの公式を使って次の連立 1 次方程式を解け．

$$\left.\begin{aligned} 2x + y + 4z &= -1 \\ 3x + 2y + z &= 7 \\ 4x + 3y + 2z &= 7 \end{aligned}\right\} (1) \qquad \left.\begin{aligned} x + y + 2z &= 3 \\ x + 2y + 3z &= 4 \\ x + 3y + 5z &= 3 \end{aligned}\right\} (2)$$

3-2　簡単な回路（I）

3-2-1　枝電流による解法

前章で述べたキルヒホッフの法則を用いると，回路の各枝路を流れる電流と各節点の電位を求めることができる．その方法に慣れるため，次の例題を考えよう．

例題 3-4 図 3-3 の回路において，各枝路を流れる電流を求めよ．次に節点 B を基準とする節点 A と節点 C の電位を求めよ．

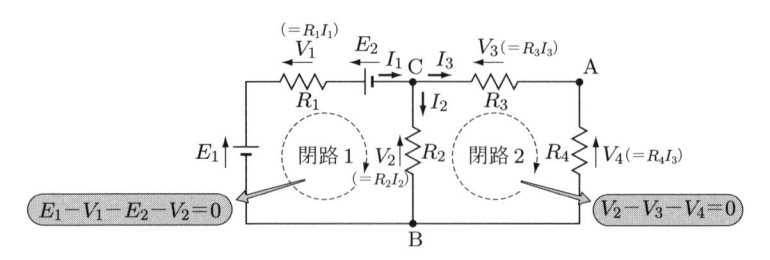

図 3-3　例題 3-4 の回路

[解] 各枝路を流れる電流の大きさを I_1, I_2, I_3 とし，その方向を図中の太い矢印で示すように定めれば，各抵抗両端の電位差 $V_1 \sim V_4$ の方向は図中の細い矢印で示すようになる（図 2-2 参照）．

キルヒホッフ第 1 法則より，節点 C において

$$I_1 - I_2 - I_3 = 0 \tag{3-7}$$

が成り立つ．

閉路 1 にキルヒホッフ第 2 法則を適用し，図中に示す ↻ のように閉路の方向をとると，

$$E_1 - V_1 - E_2 - V_2 = 0 \tag{3-8}$$

となる．ここに，$V_1 = R_1 I_1$, $V_2 = R_2 I_2$ を代入して整理すると，

$$R_1 I_1 + R_2 I_2 = E_1 - E_2 \tag{3-9}$$

となる．式 (3-8) をとばしてただちに式 (3-9) を書いてもよい．

閉路 2 にキルヒホッフ第 2 法則を適用すると（閉路の方向を図中に示す ↻ のようにとる），

$$V_2 - V_3 - V_4 = 0 \tag{3-10}$$

となる．ここに $V_2 = R_2 I_2$, $V_3 = R_3 I_3$, $V_4 = R_4 I_3$ を代入して整理すると，

$$R_2 I_2 - (R_3 + R_4) I_3 = 0 \tag{3-11}$$

となる．この場合も，式 (3-10) をとばして式 (3-11) を直接書いてもよい．

式 (3-9), (3-11) および式 (3-7) を並べて書くと，

$$\left. \begin{array}{l} R_1 I_1 + R_2 I_2 \qquad\qquad = E_1 - E_2 \\ \qquad\quad R_2 I_2 - (R_3 + R_4) I_3 = 0 \\ I_1 \quad - I_2 \qquad\quad - I_3 = 0 \end{array} \right\} \tag{3-12}$$

となる．

この一組の連立方程式 (3-12) を解けば，未知数 I_1, I_2, I_3 を求めることができる．これをクラメルの公式を用いて求めてみる（例題 3-3 参照）．

式 (3-12) の係数を並べた行列式（係数行列式）を $|A|$ とすれば，

$$|A| = \begin{vmatrix} R_1 & R_2 & 0 \\ 0 & R_2 & -(R_3 + R_4) \\ 1 & -1 & -1 \end{vmatrix} \tag{3-13}$$

$$= -R_1 R_2 - (R_1 + R_2)(R_3 + R_4) \tag{3-14}$$

となる．

未知数 I_1, I_2, I_3 はクラメルの公式よりそれぞれ，

$$I_1 = \frac{\begin{vmatrix} E_1 - E_2 & R_2 & 0 \\ 0 & R_2 & -(R_3 + R_4) \\ 0 & -1 & -1 \end{vmatrix}}{|A|} \qquad (3\text{-}15)$$

$$I_2 = \frac{\begin{vmatrix} R_1 & E_1 - E_2 & 0 \\ 0 & 0 & -(R_3 + R_4) \\ 1 & 0 & -1 \end{vmatrix}}{|A|} \qquad (3\text{-}16)$$

$$I_3 = \frac{\begin{vmatrix} R_1 & R_2 & E_1 - E_2 \\ 0 & R_2 & 0 \\ 1 & -1 & 0 \end{vmatrix}}{|A|} \qquad (3\text{-}17)$$

と書ける．

これより，I_1，I_2，I_3 は，それぞれ，

$$I_1 = \frac{R_2 + R_3 + R_4}{R_1 R_2 + (R_1 + R_2)(R_3 + R_4)}(E_1 - E_2) \qquad (3\text{-}18)$$

$$I_2 = \frac{R_3 + R_4}{R_1 R_2 + (R_1 + R_2)(R_3 + R_4)}(E_1 - E_2) \qquad (3\text{-}19)$$

$$I_3 = \frac{R_2}{R_1 R_2 + (R_1 + R_2)(R_3 + R_4)}(E_1 - E_2) \qquad (3\text{-}20)$$

と求められる．

節点 B を基準とする節点 A と節点 C の電位はそれぞれ，

$$V_\mathrm{A} - V_\mathrm{B} = V_4 = R_4 I_3$$

$$= \frac{R_2 R_4}{R_1 R_2 + (R_1 + R_2)(R_3 + R_4)}(E_1 - E_2) \qquad (3\text{-}21)$$

$$V_\mathrm{C} - V_\mathrm{B} = V_2 = R_2 I_2$$

$$= \frac{R_2(R_3 + R_4)}{R_1 R_2 + (R_1 + R_2)(R_3 + R_4)}(E_1 - E_2) \qquad (3\text{-}22)$$

となる． ■

補足： 図 3-3 は前章の図 2-17 (a) と同じである．したがって，式 (3-18)，式 (3-19)，式 (3-20) はそれぞれ，式 (2-24)，式 (2-25)，式 (2-26) と一致する．

3-2-2 閉路電流による解法

例題 3-4 の回路解析は**枝電流**（branch current）を用いたものである．回路解析には，他に**閉路電流**（ループ電流または網電流ともいう）(loop current) を用いる方法がある．

この方法は，以下に示すように，未知数（したがって方程式の数）を減らすことができるので，慣れると便利である．またこの章の最後に述べる，より発展した解析のために重要である．次の例題により，閉路電流を用いる方法に慣れよう．

> **例題 3-5** 閉路電流を用いて，図 3-3 に示す回路の各枝路を流れる電流を求めよ．

[解] 図 3-4 は図 3-3 の回路と同じである．図 3-4 の閉路 a に沿って，実線で示した ∩ の方向に回る電流（これを閉路電流という）を仮定し，これを I_a とする．また，閉路 b を ∩ の方向に回る閉路電流を I_b とする．これらは，図 3-3 の枝電流との間に

$$I_1 = I_a, \quad I_2 = I_a - I_b, \quad I_3 = I_b \tag{3-23}$$

の関係がある．

これより，I_a と I_b を求めれば，各枝路を流れる電流 I_1，I_2，I_3 が求められるから，I_a と I_b を未知数とする二つの方程式を書けばよい．

閉路 a にキルヒホッフ第 2 法則を適用すると，

$$E_1 - R_1 I_a - E_2 - R_2(I_a - I_b) = 0 \tag{3-24}$$

となる．

閉路 b にキルヒホッフ第 2 法則を適用すると，

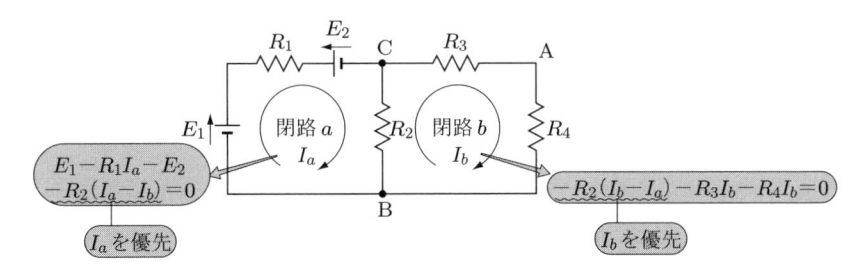

図 **3-4** 例題 3-5 の解に用いる回路

$$-R_2(I_b - I_a) - R_3 I_b - R_4 I_b = 0 \qquad (3\text{-}25)$$

となる.

式 (3-24) と (3-25) を整理すれば，連立方程式

$$\left. \begin{array}{l} (R_1 + R_2)I_a \qquad\qquad -R_2 I_b = E_1 - E_2 \\ -R_2 I_a + (R_2 + R_3 + R_4) I_b = 0 \end{array} \right\} \qquad (3\text{-}26)$$

が得られる.

これより，I_a, I_b を求め，式 (3-23) を用いれば，式 (3-18)〜(3-20) と同じ結果が得られる.

式 (3-26) と式 (3-12) を比べればすぐ分かるように，閉路電流で解析する方が枝電流で解析するより方程式の数が少ない．なお，式 (3-26) の連立方程式を**閉路方程式**（loop equation）という．

> **コツ1**： 式 (3-24) と式 (3-25) で，R_2 の項に戸惑ったかもしれないが，考えている閉路を流れる電流を優先してこの項の符号を決めればよい．閉路 a では，I_a を優先して R_2 を流れる電流を $I_a - I_b$ とするので，R_2 での電位の低下が $-R_2(I_a - I_b)$ となる．閉路 b では，I_b を優先して R_2 を流れる電流を $I_b - I_a$ とするので，R_2 での電位の低下が $-R_2(I_b - I_a)$ となる．
>
> **コツ2**： 以下のことを理解すれば式 (3-26) がすぐ書ける（図 3-5 参照）．
> 　　第 1 式は閉路 a に関するもの．第 1 項 $(R_1 + R_2)I_a$ は I_a だけによる閉路の電圧降下で，第 2 項 $-R_2 I_b$ は I_b だけによる電圧降下である．負の符号は I_a と I_b が反対向きであることに起因する．右辺は閉路 a の全起電力（I_a の方向を正）．
> 　　第 2 式は閉路 b に関するもの．第 2 項 $(R_2 + R_3 + R_4)I_b$ は I_b だけによる電圧降下で，第 1 項 $-R_2 I_a$ は I_a だけによる電圧降下である．負の符号は I_a と I_b が反対向きであることに起因する．右辺は閉路 b の全起電力（この場合はゼロ）．

問 3-3 図 3-6 に示す回路で，各枝路の電流 I_1, I_2, I_3 の大きさと方向を求めよ．ただし，クラメルの公式を用い，枝電流による解法で行え．

問 3-4 図 3-7 に示す回路で，$15\,\mathrm{k\Omega}$, $5\,\mathrm{k\Omega}$, $2\,\mathrm{k\Omega}$ の各抵抗を流れる電流の大きさと方向を求めよ．ただし，クラメルの公式を用い，閉路電流による解法で行え．

> **注意**： 問題を解くときは，**電流の方向を任意に定める**．求めた電流の値が正のときは，任意に定めた方向と同じ方向に電流が流れる．負の値が得られたときは，定めた方向と逆方向に電流が流れると解釈すればよい．

$$+(R_1+R_2)I_a \quad -R_2I_b = E_1-E_2$$

- I_a の方向と一致
- 閉路 a の全抵抗
- I_a と I_b が逆向き
- 閉路 a と b 共通の枝路の抵抗
- 閉路 a の起電力（I_a と同じ方向が正）

$$-R_2I_a+(R_2+R_3+R_4)I_b=0$$

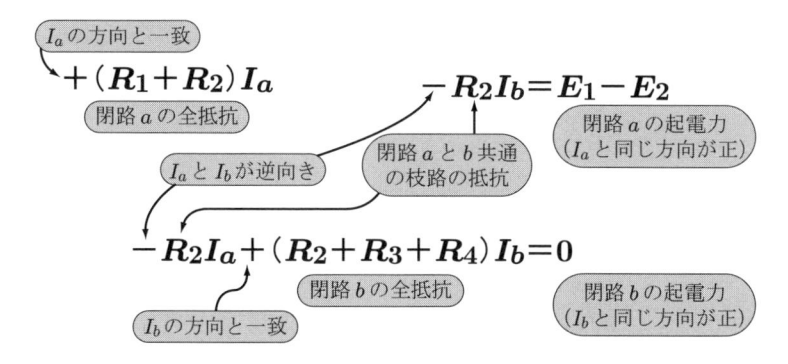

- I_b の方向と一致
- 閉路 b の全抵抗
- 閉路 b の起電力（I_b と同じ方向が正）

図 3-5　式 (3-26) の説明

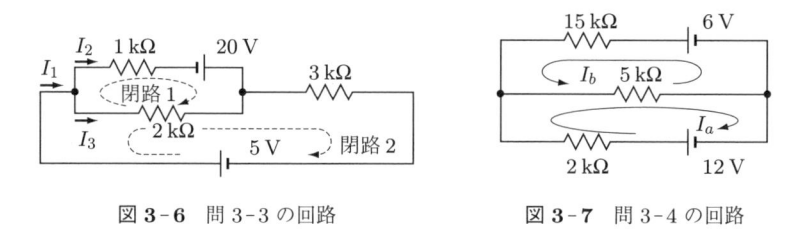

図 3-6　問 3-3 の回路

図 3-7　問 3-4 の回路

3-3　簡単な回路（II）

もう一つ簡単な例として，図 3-8 に示す**ホイートストンブリッジ**（Wheatstone bridge）と呼ばれる回路を解析しよう．

例題 3-6　図 3-8(a) に示す回路で，抵抗 R_5 を流れる電流 I_5 を求めよ．

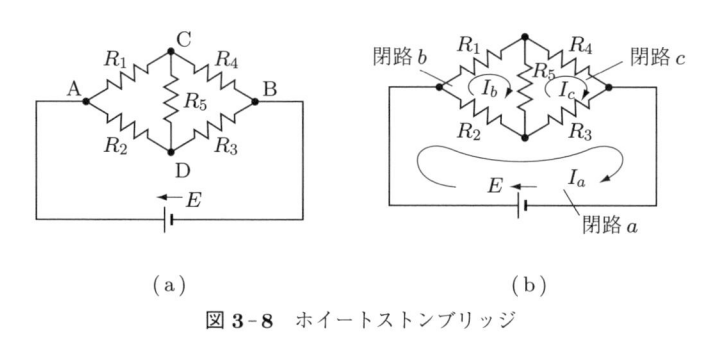

図 3-8　ホイートストンブリッジ

解 図 3-8 (b) のように閉路電流 I_a, I_b, I_c を決めると，閉路 a〜閉路 c においてそれぞれ次の式が成り立つ．

$$\left.\begin{array}{l} E - R_2(I_a - I_b) - R_3(I_a - I_c) = 0 \\ -R_1 I_b - R_5(I_b - I_c) - R_2(I_b - I_a) = 0 \\ -R_4 I_c - R_3(I_c - I_a) - R_5(I_c - I_b) = 0 \end{array}\right\} \quad (3\text{-}27)$$

整理すれば，

$$\left.\begin{array}{l} (R_2 + R_3)I_a \quad\quad -R_2 I_b \quad\quad -R_3 I_c = E \\ -R_2 I_a + (R_1 + R_2 + R_5)I_b \quad\quad -R_5 I_c = 0 \\ -R_3 I_a \quad\quad -R_5 I_b + (R_3 + R_4 + R_5)I_c = 0 \end{array}\right\} \quad (3\text{-}28)$$

が得られる．

クラメルの公式を使って，式 (3-28) の連立方程式を解けば，

$$I_a = \frac{\begin{vmatrix} E & -R_2 & -R_3 \\ 0 & R_1 + R_2 + R_5 & -R_5 \\ 0 & -R_5 & R_3 + R_4 + R_5 \end{vmatrix}}{|A|} \quad (3\text{-}29)$$

$$I_b = \frac{\begin{vmatrix} R_2 + R_3 & E & -R_3 \\ -R_2 & 0 & -R_5 \\ -R_3 & 0 & R_3 + R_4 + R_5 \end{vmatrix}}{|A|} \quad (3\text{-}30)$$

$$I_c = \frac{\begin{vmatrix} R_2 + R_3 & -R_2 & E \\ -R_2 & R_1 + R_2 + R_5 & 0 \\ -R_3 & -R_5 & 0 \end{vmatrix}}{|A|} \quad (3\text{-}31)$$

が得られる．

ただし，$|A|$ は式 (3-28) の係数行列式で

$$|A| = \begin{vmatrix} R_2 + R_3 & -R_2 & -R_3 \\ -R_2 & R_1 + R_2 + R_5 & -R_5 \\ -R_3 & -R_5 & R_3 + R_4 + R_5 \end{vmatrix} \quad (3\text{-}32)$$

である．

以上より，R_5 を流れる電流は，

$$I_b - I_c = \frac{R_2 R_4 - R_1 R_3}{|A|} E$$

$$= \frac{R_2R_4 - R_1R_3}{R_1R_4(R_2+R_3) + R_2R_3(R_1+R_4) + R_5(R_1+R_4)(R_2+R_3)}E$$
(3-33)

となる. ∎

> 補足： 例題 3-5 のコツ 2 を理解すれば，式 (3-27) をとばして式 (3-28) を書くことができる.
> 補足： 式 (3-33) の分母の整理の仕方は一例である．別の表記をしてもよい．
> 注意： 式 (3-32) の行列式の要素には $a_{ij} = a_{ji}$ の関係があることに注目せよ．
> すなわち $a_{12} = -R_2 = a_{21}$, $a_{13} = -R_3 = a_{31}$, $a_{23} = -R_5 = a_{32}$ である．閉路方程式では，対角要素も含めて，各要素には意味がある．各要素は式 (3-28) の係数であるから，例題 3-5 のコツ 2 を参考に各自考えてみよ．例題 3-5 のコツ 2 に従い，閉路 a, b, c の順に並べて書いた閉路方程式で，この関係 $(a_{ij} = a_{ji})$ が得られていないと，どこかで間違ったことになる.
> 注意： 図 3-9 のように閉路を選んだら，閉路方程式が二つになってしまった，と学生が質問にきた．
> これは，三つの閉路が独立していないからである（もし閉路 a と閉路 b を採用すれば，閉路 c はこの二つに含まれている．閉路 a と c を採用すれば閉路 b が，また閉路 b と c を採用すれば閉路 a が独立ではない）．この学生の場合は，抵抗 R_5 が方程式に使われていない．閉路の選び方は一通りではないが，全部の素子を使うように閉路を選ばなければならない．

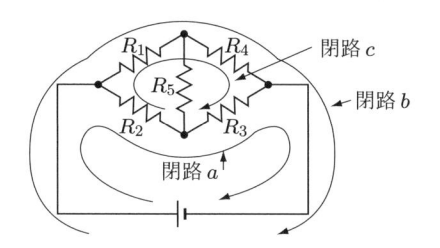

図 3-9 間違った閉路選びの例

例題 3-7 図 3-8 (a) に示す回路で，抵抗 R_5 に電流が流れない条件を求めよ．

解 1 式 (3-33) の分母はゼロにならないから,

$$R_2 R_4 = R_1 R_3 \tag{3-34}$$

の関係が成り立つとき，抵抗 R_5 を流れる電流はゼロになる（電流が流れない）．■

解 2　R_5 に電流が流れなければ，R_1 を流れる電流 I_1 はそのまま R_4 を流れる．同様に，R_2 を流れる電流 I_2 はそのまま R_3 を流れる．

また，R_5 に電流が流れないときは，図 3-8 (a) において節点 C と節点 D の電位が等しいから，AC 間の電圧降下と AD 間の電圧降下は等しい．CB 間と DB 間の電圧降下も等しい．したがって，$I_1 R_1 = I_2 R_2$ および $I_1 R_4 = I_2 R_3$ が成り立つ．すなわち

$$\frac{I_1}{I_2} = \frac{R_2}{R_1} = \frac{R_3}{R_4}$$

となるが，これより式 (3-34) が得られる．■

式 (3-34) は，「**対辺の抵抗の積は相等しい**」ということであるが，この関係は**ブリッジの平衡条件**とも言われ，重要である．

ある物質の抵抗 R_x を求めようとするとき，既知の抵抗 R_1，R_2 と目盛りをつけて抵抗値が分かるようにした可変抵抗 R_3 を用いて図 3-10 のブリッジを構成する．検流計 Ⓓ に電流が流れないように（検流計の指示がゼロになるように）R_3 を調整すれば，そのときの R_x は，式 (3-34) から

$$R_x = \frac{R_1 R_3}{R_2} \tag{3-35}$$

と求められる．

> **補足**：　この方法は未知の抵抗を精度よく求める基本的な測定法の一つで，重要である．式 (3-34) を記憶せよ．

問 3-5　図 3-11 の回路で，検流計に電流が流れないとき，抵抗 R_x の値は何 Ω か．
問 3-6　図 3-12 の回路で，節点 C の電位と節点 D の電位が等しいとき，抵抗 R_x の値は幾らか．（ヒント：1 kΩ に電流が流れないことに注目せよ）

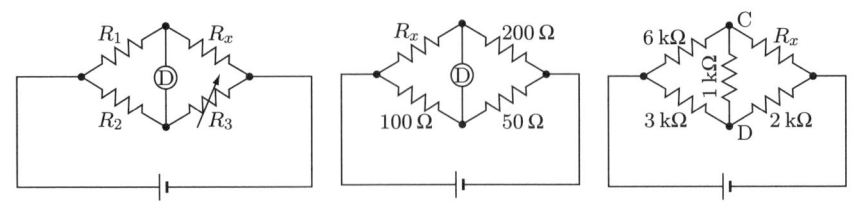

図 3-10　未知抵抗の測定法　　図 3-11　問 3-5 の回路　　図 3-12　問 3-6 の回路

3-4 合成抵抗

前章で，直列および並列抵抗接続の合成抵抗について述べた．しかし，この方法では，簡単には合成抵抗を求めることができないことがある．

たとえば，図 3-13 (a) に示す抵抗回路の合成抵抗（端子 AB 間の抵抗）は，これまでに述べた直列・並列抵抗の考えでは求めることが難しい．

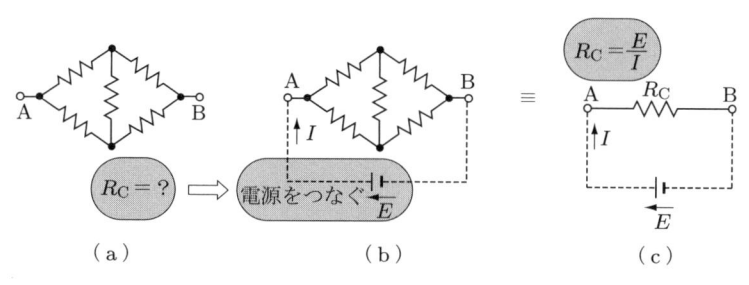

図 3-13 合成抵抗の求め方

このような場合はオームの法則に立ち返るとよい．すなわち，図 3-13 (b) に破線で示すように，起電力 E の直流電源をつなぎ，端子 A に流れこむ電流 I を求めれば，$E/I = R_C$ は，図 3-13 (c) から分かるように，端子 AB 間の合成抵抗である．

例題 3-8 図 3-14 に示す回路において，AB 間の合成抵抗を求めよ．

解 図の破線のように起電力 E の直流電源を接続し，端子 A に流れこむ電流 I を求める．図に示したように閉路電流を定めると，閉路方程式は

$$\left.\begin{array}{l} 5I_a - 3I_b - 2I_c = E \\ -3I_a + 9I_b - I_c = 0 \\ -2I_a - I_b + 4I_c = 0 \end{array}\right\} \quad (3\text{-}36)$$

となる．これより，

$$I = I_a = \frac{35\,[\text{k}\Omega^2]E}{91\,[\text{k}\Omega^3]} = \frac{E}{2.6\,[\text{k}\Omega]} \quad (3\text{-}37)$$

が得られ，合成抵抗 R_C は $2.6\,\text{k}\Omega$ と求められる． ∎

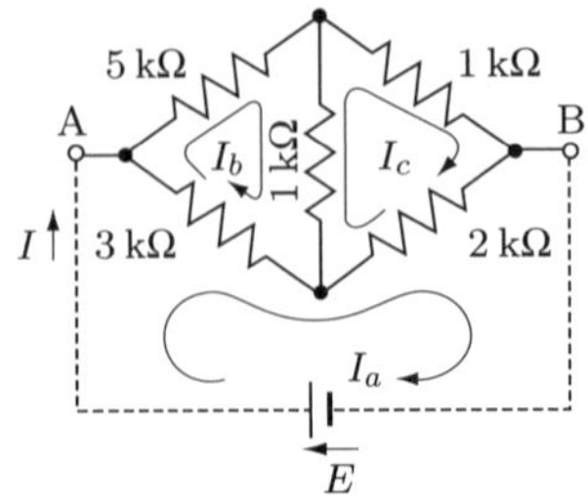

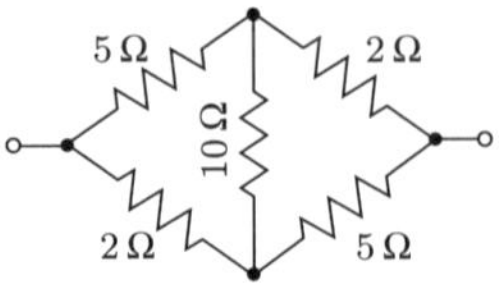

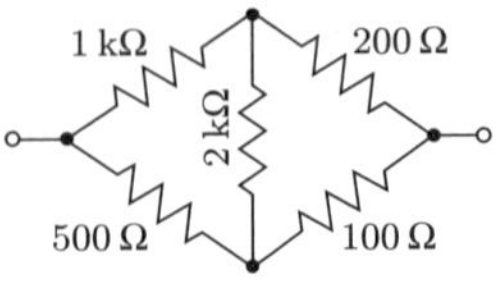

図 3-14 例題 3-8 の回路　　図 3-15 問 3-7 の回路　　図 3-16 問 3-8 の回路問

> 補足： 式 (3-36) の係数の数字は kΩ 単位で記した．したがって答えが kΩ 単位になったのであるが，その辺の事情を理解しやすくするため，式 (3-37) の分母と分子に [kΩ] の単位をつけておいた．式 (3-36) の係数は Ω 単位で書いても良い．その場合，たとえば式 (3-36) の第一式は $5 \times 10^3 I_a - 3 \times 10^3 I_b - 2 \times 10^3 I_c = E$ となる．式 (3-37) は，$I = E/(2.6 \times 10^3)$ となり，答えは，$2.6 \times 10^3\,\Omega\,(= 2.6\,\text{k}\Omega)$ である．

問 3-7 図 3-15 に示す回路の合成抵抗を求めよ．

問 3-8 図 3-16 に示す回路の合成抵抗を求めよ．(ヒント：ブリッジが平衡しているので 2 kΩ の抵抗には電流が流れないことを利用すると簡単である)

> 発展： 先に，図 3-13 (a) の回路は直列・並列抵抗の考えでは合成抵抗を求めることが難しいと述べたが，第 2 章の演習問題 5 で導いた Δ-Y 変換という方法を用いれば，直列・並列抵抗で表すことができる (本章の演習問題 2)．

3-5　直流電源

3-5-1　電圧源と電流源

図 3-17 (a) に示すように，起電力 E の乾電池に抵抗 R_L を接続し (このような抵抗を**負荷抵抗** (load resistance) ということがある)，R_L の値を次々に変化させて乾電池の両端の電圧 (出力電圧) V を測定してみる．この V の値を R_L の関数としてグラフに表すと，図 3-17 (b) に示すような結果が得られる．

すなわち，R_L が大きなときは (電流 I が小さなときは)，V は乾電池の起電力 E に等しいが，R_L が小さくなるにつれ (電流 I が増すにつれ)，V は減

3-5 直流電源　**61**

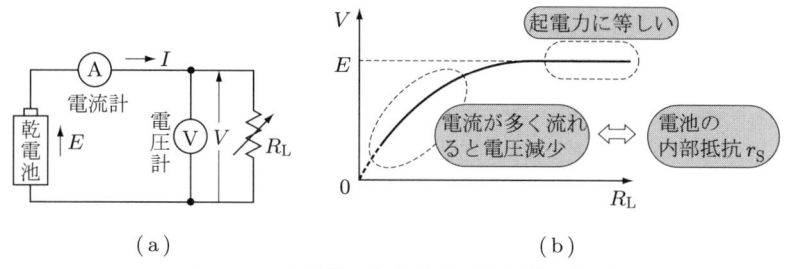

図 3-17 乾電池の出力電圧と負荷抵抗の関係

少する．

　同様なことは，乾電池に限らず，一般の直流電圧源でも起きる．
　これは，現実の直流電圧源は**内部抵抗**（internal resistance）をもっているからである．この内部抵抗を r_S と書けば，電池などの直流電圧源の**等価回路**（equivalent circuit）は，図 3-18(b) のように起電力 E の理想直流電圧源（内部抵抗がゼロの直流電圧電源）と，内部抵抗 r_S の直列接続で表される．

例題 3-9 直流電圧源の等価回路図が 3-18(b) のように描けると仮定するとき，図 3-17(a) に示す回路における V と R_L の関係は，図 3-17(b) のようになることを示せ．

解　直流電圧源の等価回路図 3-18(b) を用いれば，図 3-17(a) の回路は図 3-18(c) のように書き直せる．
　図 3-18(c) で，電流 I は

$$I = \frac{E}{r_S + R_L} \tag{3-38}$$

と書ける．すなわち，

$$V = R_L I = \frac{R_L}{r_S + R_L} E \tag{3-39}$$

である．
　これを図示すれば，図 3-17(b) のグラフが描ける．
　特徴をつかむために，$R_L \gg r_S$ と $R_L \ll r_S$ の場合を調べよう．
　式 (3-39) において，$R_L \gg r_S$ ならば

$$V = E \tag{3-40}$$

であり，$R_L \ll r_S$ ならば

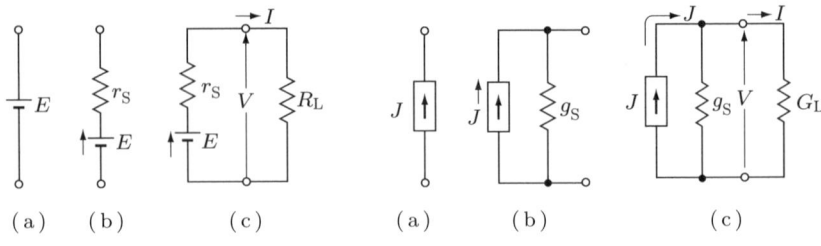

図 3-18 直流電圧源の等価回路

図 3-19 直流電流源の等価回路

$$V = E\frac{R_L}{r_S} \quad (\propto R_L) \tag{3-41}$$

である．こうして，図 3-17(b) に示す関係の特徴が理解できる． ∎

前述のように，現実の直流電圧源は内部抵抗 r_S をもっているが，もし $r_S = 0$ の直流電圧源が得られれば，式 (3-39) は $V = E$ となる．すなわち，V は R_L の値（したがって電流 I の値）にはよらず，一定値 E をとる．このような，出力電圧が変化しない理想的な直流電源を直流**定電圧源**（constant voltage source）という．その記号を改めて図 3-18(a) に示す．これまでは無意識に，この記号で表した直流電圧源を理想直流電圧源すなわち直流定電圧源としてきたが，以後も特に断らない限り同様に取り扱う．

実際には $r_S = 0$ の電圧源は実現しないが，実用上 $r_S = 0$ と見なせる電圧源を得ることができる．このような電圧源も定電圧源という．

もし $r_S \gg R_L$ とすれば，式 (3-38) は $I = E/r_S$ となる．ここには R_L が含まれない．これは，I は R_L とは無関係，すなわち，負荷抵抗 R_L が変化しても電流が変化せず一定であることを意味する．このような，電流が一定の理想直流電流源を直流**定電流源**（constant current source）という．その記号を図 3-19(a) に示す[注]．理想的な定電流源では $r_S = \infty$ である（ただし，このときは $E \to \infty$ でなければならないが）．

現実の直流電圧源が，図 3-18(b) に示すような，定電圧源 E と内部抵抗 r_S の直列回路で表されたように，直流電流源は，図 3-19(b) に示すような，定電流源 J と内部コンダクタンス g_S の並列回路で表される．

直流電流源に負荷コンダクタンス G_L を接続した回路が図 3-19(c) である．

注）電流源の記号は本によって異なる．

> **注意:** ここで J は定電流源から流れ出る定電流を表す.式 (1-8) の電流密度 J とは別のものである.

> **例題 3-10** 内部抵抗 r_S をもつ直流電圧源と,内部コンダクタンス g_S をもつ直流電流源が等価となる条件を求めよ.

[解] 図 3-19(c) の回路で,G_L と g_S は並列であるから,式 (2-15) により,合成コンダクタンスは $G_L + g_S$ になる.これより,図 3-19(c) は図 3-20 のように書き直せる.

したがって,式 (1-1) より

$$J = (G_L + g_S)V \tag{3-42}$$

となる.すなわち,

$$V = \frac{J}{G_L + g_S} \tag{3-43}$$

である.この式と式 (3-39) を等しいとおけば,

$$\frac{J}{G_L + g_S} = \frac{R_L E}{r_S + R_L} = \frac{\dfrac{E}{r_S}}{\dfrac{1}{R_L} + \dfrac{1}{r_S}} = \frac{\dfrac{E}{r_S}}{G_L + \dfrac{1}{r_S}} \tag{3-44}$$

となる.

これより,

$$J = \frac{E}{r_S}, \quad g_S = \frac{1}{r_S} \tag{3-45}$$

すなわち

$$\frac{J}{E} = g_S = \frac{1}{r_S} \tag{3-46}$$

のとき,直流電圧源と直流電流源が等価になる. ■

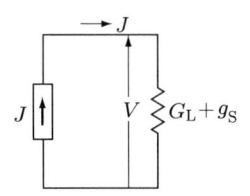

図 3-20 図 3-19(c) を書き直したもの

補足： 我々が日常的に使う電源は，乾電池やバッテリー，電気器具のアダプタ，充電器，さらには家庭のコンセントにきている 100 V（この場合は交流であるが）などの電圧源であって，電流源を目にすることはほとんどない．

したがって，これまでの回路解析には電圧源しか扱ってこなかったが，場合によっては電圧源を電流源に変換し，電流源を用いて解析する方が都合が良い場合もある．

3-5-2 最大電力の供給

さて，図 3-18 (c) の回路において，負荷抵抗 R_L を増していくと，負荷抵抗にかかる電圧 V は起電力 E に等しい値で飽和し一定値になるのに対し，負荷抵抗を流れる電流 I は小さくなっていくから，負荷抵抗 R_L で消費される電力 $P = IV$ は小さくなっていく．

一方，負荷抵抗 R_L を減少させていくと，流れる電流 I は増加するがやがて E/r_S に等しい値で飽和し一定値になるのに対し，負荷抵抗にかかる電圧 V は小さくなっていくから，電力 $P = IV$ は小さくなっていく．

このことより，負荷抵抗 R_L で消費される電力が最大になるような，適当な負荷抵抗 R_L の値があることが予想される．言い換えれば，負荷抵抗に供給される電力が最大になるような，適当な R_L の値があることが予想される．

次の例題によって，この値を求めてみよう．

例題 3-11 図 3-18 (c) の回路において，負荷抵抗 R_L に供給される電力 P が最大になるような R_L の値を求めよ．また，そのときの電力，回路を流れる電流および R_L の両端電圧を求めよ．

解 式 (3-38) と式 (3-39) より，R_L で消費される電力 P は

$$P = IV = \frac{R_L}{(r_S + R_L)^2} E^2 \tag{3-47}$$

と求められる．これを R_L で微分すれば，

$$\frac{dP}{dR_L} = \frac{r_S - R_L}{(r_S + R_L)^3} E^2 \tag{3-48}$$

となる．これがゼロになる条件は

$$R_L = r_S \tag{3-49}$$

である．すなわち，上記の関係が成り立つ時，$dP/dR_\mathrm{L} = 0$ となり，P は最大値をとる．

P の最大値 P_m は，式 (3-47) に式 (3-49) を代入して，

$$P_\mathrm{m} = \frac{E^2}{4r_\mathrm{S}} \tag{3-50}$$

と求められる．このとき，以下の式より電源の内部抵抗 r_S で消費される電力も P_m に等しい．

式 (3-49) が成り立つとき，流れる電流 $I_{R_\mathrm{L}=r_\mathrm{S}}$ と，R_L 両端の電圧 $V_{R_\mathrm{L}=r_\mathrm{S}}$ は，それぞれ，

$$I_{R_\mathrm{L}=r_\mathrm{S}} = \frac{E}{2r_\mathrm{S}} \tag{3-51}$$

$$V_{R_\mathrm{L}=r_\mathrm{S}} = \frac{E}{2} \tag{3-52}$$

となる． ∎

> 補足： 式 (3-49) を導くとき，単に $dP/dR_\mathrm{L} = 0$ としたが，厳密には最大であることを確認することが必要（$R_\mathrm{L} < r_\mathrm{S}$ で $dP/dR_\mathrm{L} > 0$，$R_\mathrm{L} = r_\mathrm{S}$ で $dP/dR_\mathrm{L} = 0$，$R_\mathrm{L} > r_\mathrm{S}$ で $dP/dR_\mathrm{L} < 0$ の確認）．
>
> 補足： 式 (3-47) を図示すると図 3-21 のようになる．
>
> 重要： 実際の応用において，式 (3-49) の関係は重要である．

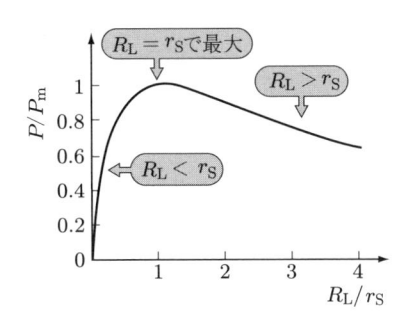

図 3-21 P/P_m と $R_\mathrm{L}/r_\mathrm{S}$ の関係

3-6 テブナンの定理

図 3-22 (a) のような，内部に電圧源 E_1, E_2, E_3, $\cdots$ と電流源 J_1, J_2, J_3, $\cdots$ をもつ回路があるとき，端子 A と B から回路側を見たときの抵抗を r_S とする．

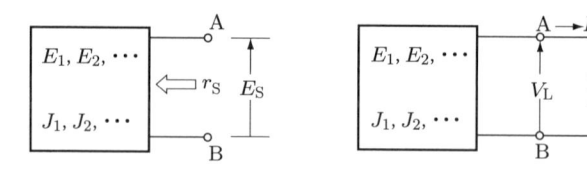

(a) 対象としている回路　　(b) 負荷抵抗 R_L を接続した場合

図 3-22　テブナンの定理

また，端子 AB 間に現れる電圧を E_S とする．

この回路の端子 A と B に，図 3-22(b) のように負荷抵抗 R_L を接続するとき，R_L を流れる電流 I_L は，

$$I_L = \frac{E_S}{r_S + R_L} \tag{3-53}$$

と表される．

これを，**テブナンの定理**（Thevenin's theorem）という（日本では鳳-テブナンの定理という場合がある）．

なお，端子 A と B から回路をみた抵抗 r_S は，回路内の電圧源 E_1, E_2, E_3, $\cdots$ のそれぞれを短絡し，電流源 J_1, J_2, J_3, $\cdots$ のそれぞれを開放して求める（理想電圧源の内部抵抗はゼロ，理想電流源の内部抵抗は無限大であることによる）．

補足：　電圧源を短絡するということは，図 3-23(a) の電圧源を取り外し，同図 (b) のように導線でつなぐこと．短絡前は E であった点 C と点 D の電位差は，短絡するとゼロになる．電流源を開放するということは，図 3-23(c) の電流源を取り外し，同図 (d) のように導線を切ったままにしておくこと．開放すると電流が流れない．

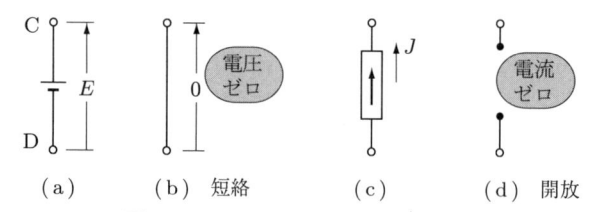

(a)　　(b) 短絡　　(c)　　(d) 開放

図 3-23　電圧源の短絡と電流源の開放

例題 3-12 図 3-22 (b) の回路にテブナンの定理を適用すれば，端子 AB 間の電圧 V_L は式 (3-39) と同じ形式で表されることを示せ．

解 式 (3-53) を使えば，

$$V_L = R_L I_L$$

$$= \frac{R_L}{r_S + R_L} E_S \tag{3-54}$$

が得られる．これは，式 (3-39) と同じ形式である． ∎

上の例題の結果は，図 3-22 (b) の回路と図 3-18 (c) の回路とが等価であることを示す．ということは，図 3-22 (a) の回路が，図 3-18 (b) と等価であることを意味する．このことから，テブナンの定理を**等価電圧源の定理**ともいう．

例題 3-13 図 3-24 に示す回路で，端子 A と B から回路側を見たときの抵抗 r_S と，端子 AB 間に現れる電圧 E_S を求めよ．

解 (1) 抵抗 r_S を求める．
電圧源は短絡するので，考える回路は図 3-25 である．まず，R_1 と R_2 の合成抵抗 R_C を求める．

$$R_C = \frac{R_1 R_2}{R_1 + R_2} = \frac{2\,[\text{k}\Omega] \times 3\,[\text{k}\Omega]}{2\,[\text{k}\Omega] + 3\,[\text{k}\Omega]} = \frac{6\,[\text{k}\Omega^2]}{5\,[\text{k}\Omega]} = 1.2\,[\text{k}\Omega].$$

求めようとする r_S は，R_C と R_3 の合成抵抗になるので，

$$r_S = R_C + R_3 = 1.2\,[\text{k}\Omega] + 1\,[\text{k}\Omega] = 2.2\,[\text{k}\Omega]$$

(2) 電圧 E_S を求める．
図 3-24 に戻る．端子 AB 間は開放されているので，抵抗 R_3 には電流が流れない．したがって，抵抗 R_3 での電圧降下はなく，端子 A の電位と節点 C の電位は等しい．すなわち，端子 AB 間の電圧 E_S は節点 C と端子 B の間の電圧 $V_C - V_B$ に等しい．
以上より，

$$E_S = V_C - V_B = \frac{R_2}{R_1 + R_2} E_1 = \frac{3\,[\text{k}\Omega]}{2\,[\text{k}\Omega] + 3\,[\text{k}\Omega]} \times 10\,[\text{V}] = 6\,[\text{V}] \quad \blacksquare$$

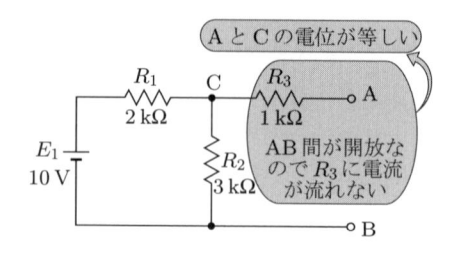

図 3-24 例題 3-13 の回路

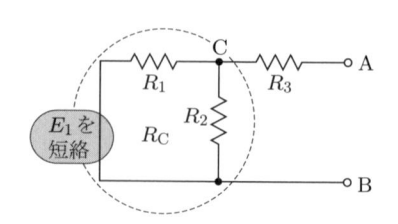

図 3-25 抵抗 r_S を求める回路

> 補足： 上の例題の (1) では例題 2-7 を使った（コツ参照）．(2) では例題 2-5 を使った（コツ参照）．R_3 に電流が流れないので例題 2-5 がそのまま使える．

例題 3-14 図 3-24 に示す回路の等価電圧源を描け．

解 例題 3-13 より，$r_S = 2.2\,\mathrm{k\Omega}$，$E_S = 6\,\mathrm{V}$ と求められた．したがって，等価電圧源は，図 3-26 に示すものとなる．

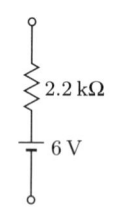

図 3-26 図 3-24 に示した回路の等価電圧源

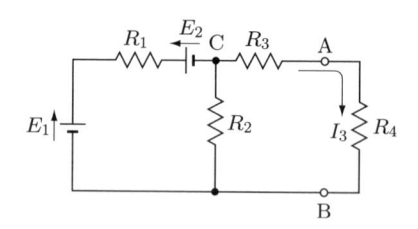

図 3-27 例題 3-15 の回路

例題 3-15 図 3-3 に示した回路において，抵抗 R_4 を流れる電流 I_3 を，テブナンの定理を用いて求めよ．

解 図 3-3 を，図 3-27 のように書きなおす．端子 A と B から左側の回路を見た抵抗 r_S は，図 3-25 と同じであるから（E_1 と E_2 は短絡），

$$r_S = R_C + R_3 = \frac{R_1 R_2}{R_1 + R_2} + R_3 = \frac{R_1 R_2 + R_2 R_3 + R_3 R_1}{R_1 + R_2} \qquad (3\text{-}55)$$

また，例題 3-13 を参照して（R_4 を開放して端子 AB 間の電圧を求める），

$$E_\mathrm{S} = \frac{R_2}{R_1 + R_2}(E_1 - E_2) \tag{3-56}$$

以上より，テブナンの定理を使って，

$$I_3 = \frac{E_\mathrm{S}}{r_\mathrm{S} + R_4} = \frac{R_2}{R_1 R_2 + (R_1 + R_2)(R_3 + R_4)}(E_1 - E_2) \tag{3-57}$$

が得られる． ∎

当然のことながら，上で求めた I_3 は，式 (3-20) と同じである．ここでは，キルヒホッフの法則を用いなくても，テブナンの定理を用いて電流を求めることができる例を示した．

問 3-9 図 3-28 に示す回路において，20 Ω の抵抗を流れる電流の大きさと方向をテブナンの定理を用いて求めよ．（ヒント；図 3-29 のように書きなおす）

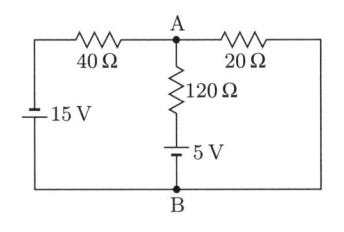

図 3-28 問 3-9 の回路

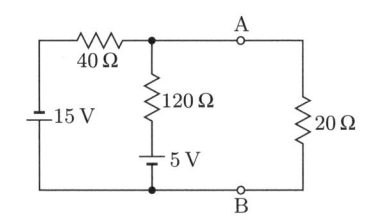

図 3-29 左図を書き直したもの

3-7 重ねの理

重ねの理（law of superposition）と呼ばれている定理は，「複数の電源をもつ回路で，ある注目している枝路を流れる電流や，注目している節点の電位は，個々の電源が独立に存在しているとして求めた電流や電位の総和に等しい」というものである．なお，考慮していない電圧源は短絡し，電流源は開放する．

次の例題でこの定理を理解しよう．なお，電流の添え字の第 2 番目は手順を表す．

例題 3-16 図 3-30 に示す定電圧源と定電流源をもつ回路において，抵

抗 R_2 を流れる電流 I_2 を求めよ．また，節点 A と節点 B の間の電圧 $V_A - V_B$ を求めよ．

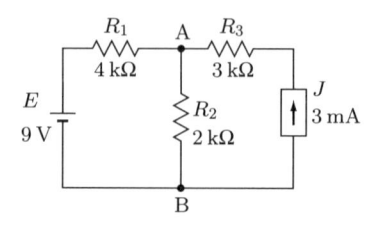

図 3-30 例題 3-16 で扱う回路

［解］ (1) まず，電圧源 E が働いていて，電流源 J が停止のときを考える．電流源は開放だから，考える回路は図 3-31(a) である．このとき，R_2 を流れる電流 I_{21} は，

$$I_{21} = \frac{9\,[\text{V}]}{4\,[\text{k}\Omega] + 2\,[\text{k}\Omega]} = 1.5\,[\text{mA}].$$

(2) 次に，電流源 J が働いていて，電圧源 E が停止のときを考える．電圧源は短絡だから，考える回路は図 3-31(b) である．このとき，R_2 を流れる電流 I_{22} は，

$$I_{22} = \frac{4\,[\text{k}\Omega]}{4\,[\text{k}\Omega] + 2\,[\text{k}\Omega]} \times 3\,[\text{mA}] = 2\,[\text{mA}]$$

(3) I_{21} と I_{22} の向きが同じなので，求める電流 I_2 は重ねの理より，

$$I_2 = I_{21} + I_{22} = 1.5\,[\text{mA}] + 2\,[\text{mA}] = 3.5\,[\text{mA}].$$

電流は節点 A から節点 B に向かう．

(4) 節点 A と節点 B の間の電圧は，$R_2 I_2 = 2\,[\text{k}\Omega] \times 3.5\,[\text{mA}] = 7\,[\text{V}]$．電流が節点 A から節点 B に向かうので，節点 A の電位は節点 B より高い． ■

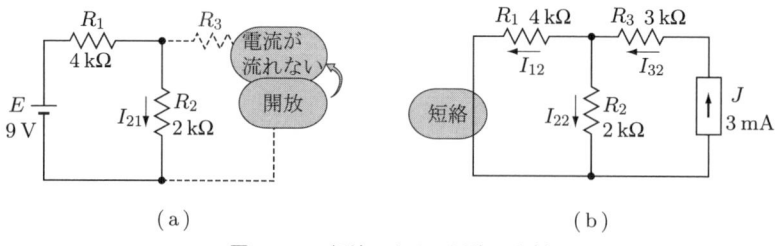

図 3-31 解法のための回路の分割

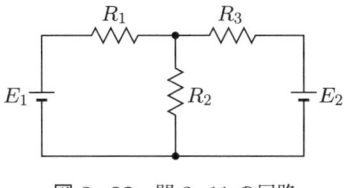

図 3-32 問 3-11 の回路

問 3-10 図 3-30 において，電圧源 9 V を逆向きに接続すると，R_2 を流れる電流は何 mA になるか．重ねの理を用いて求めよ．

問 3-11 図 3-32 に示す回路で，抵抗 R_2 を流れる電流 I_2 を重ねの理を用いて求めよ．また，抵抗 R_1 を流れる電流 I_1 を求めよ．

重ねの理は，直流だけではなく交流電源の場合も成り立つが，交流については後の章で取り扱うから，ここではこれ以上立ち入らない．

重ねの理は電気回路だけではなく，線形が成り立つとき，物理学や工学における基本原理の一つである．

3-8 閉路方程式と節点方程式

閉路電流を用いる回路解析には，例題 3-5 の式 (3-26) や例題 3-6 の式 (3-28) のような閉路方程式が基本である．

式 (3-28) をもう一度記すと，

$$\left.\begin{array}{l} (R_2+R_3)I_a \quad -R_2 I_b \quad -R_3 I_c = E \\ -R_2 I_a + (R_1+R_2+R_5)I_b \quad -R_5 I_c = 0 \\ -R_3 I_a \quad -R_5 I_b + (R_3+R_4+R_5)I_c = 0 \end{array}\right\} \tag{3-58}$$

であるが，これは**行列**（matrix）を用いて，

$$\begin{pmatrix} R_2+R_3 & -R_2 & -R_3 \\ -R_2 & R_1+R_2+R_5 & -R_5 \\ -R_3 & -R_5 & R_3+R_4+R_5 \end{pmatrix} \begin{pmatrix} I_a \\ I_b \\ I_c \end{pmatrix} = \begin{pmatrix} E \\ 0 \\ 0 \end{pmatrix} \tag{3-59}$$

と書くことができる．

これまでは，閉路電流と枝電流と区別するために，閉路電流には I_a, I_b, $\cdots$ のようにアルファベットの添え字をつけたが，この節では添え字に閉路の番号（数字）をつけることにする．また，n 番目の閉路にある起電力を E_n と書くことにする．

このように書けば，一般に n 個の独立した閉路をもつ回路の閉路方程式は

$$\begin{pmatrix} R_{11} & R_{12} & \cdot & R_{1n} \\ R_{21} & R_{22} & \cdot & R_{2n} \\ \cdot & \cdot & \cdot & \cdot \\ R_{n1} & R_{n2} & \cdot & R_{nn} \end{pmatrix} \begin{pmatrix} I_1 \\ I_2 \\ \cdot \\ I_n \end{pmatrix} = \begin{pmatrix} E_1 \\ E_2 \\ \cdot \\ E_n \end{pmatrix} \quad (3\text{-}60)$$

のように書くことができる．

ここで，要素 R_{ij} は抵抗であり，$R_{ij} = R_{ji}$ の関係がある．さらに，$i \neq j$ の R_{ij} は閉路 i と閉路 j が共通になる枝路の抵抗であり，I_i と I_j の向きが同じときは正の符号，反対向きのときは負の符号がつく．対角要素 R_{ii} は閉路 i の全抵抗である．

> **補足**： これはすでに例題 3-6 で注意してあるが，もう一度図 3-8 と式 (3-28) で確認してみよ．

なお，式 (3-60) の右辺は閉路内の起電力（閉路電流と同じ方向にとる）である．電流源は含まない．もし，回路に電流源があるときは，式 (3-46) のルールにより電流源を電圧源に等価変換しなければならない．

閉路方程式が閉路電流を未知数としたのに対し，節点の電位を未知数とする**節点方程式**（nodal equation）と呼ばれる方程式をつくり，これを解いて回路解析する方法がある．

例題 3-17 図 3-33 に示すコンダクタンス回路の節点方程式を書け．

解 基準点から測った節点 1，節点 2 および節点 3 の電位をそれぞれ V_1, V_2, および V_3 とする．

節点 1 にキルヒホッフの第 1 法則を適用すると，

$$I_1 - G_1 V_1 - G_2(V_1 - V_2) - G_6(V_1 - V_3) = 0 \quad (3\text{-}61)$$

節点 2 では

3-8 閉路方程式と節点方程式　**73**

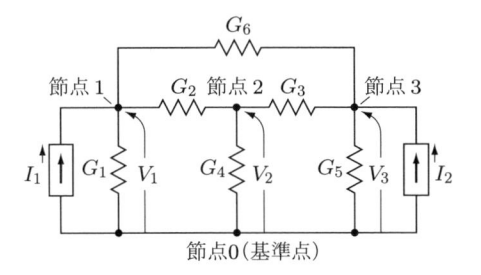

図3-33 節点解析の例

$$G_2(V_1 - V_2) - G_3(V_2 - V_3) - G_4 V_2 = 0 \tag{3-62}$$

節点3では

$$I_2 + G_3(V_2 - V_3) + G_6(V_1 - V_3) - G_5 V_3 = 0 \tag{3-63}$$

が成り立つ．

それぞれ整理すると，節点方程式

$$\left.\begin{array}{l} (G_1 + G_2 + G_6)V_1 \quad\quad -G_2 V_2 \quad\quad\quad -G_6 V_3 = I_1 \\ -G_2 V_1 + (G_2 + G_3 + G_4)V_2 \quad\quad -G_3 V_3 = 0 \\ -G_6 V_1 \quad\quad -G_3 V_2 + (G_3 + G_5 + G_6)V_3 = I_2 \end{array}\right\} \tag{3-64}$$

が得られる． ■

　$n+1$ 個の節点がある回路では，その一つを電位の共通の基準とするので，n 個の節点の電位 V_i が未知数になる．節点 i に電流 I_i が流れこむとき，節点方程式は，行列を用いて次のように書ける．

$$\begin{pmatrix} G_{11} & G_{12} & \cdot & G_{1n} \\ G_{21} & G_{22} & \cdot & G_{2n} \\ \cdot & \cdot & \cdot & \cdot \\ G_{n1} & G_{n2} & \cdot & G_{nn} \end{pmatrix} \begin{pmatrix} V_1 \\ V_2 \\ \cdot \\ V_n \end{pmatrix} = \begin{pmatrix} I_1 \\ I_2 \\ \cdot \\ I_n \end{pmatrix} \tag{3-65}$$

ここで，要素 G_{ij} はコンダクタンスであり，$G_{ij} = G_{ji}$ の関係がある．さらに，$i \neq j$ の G_{ij} は節点 i と節点 j の間のコンダクタンスに負の符号をつけたものである．また，対角要素 G_{ii} は節点 i 以外のすべての節点を基準点につないだときの，節点 i と基準点との間の全コンダクタンスである．接点 i につながっているコンダクタンスの和と考えても良い．

74　第3章　回路解析の基本

この場合は，電源が電流源であるので，もし電圧源が含まれているときは電流源に変換する．

閉路方程式では，独立した閉路を選ぶのに苦労することがあるが，節点方程式では節点一つ一つに式を立てるので，式を書き落とすことがなく機械的に書ける．

演習問題

1. 抵抗 $R = 14\,\Omega$ を 7 個組み合わせた図 3-34 に示す回路において，端子 AB 間の合成抵抗を求めよ．

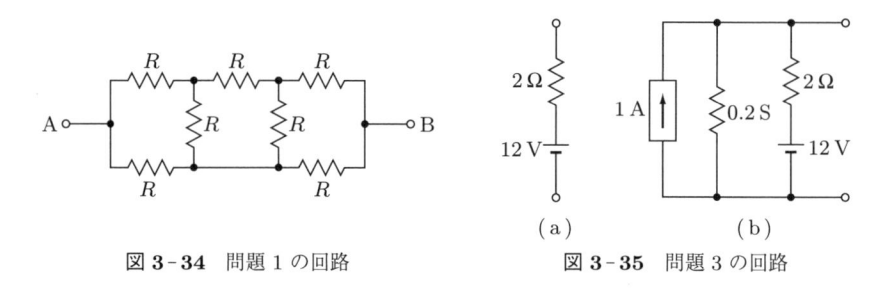

図 3-34　問題 1 の回路

図 3-35　問題 3 の回路

2. Δ-Y 変換（第 2 章演習問題 5 参照）を用いて，図 3-14 に示す回路の AB 間の合成抵抗を求めよ．

3. (1) 図 3-35 (a) に示す電圧源を等価な電流源に書き換えよ．
   (2) 図 3-35 (b) に示す電源を等価な一つの電圧源に書き換えよ．（ヒント：図 (b) に含まれる 12 V，2Ω の電圧源を一旦電流源に直してから，全体を電圧源に書き換える．）

4. 図 3-8 (a) に示す回路で，抵抗 R_5 を流れる電流 I_5 を，テブナンの定理を使って求めよ．（ヒント：図 3-36 のように，R_5 を引き出して考える．）

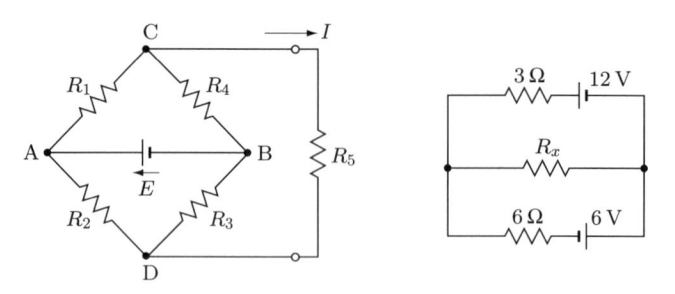

図 3-36　テブナンの定理の応用

図 3-37　問題 5 の回路

5. 図 3-37 の回路で，R_x が何 Ω のとき R_x での消費電力が最大になるか．またそのとき，R_x で発生する熱量は毎分何 cal になるか．
6. 重ねの理を用いて，図 3-38 に示す回路の R_3 を流れる電流を求めよ．
7. 図 3-39 に示す回路に記した閉路電流 I_a，I_b および I_c を用いて，この回路の閉路方程式を立て，これを解いて各抵抗を流れる電流の大きさを求めよ．

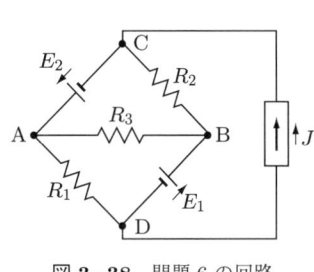

図 3-38 問題 6 の回路　　図 3-39 問題 7 の回路

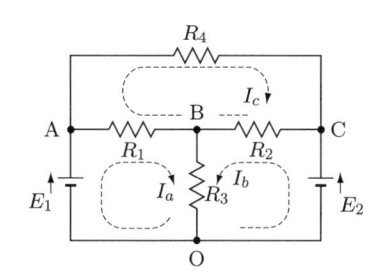

4 回路素子

電気回路で対象とする回路素子は，抵抗素子と容量素子，および誘導素子である．これらは理想的には電圧と電流の関係が線形である．ダイオードやトランジスタのような非線形な半導体素子は，電気回路では取り扱わず，電子回路で取り扱う．

この章では，回路素子の原理と基本的な性質を述べる．

4-1 抵抗素子

4-1-1 定義と記号

第1章で述べたように，導体に印加する電圧と導体を流れる電流の間には比例関係がある（オームの法則）．この性質を利用する現実の回路素子が**抵抗器** (resistor) である．単に抵抗ともいう．理想的な抵抗器では加えられた電気エネルギーを蓄積することなく消費する．抵抗器の図記号を図4-1に示す．

4-1-2 抵抗器の構造とオームの法則

図4-2に，一例として皮膜抵抗器の構造を示す．皮膜には，純金属や合金，金属の酸化物や窒化物，炭素やボロカーボンと呼ばれるものなど，抵抗率が高

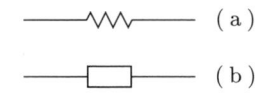

図4-1 抵抗器の回路記号
最近は図 (b) に示した記号も使われる．

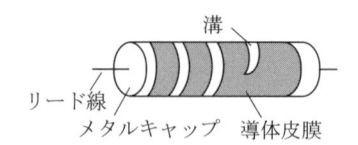

図4-2 皮膜抵抗器の例
セラミック管上に導体皮膜を形成し，溝を切って抵抗値を調整する．図には省略したが，外側を樹脂で被覆する．

く，安定な物質が選ばれる．他に，金属線を巻いた構造のものや，粉体を固めて抵抗体とした構造のものなどがある．

抵抗値は，式 (1-17) で決まるから，金属線の場合には長さと直径，皮膜の場合には長さと幅および膜厚を調整して，希望の抵抗値を得る．

例題 4-1 図 4-2 の構造をした炭素皮膜抵抗器で，導体である炭素皮膜だけを考えると，これは，図 4-3 のような，薄くて細長い炭素の膜が，らせん状に巻かれているものとほぼ同じである．直径が 3 mm，メタルキャップ間の距離が 8 mm の抵抗器で，らせんが 10 巻きになるように溝を切るとき，この抵抗器の抵抗値（概略値）を求めよ．ただし，炭素皮膜の抵抗率を 500 μΩ·cm とし，炭素皮膜の厚さは 1 μm，溝の幅は無視できるものとする．また，考える炭素皮膜は細長い長方形をなしていると近似する．

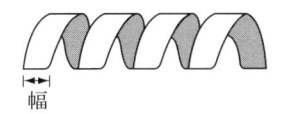

図 4-3 皮膜だけをとりだしたもの

解 導体の幅は，おおよそ $8\,\text{mm}/10 = 8 \times 10^{-2}\,\text{cm}$．したがって，断面積 $S = 8 \times 10^{-2}\,\text{cm} \times 1\,\mu\text{m} = 8 \times 10^{-6}\,\text{cm}^2$．長さ $L = \pi \times 3\,\text{mm} \times 10\,\text{巻} = 9.42\,\text{cm}$．これらを式 (1-17) に代入すれば，抵抗 R は約 $600\,\Omega$ となる． ∎

第 1 章では，時間的に変化しない直流を扱うときに，抵抗両端の電圧と抵抗を流れる電流が比例することを述べた（オームの法則）．この関係は時間的に変化する電圧や電流のときも各時刻において成り立つ．

すなわち，時間的に変化する抵抗両端の電圧と抵抗を流れる電流の各時刻における値をそれぞれ，v_R および i と書くことにすれば[注]，抵抗を R として，

$$i = \frac{v_R}{R} \tag{4-1}$$

の関係がある．

式 (4-1) はオームの法則である．

[注] 直流の電圧と電流を大文字で書く．時間的に変化する電圧と電流を小文字で書く．

例題 4-2 図 4-4(a) のように，スイッチ S を介して，抵抗 R を起電力 E の直流電源に接続する．抵抗を流れる電流 i の時間的変化を図示せよ．

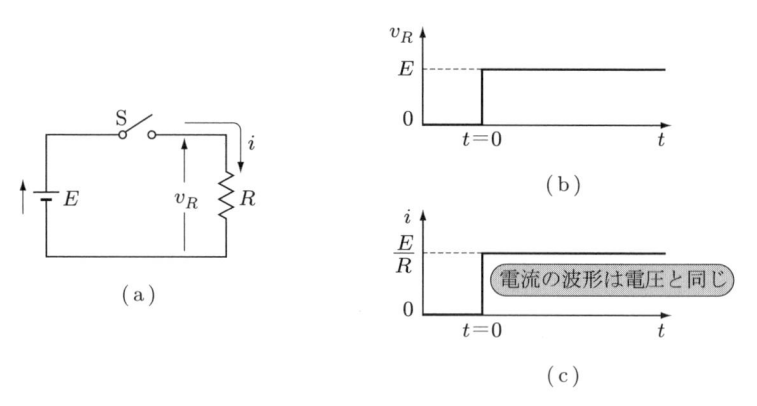

図 4-4 抵抗素子の電圧波形と電流波形

[解] ある時刻でスイッチ S を閉じると（この時刻を時間 t の基準にとって $t=0$ とする），抵抗 R に印加される電圧 v_R は，$t<0$ で 0，$t \geq 0$ で E（一定）である．この電圧波形を図 4-4(b) に描いた．なお，このような形の関数を**階段関数**（step function）という．

式 (4-1) に示されるように，各時刻において，電流 i は電圧 v_R に比例するから，電流波形は図 4-4(c) に示すように，$t<0$ で $i=0$，$t \geq 0$ で $i=v_R/R=E/R$（一定）である． ■

以上の例題から分かるように，抵抗を流れる<u>電流は，時間遅れがなく，電圧に比例して変化</u>する．

重要： 上のアンダーラインの部分．

4-2 容量素子

4-2-1 定義と記号

容量素子は静電エネルギーを蓄積する．現実の素子には**コンデンサ**（condenser）がある．**キャパシタ**（capacitor）ともいう．図記号を図 4-5 に示す．

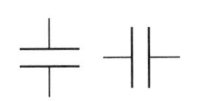

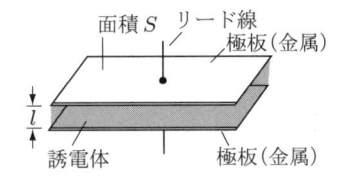

図 4-5　コンデンサの図記号　　図 4-6　コンデンサの原理的な構造

4-2-2　コンデンサの構造と原理

図 4-6 にコンデンサの原理的な構造を示す．すなわち，2 枚の導体板（極板という）が平行に配置されており，その間に絶縁体が挟まれている．この絶縁体を**誘電体**（dielectrics または dielectric substance）ともいう．極板間に誘電体を挟まず，真空または空気のままにしたコンデンサもある．

> 注意：　極板は必ずしも平行平板でなくてもよいが，最も理論的に取り扱いやすい平行板配置のものを例にあげた．

図 4-7 に示すように，抵抗 R とスイッチ S を介して，コンデンサを起電力 E の直流電源につなぎ，次にスイッチ S を閉じると，正電荷が電源の正極側から出て，抵抗 R と導線を通り，極板 A に溜（た）まるので，極板 A は正に帯電する．

一方，電源の負極側から出た負電荷は導線を通って，対向するもう片方の極板 B に流れ，極板 B は負に帯電する．

正負の電荷は引き合うから，これらの電荷は極板上に分布し，そこに蓄えられる（コンデンサに電荷が蓄えられるという）．このように電荷を蓄えることを，コンデンサを**充電**（charge）するという．

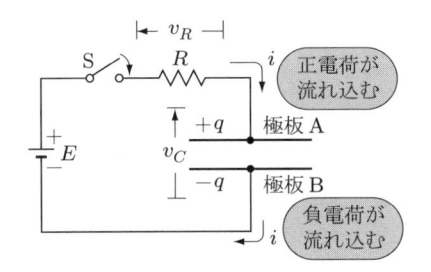

図 4-7　コンデンサの充電過程

> 補足： 実際は，負電荷の電子が，極板 A から電源の正極に向かって導線中を流れる．その結果極板 A の電子が不足するから，極板 A は正に帯電するのであるが，電気回路理論や電磁気学では，便宜上，上述のように，正電荷が電源から極板に向かって流れると考える．負電極から極板 B に向かって流れる負電荷は電子と考えてよい．

充電過程においては，電源の正極から出て，導線を通って流れる正電荷は極板 A に溜（た）っていくので，極板 A の正電荷 $+q$ は，スイッチ S を閉じてからの経過時間 t とともに増加する．また同様に極板 B の負電荷 $-q$ も時間 t とともに増加する．

> 注意： 第 1 章では電子の電荷 $-q$ と区別するために電荷を Q と書いた．この章以後はコンデンサに蓄えられる電荷の時間変化を議論することが多いので，時間的に変化する量であることを意識して，コンデンサの電荷を小文字で q と書く．

こうして極板に電荷が蓄積されると，コンデンサの両端には電圧が表れる．この電圧を v_C と書けば，v_C は極板上の電荷 q に比例し，

$$v_C = \frac{q}{C} \tag{4-2}$$

と書ける．これは，水を蓄えた円筒形容器の底面における水圧が水の高さ（したがって水量）に比例することを考えると理解できるであろう^{補足}．

式 (4-2) の比例定数に含まれる C を**静電容量**（または**電気容量**）（electrostatic capacity または簡単に capacity）という．v_C の単位を V，q の単位を C で表すとき，静電容量 C の単位を F と書き，これをファラッド（farad）と読む．通常，F の単位は大きすぎるので，マイクロファラッド（μF $= 10^{-6}$ F）やピコファラッド（pF $= 10^{-12}$ F）がよく使われる．

> 重要： 式 (4-2) を記憶せよ．
> 補足： コンデンサの充電過程を理解しやすくするために，以下の例を考えてみよう．
> 　　図 4-8(a) は，水を蓄えた容器 1 と空の容器 2 が，その底部の連結管によってつながっている様子を描いている．連結管のバルブを開いて容器 1 から容器 2 に水を注ぐとき，容器 2 の水量 q，容器 2 の底の水圧 v および連結管を通る水流 i はバルブを開いてからの経過時間によってどのように

変化するか，考えてみる．ここで容器1の水面の高さは常に一定になるように制御されているものとする．したがって，容器1の底面の水圧は一定になっている．この水圧を E とする．

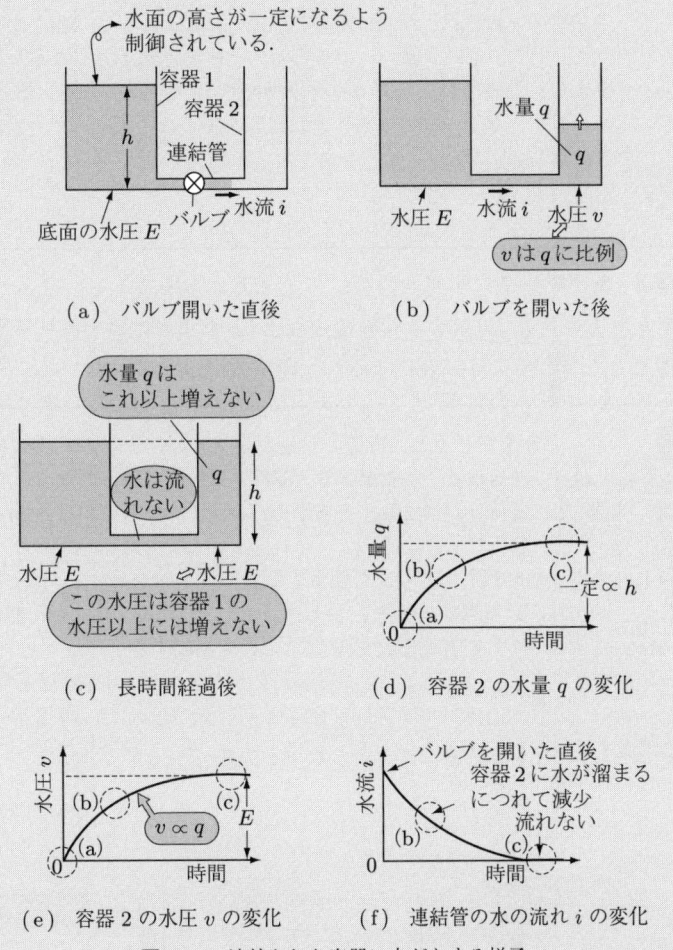

(a) バルブ開いた直後
(b) バルブを開いた後
(c) 長時間経過後
(d) 容器2の水量 q の変化
(e) 容器2の水圧 v の変化
(f) 連結管の水の流れ i の変化

図 4-8 連結された容器に水がたまる様子

まず，連結管から水が送り込まれると，図 4-8(b) に示すように容器2の水量 q は時間とともに増加する．しかし，増加の割合は水面が上がるにつれてだんだん減り（容器2の水圧が E に近づき，連結管の水流が減るので），図 4-8(c) のように水面が容器1と同じになると水量はそれ以上に

は増えない．したがって，水量 q は図 4-8(d) のようになる．
　底面の水圧 v は水の高さに比例するので，水量 q に比例する．すなわち $v \propto q$．最終の水圧は容器 1 と同じ E になる．こうして水圧 v は図 4-8(e) のようになる．
　連結管の水流 i は，最初は勢い良く流れるが，容器 2 に水がたまり容器 2 の水圧が上がるにつれ，二つの容器の水圧の差が小さくなるから水流は減少する．最終的には容器 2 の水面が容器 1 と同じになり，容器 2 の水圧が容器 1 と等しくなるから，水は流れなくなる．こうして，水流 i は図 4-8(f) のようになる．

例題 4-3　図 4-7 に示す回路で，スイッチ S を閉じると，コンデンサに蓄えられる電荷 q，コンデンサ両端の電圧 v_C および回路を流れる電流 i は時間とともにどのように変化するか，概略を図示せよ．

解　スイッチ S を閉じると，電源の正極からコンデンサの極板 A に向かって正電荷が導線を通って運ばれる．したがって，導線には，電源から極板 A に向かう電流 i が流れ，極板 A に電荷 q が溜まる．そのため，コンデンサ両端には式 (4-2) で表される電圧 v_C が表れる．

極板上の電荷 q は時間 t とともに増加するので（図 4-9(a)），v_C は t とともに増加する．しかし，v_C は電源の起電力 E より増えることはなく，E の値で飽和する（図 4-9(b))．これは，q も CE の値で飽和することを意味する．

抵抗両端の電圧を v_R とすれば，キルヒホッフの第 2 法則より $E - v_R - v_C = 0$ である．v_C が t とともに増加するから v_R は時間とともに減少する．すなわち，回路を流れる電流 i はオームの法則より

$$i = \frac{v_R}{R} = \frac{E - v_C}{R} \tag{4-3}$$

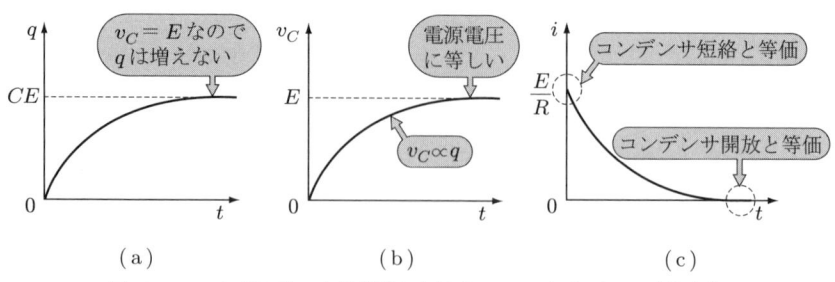

図 4-9　コンデンサの充電過程における q，v_C および i の時間変化

となるから，i は時間とともに減少する（v_C が増加するから）．そして，$v_C = E$ になると電流はゼロになる（図 4-9 (c)）．電流がゼロになるということは，電荷が移動しないことを意味するから，極板上の電荷はもはや増加せず，一定になる（図 4-9 (a)）．

以上より，q，v_C および i の概略は図 4-9 のようになる．この変化を上記補足の水のたとえにあわせて考えてみよ． ■

> **重要：** キルヒホッフの法則は，直流だけで成り立つのではなく，電流と電圧が時間とともに変化する場合にも，各時刻において成り立つ．

例題 4-3 の場合，スイッチを閉じて電圧を印加した瞬間と，電圧を印加してから十分長い時間を経過した後のコンデンサに注目すると以下のようになる．

(a) 電圧を印加した瞬間は，コンデンサが短絡されていることと等価である（すなわち，$t=0$ で $i = E/R$, $v_C = 0$）．

(b) 電圧を印加してから十分長い時間を経過した後は，コンデンサが開放されていることと等価である（すなわち，$t = \infty$ で $i = 0$, $v_C = E$）．

> **補足：** 上の (a) に関して補足する．一般的にいうと，コンデンサにかかる<u>電圧が変化するときだけ電流が流れる</u>．もう少し正確にいうと，**電束**（electric flux, その大きさは図 4-6 に示した平行平板コンデンサでは電極電荷に等しく，コンデンサにかかる電圧に比例する）という量が<u>時間的に変化すると</u>，コンデンサの中を**変位電流**（displacement current）という電流が流れるのである．変位電流を考えれば，導線を流れる電流（変位電流に対して**伝導電流**（conduction current）という）とコンデンサの中を流れる変位電流が連続し，閉路のどこでも電流が流れる．
>
> **補足：** 上の (b) に関して補足する．「スイッチ S を閉じてから十分長い時間を経過した」ということは，回路に直流電圧が印加されていることと同じである．このときは，電束の変化がないので変位電流が流れない．<u>コンデンサは直流で電流を流さない</u>．

例題 4-4 両端電圧が E になるまで充電したコンデンサと抵抗 R を図 4-10 のようにつなぎ，$t=0$ でスイッチ S を閉じるとき，コンデンサに蓄えられる電荷 q，コンデンサ両端の電圧 v_C および回路を流れる電流 i がどのように変化するか調べ，その概略を図示せよ．

解 スイッチ S を閉じると，極板 A に蓄積されていた正電荷が抵抗を通して流

84 第4章 回路素子

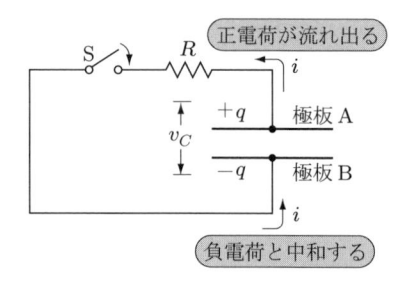

図 4-10 コンデンサの放電過程

れ出し，導線を通って極板 B に達し，ここに蓄えられていた負電荷と中和し，極板上の正と負の電荷がなくなる．

こうして，極板上の電荷は時間と共に減少するから，コンデンサにかかる電圧 v_C は時間とともに減少する．したがって，回路を流れる電流 $i = v_C/R$ も時間とともに減少する．

以上のことを図示すると，q，v_C，i の概略は図 4-11 のようになる．

ただし，電流 i はコンデンサの極板 A から流れ出る方向を正にとったので，例題 4-3 の充電過程の電流と反対である．充電過程の電流を正にとれば，この例題の電流は負である． ■

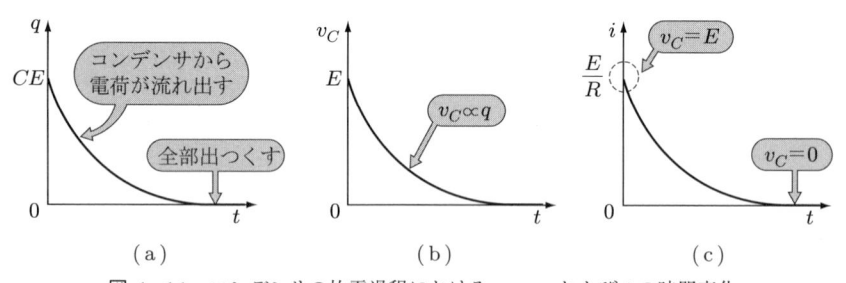

図 4-11 コンデンサの放電過程における q，v_C および i の時間変化

上の例題のように，コンデンサの電荷を減少させることを，**放電**（discharge）するという．

なお，時間の経過とともに q，v_C および i の変化率が小さくなっていくが，その理由は各自考えてみよ（本章の演習問題 1）．

4-2-3 静電容量

図 4-6 に示す平行平板コンデンサで，極板間の距離を l とし，極板の面積を

S とすれば，このコンデンサの静電容量 C は

$$C = \frac{\varepsilon_0 \varepsilon_r S}{l} \tag{4-4}$$

と書ける．

ここに，ε_0 は第 1 章の式 (1-5) に示した真空の誘電率であり，ε_r は**比誘電率**（relative dielectric constant）と呼ばれ，誘電体によって決まる固有の値である．

> **重要**： 式 (4-4) は意味を理解して記憶せよ．

> **例題 4-5** 図 4-6 に示す構造のコンデンサにおいて，極板間に ε_r の誘電体が挿入されているときの静電容量 C と，極板間が真空のときの静電容量 C_0 との比 C/C_0 を求めよ．ただし，真空を $\varepsilon_r = 1$ の誘電体と考える．

解 式 (4-4) で，$\varepsilon_r = 1$ としたときの静電容量を C_0 と書けば，ただちに，

$$\varepsilon_r = \frac{C}{C_0} \tag{4-5}$$

が得られる． ∎

> **補足**： 比誘電率を式 (4-5) で定義することがある．

極板間が空気の場合の静電容量は，空気の ε_r がほとんど 1 に近いので，極板間が真空の場合とほとんど同じである．

実用のコンデンサでは，大きな C を得るために，極板間に適当な ε_r の値をもつ誘電体を挿入している．

問 4-1 比誘電率が 10 のコンデンサの静電容量は比誘電率が 2 のコンデンサの何倍か．ただし，二つのコンデンサの構造と寸法は同じとする．

> **例題 4-6** 面積 $100\,\text{cm}^2$ の極板間に厚さ $50\,\mu\text{m}$ のポリスチレンをはさんだ構造の平行板コンデンサについて，以下の問いに答えよ．

(1) 静電容量を求めよ．ただし，ポリスチレンの比誘電率は 2.6 である．
(2) 6 V の直流電源に接続したとき蓄えられる最大の電荷は何 μC か．

解 (1) 式 (4-4) に数値 $\varepsilon_0 = 8.854 \times 10^{-12}$ F/m, $\varepsilon_r = 2.6$, $S = 100 \times 10^{-4}$ m^2, $l = 50 \times 10^{-6}$ m を代入すれば，$C = 4.6 \times 10^{-9}$ F $= 0.0046$ μF．
(2) 例題 4-3 で説明したように，直流電源に接続した後，コンデンサに蓄えられる電荷は時間と共に増加し，やがて飽和する．この飽和値がコンデンサに蓄えられる最大の電荷である．このときコンデンサ両端の電圧は，直流電源の起電力に等しいから，式 (4-2) に $C = 4.6 \times 10^{-9}$ F と $v_C = 6$ V を代入すれば，$q = 0.028$ μC が得られる．

コツ： ε_0 に F/m の単位（m が含まれる）を用いているので，(1) では長さの単位をすべて m に統一することが必要．

発展： 例題 4-6 では極板面積を 100 cm^2 にした．静電容量を増すために極板面積を大きくすると，図 4-6 の構造では素子寸法が大きくなってしまう．
　そこで実際のコンデンサでは，小形でも大きな面積が得られるよういろいろな工夫をしている．例えば，フィルムコンデンサは，図 4-12 に示すように，細長いプラスチックフィルム（例題 4-6 の場合はポリスチレンのフィルム）と薄い金属箔（極板）を重ねて巻いて作る．真空蒸着などの方法で金属薄膜をつけたプラスチックフィルムを巻く場合もある．
　アルミニウム電解コンデンサの誘電体はアルミニウム箔の表面を酸化した Al$_2$O$_3$ を用いるが，アルミニウム箔表面に凹凸を設け実質的な面積を増やしている．

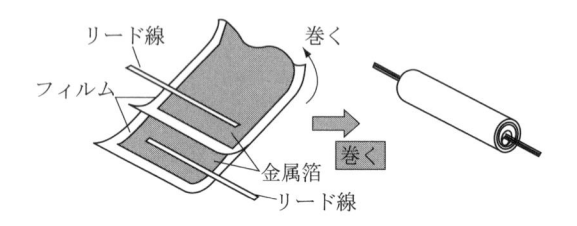

図 4-12　フィルムコンデンサの構造と形状

4-2-4 合成容量

第 2 章で，抵抗の直列接続と並列接続を学び，それぞれの場合，合成抵抗がどのように表されるかを学んだ．この節では，コンデンサを直列接続したり，並

列接続するときの，合成容量（合成静電容量）を求めよう．

例題 4-7 図 4-13 (a) は，静電容量 C_1，C_2，C_3 の三つのコンデンサを並列接続して，抵抗を介して直流電源につないだ様子を表している．三つのコンデンサを，図 4-13 (b) のように一つの等価なコンデンサで置き換えるとき，その静電容量 C_C を C_1，C_2，C_3 で表せ．

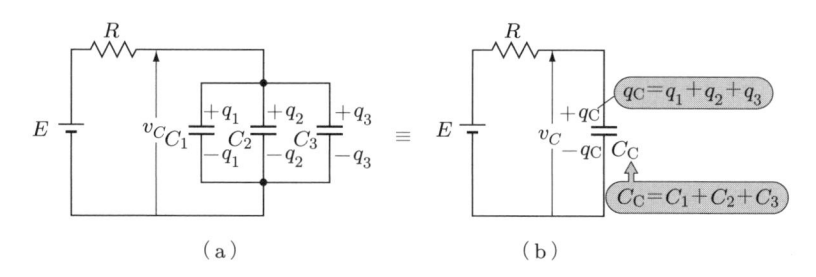

図 4-13 コンデンサの並列接続と合成静電容量

解 図 4-13 (a) に示す各コンデンサの両端電圧が v_C であるとき，各コンデンサに蓄えられている電荷 q_1，q_2，q_3 は，式 (4-2) より，それぞれ，

$$q_1 = C_1 v_C, \quad q_2 = C_2 v_C, \quad q_3 = C_3 v_C$$

であり，三つのコンデンサに蓄えられている全電荷は $q_1 + q_2 + q_3$ である．

図 4-13 (b) のような，全電荷 $q_C = q_1 + q_2 + q_3$ に等しい電荷を蓄える一つのコンデンサ C_C を考え，この状態と図 4-13 (a) の状態が等価であるとすれば，式 (4-2) と上の式より，

$$C_C = \frac{q_C}{v_C} = \frac{q_1 + q_2 + q_3}{v_C} = \frac{q_1}{v_C} + \frac{q_2}{v_C} + \frac{q_3}{v_C} = C_1 + C_2 + C_3$$

となる．　■

この例題から類推できるように，一般に，C_1，C_2，C_3，$\cdots$，C_n のコンデンサを並列接続するとき，その合成静電容量 C_C は

$$C_C = C_1 + C_2 + C_3 + \cdots + C_n \tag{4-6}$$

と表される．

重要： 式 (4-6) を記憶せよ．

例題 4-8 図 4-14 (a) は，静電容量 C_1, C_2, C_3 の三つのコンデンサを直列接続して，抵抗を介して直流電源につないだ様子を表している．三つのコンデンサを，図 4-14 (b) のように一つの等価なコンデンサで置き換えるとき，その静電容量 C_C を C_1, C_2, C_3 で表せ．

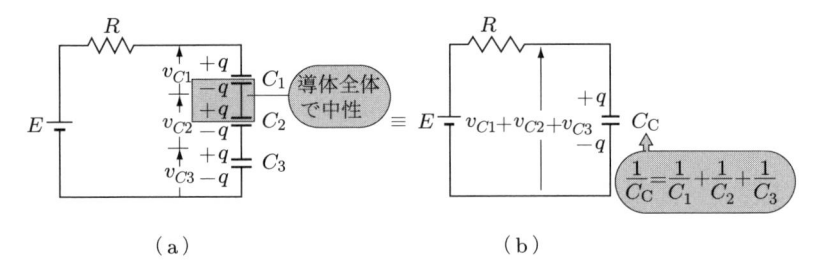

図 4-14 コンデンサの直列接続と合成静電容量

解 コンデンサ C_1 の正極側の極板に蓄えられている電荷を $+q$ とすれば，各コンデンサの極板上には，図 4-14 (a) に示したように電荷が分布する^{補足)}．

各コンデンサの両端の電圧をそれぞれ v_{C1}, v_{C2}, v_{C3} とすれば，式 (4-2) より，

$$v_{C1} = \frac{q}{C_1}, \quad v_{C2} = \frac{q}{C_2}, \quad v_{C3} = \frac{q}{C_3}$$

となる．

図 4-14 (b) のような，電荷 q を蓄える一つのコンデンサ C_C を考え，この状態が図 4-14 (a) と等価であるとすれば，式 (4-2) と上の式より，

$$\frac{1}{C_\mathrm{C}} = \frac{v_{C1} + v_{C2} + v_{C3}}{q} = \frac{v_{C1}}{q} + \frac{v_{C2}}{q} + \frac{v_{C3}}{q} = \frac{1}{C_1} + \frac{1}{C_2} + \frac{1}{C_3}$$

となる． ∎

補足： 図 4-14 (a) で，C_1 の正極側の極板に電荷 $+q$ があれば，負極側の極板には $-q$ の電荷がある．C_1 と C_2 の間の導体（極板と導線）を考えると，導体全体で電気的に中性なので，C_1 側の極板が $-q$ になれば C_2 側の極板は $+q$ になる．

この例題から類推できるように，一般に，C_1, C_2, C_3, $\cdots$, C_n のコンデ

ンサを直列接続するとき，その合成静電容量 C_C は

$$\frac{1}{C_C} = \frac{1}{C_1} + \frac{1}{C_2} + \frac{1}{C_3} + \cdots + \frac{1}{C_n} \tag{4-7}$$

と表される．

> **重要：** 式 (4-7) を記憶せよ．抵抗の場合と対比してみよ．
> **コツ：** コンデンサ C_1 と C_2 の直列接続の合成静電容量は次の通り．覚えておくと便利．
>
> $$C_C = \frac{C_1 C_2}{C_1 + C_2} \tag{4-8}$$

問 4-2 2 μF と 3 μF のコンデンサが並列接続されている．合成静電容量は何 μF か．

問 4-3 45 pF と 15 pF のコンデンサが直列接続されている．合成静電容量は何 pF か．

問 4-4 図 4-15 に示すコンデンサの直並列接続の合成静電容量はいくらか．

問 4-5 2 μF と 3 μF のコンデンサを直列に接続し 6 V の直流電源につないだ．コンデンサが完全に充電されるとき，コンデンサに蓄えられる電荷は何 μC か．

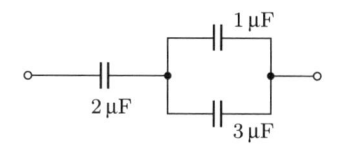

図 4-15 問 4-4 の回路

4-2-5 コンデンサに蓄えられるエネルギー

静電容量 C をもつコンデンサの極板間電圧（端子間電圧）が v_C のとき，コンデンサに蓄えられるエネルギー w_C は，

$$w_C = \frac{C v_C^2}{2} \tag{4-9}$$

である（第 5 章演習問題 4 参照）．

このエネルギーは，極板間の電界がもっているポテンシャルエネルギーである．

> **例題 4-9** 20 μF のコンデンサに 50 V の電圧が印加されているとき，このコンデンサに蓄えられているエネルギーは何 mJ か．

解 式 (4-9) より，
$$w_C = \frac{20 \times 10^{-6}\,[\mathrm{F}] \times 50^2\,[\mathrm{V}^2]}{2} = 2.5 \times 10^{-2}\,[\mathrm{J}] = 25\,[\mathrm{mJ}] \qquad \blacksquare$$

> **補足：** 図 4-7 の回路でコンデンサを完全に充電すると，コンデンサの端子間電圧が E になるから，式 (4-9) により，$CE^2/2$ のエネルギーがコンデンサに蓄えられる．充電が終わってスイッチを開いた後も，コンデンサにはこのエネルギーが保存される．原理的には永久に保存されるはずであるが，現実には電荷が少しずつ漏れて失われて端子間電圧が減少し，エネルギーが減る．

問 4-6 式 (4-9) は次式のように書けることを証明せよ．
$$w_C = \frac{qv_C}{2} = \frac{q^2}{2C} \qquad (4\text{-}10)$$

4-3 誘導素子

4-3-1 定義と記号

誘導素子（インダクタンス素子）は，加えられた電気エネルギーを一時的に電磁エネルギーに変換するものである．現実の素子には**コイル**（coil）がある．その図記号を図 4-16 に示す．

4-3-2 電磁誘導

まっすぐな導線に電流 i を流すと，図 4-17 に示すように，導線を取り巻くような**磁界**（**磁場**）（magnetic field）が生じる．磁界はベクトルであり，その方向は，電流の向きに右ネジを進めるとき，右ネジを回す方向である．この磁界の大きさと方向を，**磁束線**（lines of magnetic flux または lines of magnetic

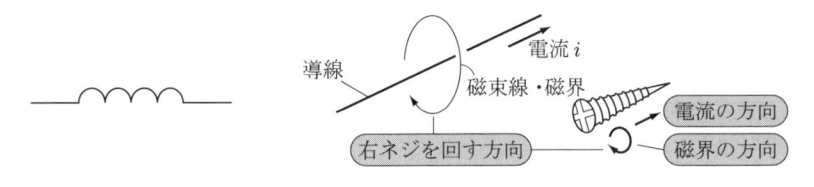

図 4-16　コイルの図記号　　　図 4-17　電流と磁界

induction) を使って書く．磁束線の接線の方向がその点での磁界の方向で，磁束線の混み方で磁界の大きさを表す（混んでいる方が磁界が強い）補足．

導線が無限に長い場合は，導線から r 離れた点における磁界の大きさ H は，

$$H = \frac{i}{2\pi r} \tag{4-11}$$

と書ける．

問 4-7 極めて長い直線の導体に 2 A の電流が流れているとき，この導体から 10 cm 離れた点の磁界の大きさを求めよ．

重要： 図 4-17 電流と磁界の関係

補足： 磁界の中に描いた曲線で，その各点での接線がその点での**磁束密度** (magne-tic flux density) の方向と一致するものを**磁束線**という．また，各点での接線がその点での磁界の方向と一致するものを**磁力線** (line of magnetic force) という．したがって，上の説明の場合は磁力線というべきかもしれないが，磁性体内を除けば磁力線と磁束線はほとんど同じなので，後の説明を容易にするために磁束線という用語を用いた．

なお，物質中では磁束密度 $\boldsymbol{B}$ と磁界 $\boldsymbol{H}$ の間に

$$\boldsymbol{B} = \mu_0 \mu_r \boldsymbol{H} \tag{4-12}$$

の関係がある．ここに，μ_0 は**真空の透磁率** (permeability of vacuum) で，

$$\mu_0 = 4\pi \times 10^{-7} \, [\text{H/m}] = 1.256 \times 10^{-6} \, [\text{H/m}] \tag{4-13}$$

であり，μ_r は**比透磁率** (relative permeability) と呼ばれ，物質固有の値をとる．真空では $\mu_r = 1$ であるが，空気や，磁石に作用しない通常の物質でも $\mu_r = 1$ とみなしてかまわない．

補足： 図 4-18 のように同じ大きさの電流 i が流れる 2 本の導線が近接しているとき，図 (a) のように電流の方向が同じなら，導線から離れた点での磁界の大きさは導線が 1 本の場合の 2 倍になる．図 (b) のように電流が反対向きに流れるときは，磁界は打ち消しあってゼロになる．

式 (4-11) より磁界の単位は [A/m] であるが，同じ電流が何回通っているかという意味を込めて（図 4-18 (a) の場合は電流が 2 回通ったとみる），磁界の単位を**アンペア回数** (ampere turn)/m といい，AT/m と書く場合がある．

電流と磁界の関係は電流の通路が曲がっていても前述のことと同様で，図 4-19 (a) や (b) に示すような導線の閉路（以下コイルという）に，矢印の方向に電流が流れているとき，それぞれのコイルには実線で示すような磁束線（し

(a) 磁界は2倍　　　(b) 磁界ゼロ

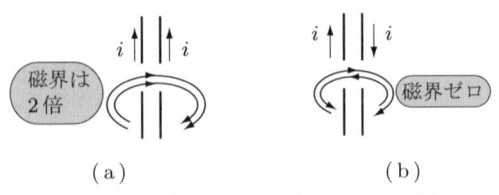

図 4-18　導線 2 本の電流がつくる磁界

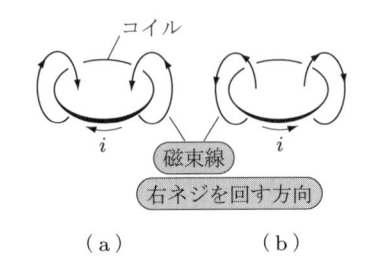

(a)　　　(b)

図 4-19　コイルを流れる電流と磁束線・磁界の方向

たがって磁界）が生じている．磁束線の本数（したがって磁界の大きさ）は電流に比例するが，この場合には式 (4-11) は成り立たない（本章の演習問題 3）．

では反対に，磁束線の中にコイルを置けばコイルに電流が流れるのであろうか．その答えは，**磁束**（磁束線の数）(magnetic flux) が変化しなければノーである．コイルを貫通する磁束が変化するときだけ電流が流れる．この現象を**電磁誘導** (electromagnetic induction) という．

> 重要：　次の例題を完全に理解すること．

> **例題 4-10**　図 4-20 (a) から (c) は，コイルに下から磁石を近づける様子を示す．コイルに流れる電流の方向を調べよ．ただし，磁石の磁極は図に示すようにコイルに近い側を N 極とする．

解　レンツの法則 (Lenz's law) は，「コイルに誘起される電流は，コイルを貫通する磁束の変化を妨げる方向に流れる」というものである．

図 4-20 (a) の位置にある磁石を図 (b) のようにコイルに近づけると，コイルを貫通する磁束が増加するから，レンツの法則により，この磁束の増加を妨げるような方向に電流が流れる．

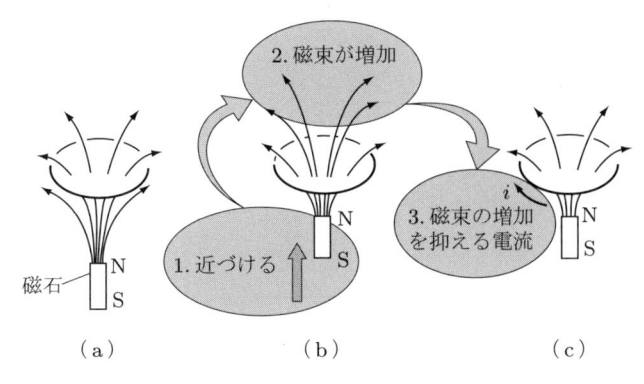

図 4-20 電磁誘導の原理

(斜め上からコイルを見下ろした状態を描いてある．コイルの太く描いた部分が手前側である．)

もしコイルに図 (c) の矢印で示した方向の電流 i が流れるならば，この電流が作る磁束の方向は，図 4-19(a) で見たように，磁石の作る磁束線と反対である．すなわち，磁石による磁束の増加が打ち消され，磁束の変化が抑えられる．これは，レンツの法則に合致する．したがってコイルには図 4-20(c) の矢印の向きに電流が流れる．■

> 補足： 磁束線は N 極から磁石の外に出て S 極に入る．磁石の中では S から N に向かう．このように磁束線は輪のようにつながり途中で切れることがない．
> 補足： 磁石を止めておいて，コイルを下に動かしても同じことが起きる．

問 4-8 例題 4-10 と反対に，図 4-20(a) の位置にある磁石をコイルから遠ざけるとき，コイルに流れる電流の方向を調べよ．

上で述べたようにコイルに電流が流れるということは，電磁誘導によってコイル内に起電力が発生するということを意味する．この起電力を**誘導起電力** (induced electromotive force) という．

コイルを貫通する磁束（磁束線の数）を Φ とすると，誘導起電力 e_L の大きさは，

$$e_L = \frac{d\Phi}{dt} \tag{4-14}$$

と表される．ただし起電力の方向は磁束の変化を妨げる方向である．式 (4-14) は**ファラデーの法則**（Faraday's law）として知られている．

重要： 式 (4-14)．

補足： 式 (4-14) と，これから導かれる式，たとえば式 (4-17) や式 (4-24) の右辺に負の符号をつけている本もある．その場合，起電力の方向が磁束の変化あるいは電流の変化を妨げる方向であることを，負の符号にこめている．本書では，起電力の方向を頭の中で意識することにして，負の符号をつけない．

例題 4-11 図 4-21 に示すように，z 軸に沿う一様な磁界中で，辺の長さが a，b の長方形のコイルを x 軸の周りに角速度[注] ω で回転するとき，端子 AB 間に発生する電圧を求めよ．ただし，時刻 $t=0$ でコイルは xy 平面上にあるものとする．

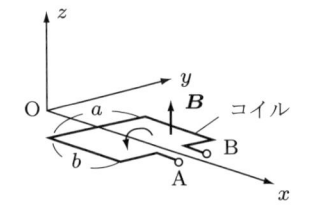

(a) $t=0$ における見とり図　　(b) 時刻 t において $-x$ 方向に見たコイル

図 4-21　交流電圧発生の原理

解　任意の時刻 t でコイルは ωt だけ回転しているが，その様子を $-x$ 軸の方向に向かって見ると，図 4-21 (b) のようになる．コイルを xy 面（磁界と垂直な面）に投影した面積は $ab\cos\omega t$ である．磁束密度の大きさを B とすれば，これは単位面積あたりの磁束を表すから，時刻 t でコイルを貫通する磁束 Φ は $\Phi = Bab\cos\omega t$ である．
したがって，端子 AB 間に表れる電圧（誘導起電力）は，

$$e_L = \frac{d\Phi}{dt} = -Bab\omega \sin\omega t \tag{4-15}$$

となる．　　■

補足： 式 (4-15) は磁界中でコイルを等角速度で回転すると，正弦波状に時間変化する電圧が発生することを意味する．これが交流**発電機** (dynamo ま

注）角速度は，単位時間あたりの回転角度である．すなわち，微小時間 dt [s] の間に角度 $d\theta$ [rad] だけ回転すれば，角速度は $\omega = d\theta/dt$ [rad/s] である．

たは generator）の原理である．$\pi > \omega t > 0$ ではコイルの中を流れる電流は B から A に向かい，$2\pi > \omega t > \pi$ では A から B に向かう．

4-3-3 自己誘導

さて，コイルに電流 i が流れると，図 4-19(a), (b) のように，磁束線がコイルを貫く．このような電流による磁束を Φ とすると，これは電流に比例するので，

$$\Phi = Li \tag{4-16}$$

と書ける．比例定数 L を**自己インダクタンス**（self inductance）あるいは簡単に**インダクタンス**（inductance）という．

式 (4-16) を式 (4-14) に代入すれば，

$$e_L = L\frac{di}{dt} \tag{4-17}$$

が得られる．すなわち，コイルに流れる電流が変化すると磁束が変化するので，（自分自身の電流によって）コイルに誘導起電力が生じる．これを**自己誘導**（self induction）という．起電力の方向は，コイルの電流の変化（したがって貫通磁束の変化）を妨げるような方向である．

インダクタンスの単位は式 (4-17) から分かるように，V·s/A と表されるが，これを**ヘンリー**（Henry）といい，H と書く．

重要： 式 (4-17) を記憶せよ．

問 4-9 自己インダクタンス 4 mH のコイルを流れる電流が，0.5 ms の間に 2 A から 0 まで直線的に減少するとき，コイルの起電力は何 V か．

例題 4-12 巻数 1 のコイル A と，それと同じ寸法の巻数 N のコイル B がある．両方のコイルを流れる電流が等しいとき，コイル B の誘導起電力はコイル A の N^2 倍になり，したがって自己インダクタンスが N^2 倍になることを，図 4-22 を参考にして調べよ．

解 自己インダクタンス L_A のコイル A に電流 i を流した時にコイル A を貫通

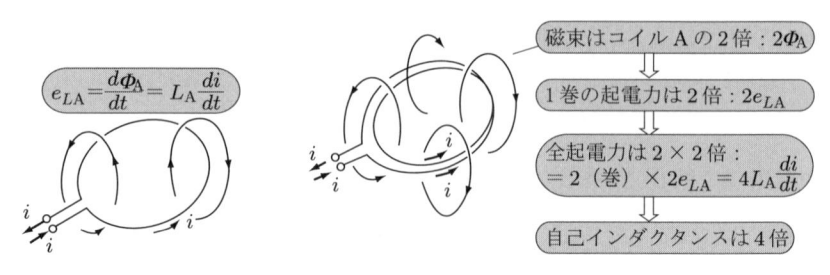

(a) コイル A（巻数 1）　　　　(b) コイル B（巻数 2）

図 4-22　巻数の効果（$N = 2$ の場合）

する磁束を Φ_A とし，コイル A の誘導起電力を e_{LA} とすれば，

$$e_{LA} = \frac{d\Phi_A}{dt} = L_A \frac{di}{dt}$$

である．

コイル B に電流 i を流すと，巻線の一本一本が磁束 Φ_A を発生するので，コイル B を貫通する磁束 Φ_B は $N\Phi_A$ となる．したがって，式 (4-14) より，コイル B では一巻きの起電力の大きさは，

$$\frac{d\Phi_B}{dt} = \frac{d(N\Phi_A)}{dt} = Ne_{LA}$$

である．すなわち，コイル A の N 倍である．

N 本のコイルそれぞれが Ne_{LA} の起電力を誘導するのだから，コイル B 全体では Ne_{LA} の N 倍，すなわち

$$e_{LB} = N^2 e_{LA} = N^2 L_A \frac{di}{dt} \tag{4-18}$$

の起電力が発生する．

これより，コイル B の誘導起電力と自己インダクタンス ($N^2 L_A$) はコイル A の N^2 倍になることが分かる．■

補足：　図 4-23 のように，円筒に導線を並べて巻いたコイルをソレノイド（solenoid）という．さまざまなコイルがあるが，ソレノイドはその基本形である．半径 a に比べ長さ l が十分大きいとき，導線の間隔が空かないように密に巻いた巻数 N のソレノイドの自己インダクタンス L は

$$L = \frac{\pi \mu_0 \mu_r N^2 a^2}{l} \tag{4-19}$$

と書ける．

　この式で L が N^2 に比例しているが，その原理は例題 4-12 に示したものである．比透磁率 μ_r が大きいほど B（したがって Φ）が大きくなるので L が大きくなるはずであるが，それが式 (4-19) に表れている．そのた

4-3 誘導素子　97

め実用的には，μ_r の大きな磁性体をコイルに挿入することが多い．

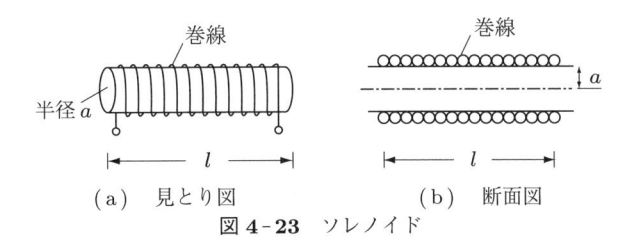

(a) 見とり図　　　(b) 断面図

図 4-23 ソレノイド

問 4-10 半径 1 cm，長さ 8 cm の円筒に，直径 0.3 mm のエナメル線を端から端まで密に巻いたソレノイドの自己インダクタンスは何 µH か．

問 4-11 単位長さあたりの巻数を n とすれば，式 (4-19) は

$$L = \mu_0 \mu_r n^2 S l \tag{4-20}$$

と書き直されることを示せ．ここに，S は円筒の断面積である．

4-3-4 相互誘導

図 4-24 のように，コイル 1 とコイル 2 が近接していて，コイル 1 に電流 i_1 が流れているとする．このとき，コイル 1 から出る磁束は i_1 に比例するから，コイル 2 を貫通する磁束 Φ_2 も i_1 に比例する．すなわち，比例定数を M_{21} と書けば，

$$\Phi_2 = M_{21} i_1 \tag{4-21}$$

である．

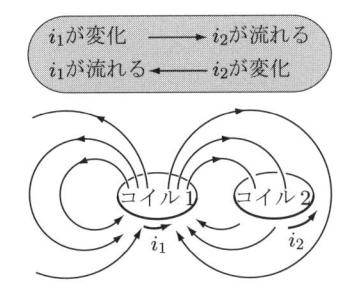

図 4-24 相互誘導

電流 i_1 が増加し，電流 i_2 が誘起される場合

これと同様に，コイル 2 に電流 i_2 が流れているとき，コイル 1 を貫通する磁束 Φ_1 は，

$$\Phi_1 = M_{12} i_2 \tag{4-22}$$

である．なお，

$$M_{12} = M_{21} \tag{4-23}$$

であることが導かれる（導き方は省略する）．

もし，i_1 が時間的に変化すれば，式 (4-21) により Φ_2 が時間的に変化するから，電磁誘導の原理に従いコイル 2 に起電力 e_{L2} が生じる．同様に，i_2 が時間的に変化すれば，コイル 1 に起電力 e_{L1} が生じる．この現象を**相互誘導** (mutual induction) という．また，$M_{12} = M_{21} = M$ を**相互インダクタンス** (mutual inductance) という．

起電力 e_{L1} と e_{L2} への相互誘導による寄与は，ファラデーの法則よりそれぞれ，

$$e_{L1} = M \frac{di_2}{dt}$$

$$e_{L2} = M \frac{di_1}{dt} \tag{4-24}$$

となるが，自己誘導も含めると，

$$e_{L1} = L_1 \frac{di_1}{dt} + M \frac{di_2}{dt}$$

$$e_{L2} = L_2 \frac{di_2}{dt} + M \frac{di_1}{dt} \tag{4-25}$$

となる．ここに L_1 と L_2 はそれぞれコイル 1 とコイル 2 の自己インダクタンスである．

次に，交流電圧の大きさを変換する**変圧器** (transformer)（トランスともいう）と呼ばれる電気機器の原理を調べる．

例題 4-13 図 4-25 に示すように，鉄心の一方に巻数 N_1 のコイル 1 を巻き，もう一方に巻数 N_2 のコイル 2 を巻く．このときコイル 1 を貫通する磁束は，鉄心の中を通りコイル 2 を貫通する．磁束 Φ が正弦波状に

$\Phi = \Phi_0 \sin \omega t$ で変化するとき，コイル 1 とコイル 2 に現れる電圧 v_1 と v_2 の関係を求めよ．

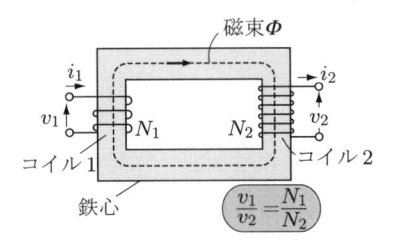

図 4-25 変圧器の原理

解 ファラデーの法則より，一巻き線ごとに $d\Phi/dt$ の起電力が発生するから，N 巻きのコイルには $Nd\Phi/dt$ の起電力が発生する．これより，コイル 1 とコイル 2 の両端電圧は，

$$v_1 = N_1 \frac{d\Phi}{dt} = N_1 \omega \Phi_0 \cos \omega t$$

$$v_2 = N_2 \frac{d\Phi}{dt} = N_2 \omega \Phi_0 \cos \omega t$$

となる．これより，

$$\frac{v_1}{v_2} = \frac{N_1}{N_2} \tag{4-26}$$

が得られる．すなわち，電圧比はコイルの巻数比に一致する．

この例題では，磁束が変化するところから始めたが，もし，コイル 1 に正弦波交流電圧 v_1 を印加すれば，コイル 1 に交流電流が流れ，同じ周波数の正弦派磁束がコイル 1 と 2 を貫通することになる．そのとき，式 (4-26) を満足するように，コイル 2 に正弦波交流電圧 v_2 が現れる．

補足： 例題 4-13 で磁束は鉄心の中を通ると記したが，鉄は比透磁率 ε_r が高いので磁束はほとんどすべて鉄心を通り，外に漏れる磁束は少ない．
重要： 式 (4-26) の関係

問 4-12 100 V の交流電圧を 12 V に変換したい．トランスの巻数比をいくらにすればよいか．

4-3-5 コイルに蓄えられるエネルギー

自己インダクタンス L のコイルに電流 i が流れているとき,コイルに蓄えられるエネルギー w_L は

$$w_L = \frac{Li^2}{2} \tag{4-27}$$

と表される(第5章演習問題8参照).これは,電流が作る磁界によるエネルギーである.

> **補足:** 多くのコイルがある系の電流が作る磁界のエネルギーは
>
> $$w_L = \frac{1}{2}\sum M_{jk} i_j i_k \tag{4-28}$$
>
> と表される.ここで i_j や i_k はコイル j やコイル k を流れる電流である.M_{jk} は $j \neq k$ ならばコイル j とコイル k の相互インダクタンスで,$j = k$ の M_{jj} はコイル j の自己インダクタンス L_j を意味するものとする.式 (4-27) は,式 (4-28) においてコイルが一つしかない ($j = k = 1$) 場合に相当する.

> **例題 4-14** 自己インダクタンス 4 mH のコイルに流れる直流電流が 4 A から 2 A まで減るとき,コイルのエネルギーはどれだけ減少するか.

解 4 A のときコイルに蓄えられるエネルギー $w_{4\mathrm{A}}$ は,式 (4-27) より,

$$w_{4\mathrm{A}} = \frac{4 \times 10^{-3}\,[\mathrm{H}] \times 4^2\,[\mathrm{A}^2]}{2} = 3.2 \times 10^{-2}\,[\mathrm{J}] = 32\,[\mathrm{mJ}]$$

2 A のときのエネルギー $w_{2\mathrm{A}}$ は同様に,

$$w_{2\mathrm{A}} = 8\,[\mathrm{mJ}]$$

したがって,$32\,[\mathrm{mJ}] - 8\,[\mathrm{J}] = 24\,[\mathrm{mJ}]$ 減少する. ∎

4-3-6 誘導素子の時間応答の概略

式 (4-17) に関連して述べたように,何らかの方法でコイルに電流を流そうとすると,コイル自身にはこの電流を流さないような起電力が生じる.反対にコイルに流れている電流を切ろうとすると,コイルには電流を流しつづけようとする起電力が生じる.

例題 4-15 図 4-26 のように，自己インダクタンス L のコイルを，抵抗 R とスイッチ S を介して直流電源につなぐ．スイッチ S を閉じた後に回路を流れる電流 i と，コイル両端に現れる電圧 v_L の時間変化の概略を調べよ．

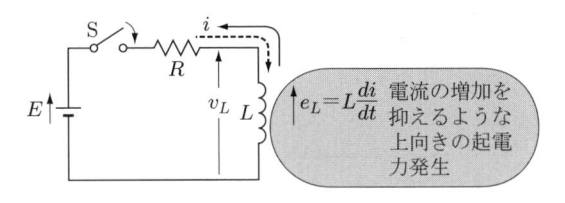

図 4-26 例題 4-15 の回路

【解】 スイッチ S を閉じると，直流電源の起電力 E は，回路図中の破線で示した矢印の方向に電流を流そうとする．もし，コイルの影響が何もなければ，回路を流れる電流 i は，図 4-27(a) の破線で示すように，スイッチを閉じた瞬間 ($t = 0$) にゼロから E/R へ不連続に上昇し，その後は一定の値を維持するはずである．すなわち，階段状に変化するはずである．

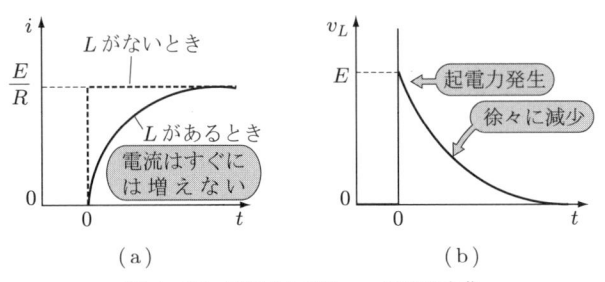

図 4-27 電流 i と電圧 v_L の時間変化

しかし，コイルが挿入されていると，コイルには回路図 4-26 の破線で示す電流を阻止するように，回路図中に示した実線の矢印の方向に，大きさ Ldi/dt の起電力 e_L が生じる．この起電力は，回路図中に示した実線の矢印の方向に電流を流そうとする．スイッチを閉じた瞬間 $t = 0$ では，瞬時に電流が流れようとするので di/dt が大きく，したがって，起電力 e_L が大きいから，実線の電流が大きく，回路を流れる電流 i（回路図中の破線と実線の電流の差し引き）は抑えられる．

すると，di/dt が小さくなるので起電力 e_L が減少し，回路図中に実線で示した向きの電流が減る．すなわち i が増加する．この増加率は $t = 0$ のときより小さいので起電力 e_L も減少し，その結果 i が増加する．このように，電流の増加と起電力がバランスをとりながら，電流は徐々に増加し，起電力が減少する．

以上より，i の時間変化は図 4-27(a) の太い実線で示すものとなる．コイル両端の電圧 v_L は e_L に等しいのであるが，これはまた，$E-Ri$ であるから，図 4-27(a) を参照すれば，図 4-27(b) のようになる． ∎

例題 4-16 図 4-28 のようなコイル L と抵抗 R の直列回路において，スイッチ S を 1 側に倒して長い時間が経過してから S を 2 側に倒す．S を 2 に倒した後に回路を流れる電流 i と，コイル両端に現れる電圧 v_L の時間変化の概略を調べよ．

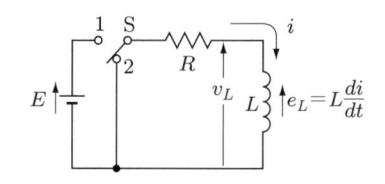

図 4-28 例題 4-16 の回路

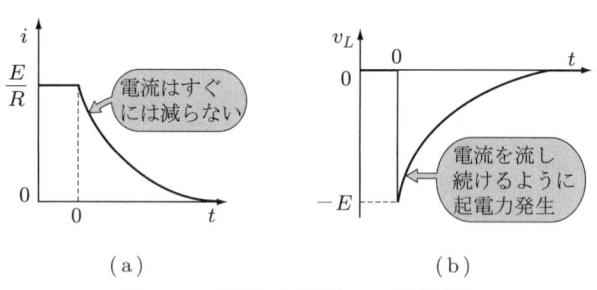

図 4-29 電流 i と電圧 v_L の時間変化

[解] スイッチ S が 1 にあるときは，回路には図 4-28 に示す方向に電流 $i(=E/R)$ が流れている．S を 2 に倒すと，回路に電圧が印加されないので，電流は減少しようとするが（コイルがなければゼロになる），この電流の減少を食い止めるために，コイルに起電力 e_L が発生する．その方向は S を 1 側に倒したときと反対である．したがって，電流は急激に減少せず，図 4-29(a) に示すように徐々に減少する．コイル両端の電圧は図 4-29(b) に示すように変化する． ∎

以上，i と v_L の概略を示したが，これらの正確な関数は次の章で取り扱う．

演 習 問 題

1. 例題 4-4 の放電過程で，時間の経過とともに q, v_C および i の変化率が減少するが，その理由を説明せよ．
2. 図 4-30 に示す回路でスイッチ S を閉じた後の状態を考え，以下の問いに答えよ．
   (1) コンデンサが完全に充電されているとき，各コンデンサ両端の電圧と，そこに蓄えられている電荷を求めよ．
   (2) S を閉じてからあまり時間が経っておらず，コンデンサ C_1 の両端電圧が 2 V であるとき，抵抗 30 kΩ を流れる電流は何 mA か．また，この電流は S を閉じた瞬間に流れる電流の何倍か．

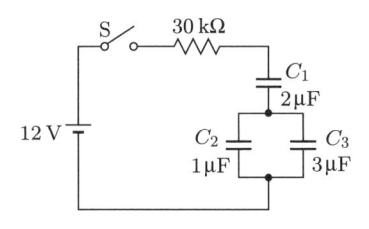

図 4-30 問題 2 の回路

3. 図 4-31 に示すように，電流 i が流れている導線の一点 Q に微小長さ ds をとれば，この部分の電流が，点 Q から r 離れた点 P に作る磁界の大きさ dH はビオ・サバールの法則（Bio-Savart's law）により

$$dH = \frac{ids}{4\pi r^2} \sin\theta \tag{4-29}$$

と表される．ここに，θ は ds と QP のなす角で，磁界の方向は ds と QP に垂直で，Q を支点にして ds を QP の方向に回転するとき右ネジの進む方向である．

以上を参考にして，図 4-32 に示すような電流 i が流れる半径 a の円の中心における磁界の大きさと方向を求めよ．

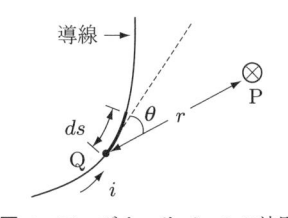

図 4-31 ビオ・サバールの法則

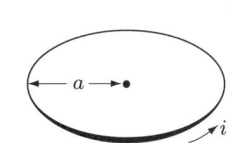

図 4-32 円の中心の磁界
（斜め上から見下ろした図．太く描いた部分が手前側）

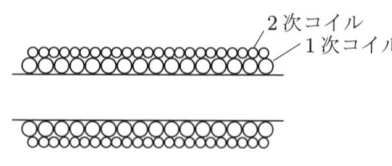

図 4-33　重ねて巻いたソレノイド

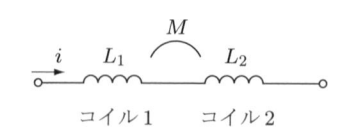

図 4-34　コイルの直列接続

4. 理想的なソレノイドでは，磁界はコイルの中だけに存在し，軸に平行で均一である．その大きさ H は $H = ni$ である．ここに，n は単位長さあたりの巻数で，i はコイルを流れる電流である．

　　図 4-33 は単位長さあたり巻数 n_1 のソレノイド（1 次コイル）に重ねて，単位長さあたり巻数 n_2 のソレノイド（2 次コイル）を形成したものである．この素子で，1 次コイルに電流 i_1 を流したときに生じる 2 次コイルの起電力を求め，相互インダクタンス M を求めよ．ただし，1 次コイルの断面積を S とし，2 次コイルの長さを l とする．

5. 図 4-34 のように自己インダクタンス L_1 のコイル 1 と自己インダクタンス L_2 のコイル 2 が直列に接続されているとき，全体のインダクタンス L を求めよ．ただし二つのコイルの相互インダクタンスを M とする．

6. 自己インダクタンス 4 mH のコイルを流れる電流 i が，図 4-35 のように 1 ms の間に 2 A から 0 に直線的に減少するとき，コイルが放出するエネルギーを以下の手順で求めよ．

   (1) コイル両端の電圧 v_L の大きさを時間 t の関数として求め，図示せよ．
   (2) コイルに流れる電流 i を時間 t の関数として書け．
   (3) 1 ms の間に行われる仕事を求めよ．
   (4) 上の (3) で求めた結果が，例題 4-14 にならって求めたコイルのエネルギーの減少に等しいことを確認せよ．

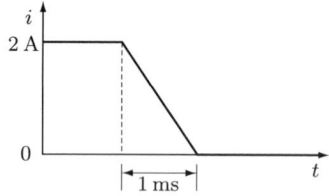

図 4-35　問題 6 の電流の時間変化

添え字には意味がある (II)

抵抗とコンデンサの両端電圧やコイルの起電力の添え字は，v_R，v_C，e_L のように斜体で書いた．これは，それぞれ $v_R = Ri$，$v_C = q/C$，$e_L = L di/dt$ のように，抵抗 R，静電容量 C，自己インダクタンス L という量で表されるものと考えたからである．コイルに関しては相互インダクタンス M もあるが，ややこしくなるので L で代表させた．

5 回路素子の応答

前章では，抵抗素子，容量素子および誘導素子の構造と原理の説明に加えて，ステップ状の電圧を印加すると素子を流れる電流が時間とともにどのように変化するか，その概略を述べた．この節では，その定量的な取り扱いをする．

5-1 抵抗回路

式 (4-1) で表したように，抵抗を流れる電流の瞬時値 i は，各時刻において，抵抗両端電圧の瞬時値 v_R に比例する．すなわち，電圧波形と電流波形は形状が同じである．

5-2 CR 直列回路

5-2-1 微分方程式と解法

図 5-1 のように，抵抗 R と静電容量 C のコンデンサが，スイッチ S を介して，起電力 E の直流電源に直列に接続している回路を考える．時刻 $t = 0$ で，スイッチ S を閉じた後，任意の時刻 t において回路を流れる電流 i はどのように表されるか，以下の例題に従って求めよう．ただし，スイッチを閉じる前にはコンデンサに電荷がないものとする．

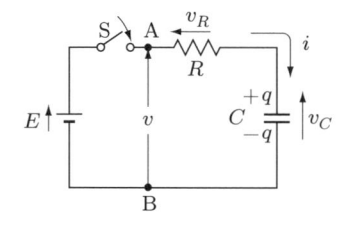

図 5-1 コンデンサの充電過程

例題 5-1 コンデンサに蓄積されている電荷 q の t に関する**微分方程式** (differential equation) を作れ.

解 抵抗 R と静電容量 C における電圧降下をそれぞれ v_R, v_C とすれば，任意の時刻においてキルヒホッフの法則が成り立つから，$t \geqq 0$ では，

$$E - v_R - v_C = 0 \tag{5-1}$$

すなわち

$$v_R + v_C = E \tag{5-2}$$

である.

微小時間 dt の間にコンデンサの電荷が dq 増加するとすれば，これは導線を通して dt の間に dq の電荷が運ばれることを意味する．すなわち導線には，第 1 章の式 (1-6) の定義より，

$$i = \frac{dq}{dt} \tag{5-3}$$

なる電流が流れる．このとき v_R は

$$v_R = Ri = R\frac{dq}{dt} \tag{5-4}$$

となる.

v_C は，第 4 章の式 (4-2) より，

$$v_C = \frac{q}{C} \tag{5-5}$$

と表される.

式 (5-2) に式 (5-4) と式 (5-5) を代入すれば，

$$R\frac{dq}{dt} + \frac{1}{C}q = E \tag{5-6}$$

が得られる.

これが，基本となる微分方程式である． ■

次に式 (5-6) より電荷 q を求め，最後に式 (5-3) を使って電流 i を求めよう.

例題 5-2 式 (5-6) の微分方程式を解いて q を求めよ.

解 式 (5-6) を次のように変形する.

$$\frac{dq}{-q+CE} = \frac{1}{CR}dt \tag{5-7}$$

両辺を積分すると（式 (5-6) より $-q+CE>0$ が分かる），

$$-\ln(-q+CE) = \frac{1}{CR}t + c \tag{5-8}$$

となる^{補足)}．ただし，c は積分定数である．

積分定数を求めるため，式 (5-8) に $t=0$ で $q=0$ という初期条件を代入すれば，

$$c = -\ln CE \tag{5-9}$$

となる．これを式 (5-8) に戻すと，

$$-\ln(-q+CE) = \frac{1}{CR}t - \ln CE \tag{5-10}$$

が得られる．これを変形すれば

$$\ln\frac{-q+CE}{CE} = -\frac{1}{CR}t \tag{5-11}$$

となる．

これを整理すれば，

$$q = CE(1 - e^{-\frac{1}{CR}t}) \tag{5-12}$$

が求められる． ■

補足: 底が e の対数を**自然対数**（natural logarithm）という．物理学や工学では $\log_e x$ を $\ln x$ と書くことが多い．

補足: $x > 0$ のとき $(\ln x)' = d(\ln x)/dx = 1/x$ である．したがって $a \neq 0$，$ax + b > 0$ のとき $d\{\ln(ax+b)\}/dx = a/(ax+b)$．これより，$\int (ax+b)^{-1}dx = a^{-1}\ln(ax+b) + c$．ここに c は積分定数．

補足: この例題のような微分方程式の解法を**変数分離法**（method of separation of variables）という．式 (5-6) を解くのに以下に述べる解の公式を用いても良い．すなわち，線形 1 階常微分方程式

$$\frac{dy}{dt} + F(t)y = G(t) \tag{5-13}$$

の解は

$$y = e^{-\int F(t)dt}\left\{\int G(t)e^{\int F(t)dt}dt + c\right\} \tag{5-14}$$

で与えられる．ここに c は積分定数であり，各積分において積分定数は書かない．

式 (5-6) は $F(t)$ と $G(t)$ が定数 f，g のときに相当する．すなわち

$$\frac{dy}{dt} + fy = g \tag{5-15}$$

である．式 (5-14) を使えば，この解は

$$y = c\mathrm{e}^{-ft} + \frac{g}{f} \tag{5-16}$$

と求められるが（c は積分定数），この解の各項を調べてみよう．
　第1項は，式 (5-15) の右辺をゼロとした式，すなわち**同次方程式**（homogeneous linear equation）の一般解 y_g である．第2項は，式 (5-15) の一般解である式 (5-16) において $c=0$ とおいた特殊解 y_p であるが，式 (5-15) において $dy/dt = 0$ としたときの y の値に等しいので**定常解**（steady state solution）とも呼ばれる．これに対して第1項を**過渡解**（transient state solution）ということがある．一般に式 (5-15) の解は

$$y = y_\mathrm{g} + y_\mathrm{p} \tag{5-17}$$

と書くことができる．

問 5-1 式 (5-14) または式 (5-16) を用いて，式 (5-6) より q を求めよ．

例題 5-3 式 (5-12) より，回路を流れる電流 i を求めよ．

解 電流 i は，式 (5-3) で表されるが，ここに式 (5-12) を代入すれば，

$$i = \frac{dq}{dt} = \frac{E}{R}\mathrm{e}^{-\frac{1}{CR}t} \tag{5-18}$$

となる．
　ここで

$$\tau = CR \tag{5-19}$$

とおけば，式 (5-18) は

$$i = \frac{E}{R}\mathrm{e}^{-\frac{t}{\tau}} \tag{5-20}$$

と書ける．　■

　このようにして，スイッチ S を閉じてからの経過時間 t の関数として，回路を流れる電流 i が表される．

例題 5-4 図 5-1 の回路において，スイッチ S を閉じる前と閉じた後における電流の変化を図示せよ．次に，式 (5-18) または式 (5-20) の特徴を

調べよ．

解 図 5-1 の回路において，$t=0$ でスイッチ S を閉じると，節点 A と節点 B の間に印加される電圧 v は，図 5-2(a) に示すように $t<0$ で $v=0$ であるが，$t=0$ でステップ状に増加し，$t \geqq 0$ で $v=E$（一定値）となる．

$t<0$ では，スイッチが開いている $(v=0)$ から電流は流れない．すなわち $i=0$ である．

$t \geqq 0$ では，電流 i は式 (5-18) または式 (5-20) で表されるが，これを図示すれば，図 5-2(b) のようになる．すなわち，

(a) $t=0$ で $i=E/R$；すなわち，コンデンサ C を短絡したと仮定したとき流れる電流に等しい．
(b) $t=\infty$ で $i=0$；すなわち，スイッチを入れてから長い時間経過すると電流は流れない．
(c) $t=\tau$ で i は初期値（$t=0$ における電流 E/R）の 1/e 倍になる．
(d) $t=0$ における接線と横軸は $t=\tau$ で交わる．

さて，例題 5-4 の項 (c) に記したように，τ は電流が初期値の **1/e に減衰するまでの時間**である．τ が小さいほど電流の減衰が速く，τ が大きいほど減衰が遅い．このように τ は減衰の速さを表す定数であり，これを**時定数**（time constant）という．

> **重要：** τ の意味．初期値の 1/e になるまでの時間．
> **補足：** 工学や理学のいろいろな場面で，時間的に変化する物理量が，式 (5-20) と同じ形式の式で表される場合にしばしば遭遇する．すなわち，物理量 $f(t)$ に関して，
> $$f(t) = f(0) \mathrm{e}^{-\frac{t}{\tau}} \tag{5-21}$$
> と書けることがしばしばある．図 5-2(b) は $f(t)=i$ の場合を表している．

問 5-2 式 (5-21) を図示し，その特徴を述べよ．

次に，スイッチ S を閉じた後，コンデンサの両端の電圧 v_C は時間とともにどのように変化するか，その特徴を調べよう．

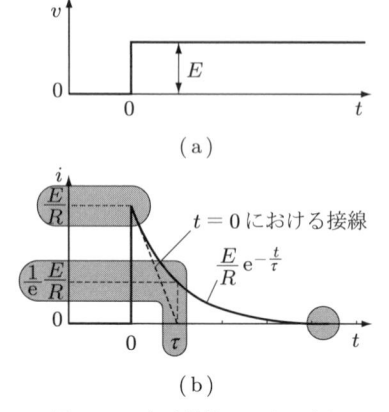

図 5-2 充電過程における電流

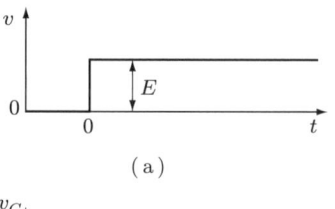

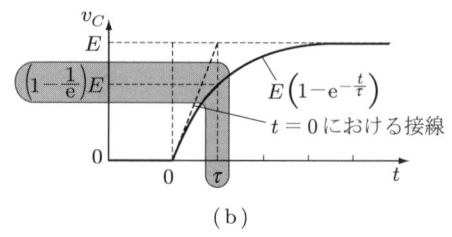

図 5-3 充電過程におけるコンデンサの電圧
（図 (b) は縦軸を拡大して描いてある）

例題 5-5 スイッチ S を閉じた後のコンデンサ両端の電圧 v_C を時刻 t の関数として記し，次にこれを図示し，その図の特徴を述べよ．

[解] 図 5-1 の節点 A と節点 B の間に印加される電圧は，図 5-3(a) のように，スイッチ S を閉じた瞬間 ($t = 0$) にステップ状に変化する．

$t < 0$ では，$q = 0$ であるから，$v_C = 0$ である．

$t \geqq 0$ ではコンデンサの両端の電圧 v_C は，式 (5-5) と式 (5-12) より，

$$v_C = \frac{q}{C} = E(1 - e^{-\frac{t}{\tau}}) \tag{5-22}$$

となる（$\tau = CR$ とおいた）．

これを図示すると図 5-3(b) のようになる．すなわち，

(a) $t = 0$ で $v_C = 0$
(b) $t = \infty$ で $v_C = E$
(c) $t = \tau$ で $v_C = \left(1 - \dfrac{1}{e}\right) E$
(d) $t = 0$ で引いた接線が $t = \tau$ で $v_C = E$ の直線と交わる． ■

問 5-3 式 (5-12) を図示し，その特徴を調べよ．

補足： 以上の例題で導いた式 (5-12)，式 (5-22)，式 (5-20) が，前章の例題 4-3 の図 4-9(a)，(b)，(c) にそれぞれ対応している．

以上見てきたように，スイッチ S を閉じてから十分長い時間を経過すると，q と i および v_C は，時間の経過によらず一定値をとる．この状態を**定常状態**（steady state）といい，ある定常状態へ推移するときに表れる途中の現象を**過渡現象**（transient phenomena）という．

過渡現象がどれだけの期間続くかを表す目安が時定数 τ である．実用的には，τ の数倍の時間を経過すれば定常状態と見なせることが多い．

図 5-1 に示す CR 直列回路では，定常状態において，コンデンサ両端の電圧は電源の起電力 E に等しく，コンデンサの極板に帯電している電荷は $q = CE$ となっている．また電流は流れない．

問 5-4 図 5-1 において $C = 2\,\mu\mathrm{F}$, $R = 2\,\mathrm{k}\Omega$ のとき，時定数を求めよ．

例題 5-6 図 5-4 に示す回路で，最初スイッチ S を 1 の位置におき，コンデンサを完全に充電しておく．次に S を 2 の位置に倒した後，(1) コンデンサに帯電している電荷 q, (2) 回路を流れる電流 i, (3) コンデンサ両端の電圧 v_C はどのように変化するか，S を 2 の位置に倒した瞬間を $t = 0$ として，それぞれを t の関数として求め，グラフに描け．

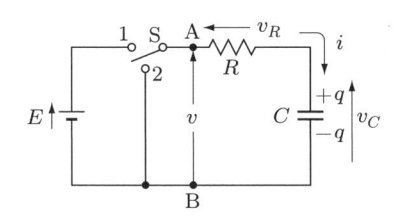

図 5-4 コンデンサの放電過程

解 S を 2 に倒すと節点 A と節点 B の間の電圧はゼロになるから，微分方程式は，式 (5-6) で $E = 0$ とおいたものとなる．すなわち，

$$R\frac{dq}{dt} + \frac{1}{C}q = 0 \tag{5-23}$$

となる．

最初コンデンサは完全に充電していたのであるから，初期条件は $t = 0$ で $q = CE$ である．これを使えば，式 (5-23) の解は

$$q = CE\mathrm{e}^{-\frac{t}{CR}} \tag{5-24}$$

となる.

これより,

$$i = \frac{dq}{dt} = -\frac{E}{R}\mathrm{e}^{-\frac{t}{CR}} \tag{5-25}$$

$$v_C = \frac{q}{C} = E\mathrm{e}^{-\frac{t}{CR}} \tag{5-26}$$

が得られる.

式 (5-25) で,電流に負の符号がつくのは,電流の方向が図 5-1 に示した充電過程と反対になることを意味する.これは,例題 4-4 で説明したようにコンデンサの正極から電荷が流れ出るためである.

$t<0$(スイッチ S が 1 にあるとき)の状態も含めて,節点 A と節点 B の間の電圧 v と,q, v_C および i を図示すると図 5-5 のようになる.　■

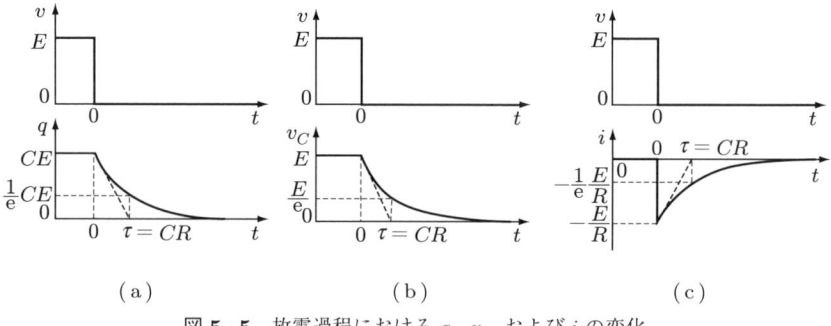

(a)　　　　　　　　(b)　　　　　　　　(c)

図 5-5　放電過程における q, v_C および i の変化

問 5-5　式 (5-23) から式 (5-24) を導け.

5-2-2　CR 直列回路の応用

次に,簡単な応用例を二つ調べよう.

例題 5-7　図 5-6 のように,CR 直列回路に方形波信号電圧 v を周期的に加えるとき,コンデンサ両端の電圧 v_C の波形を描け.ただし,方形波信号電圧 v は,図 5-7(a) に示すように,$0 \leqq t < T/2$ で $v = E_\mathrm{m}$,$T/2 \leqq t < T$ で $v = 0$ とする($t > T$ ではこの繰り返し).なお,$CR \ll T/2$ とする.

ここに，T は方形波信号電圧の周期である．

[解] 時定数 τ は CR に等しいから，$CR \ll T/2$ のとき，例題 5-5 と例題 5-6 の結果より，図 5-7(b) の実線で示した電圧波形が得られる．　∎

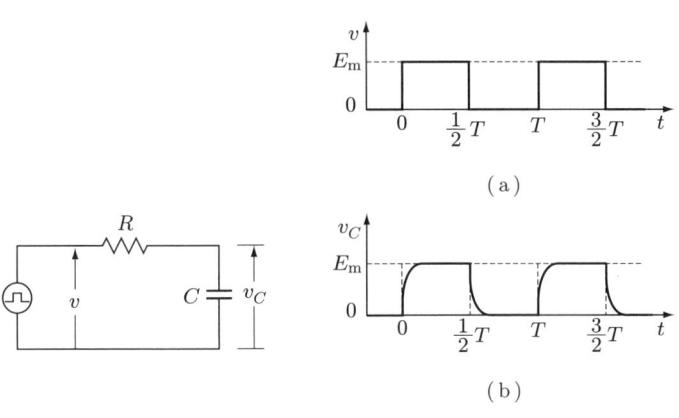

図 5-6　例題 5-7 の回路　　　図 5-7　コンデンサ両端の電圧波形

例題 5-8　上の例題の抵抗とコンデンサを入れ替えた図 5-8 の回路で，抵抗両端の電圧 v_R の波形を図示せよ．なお，$CR \ll T/2$ とする．

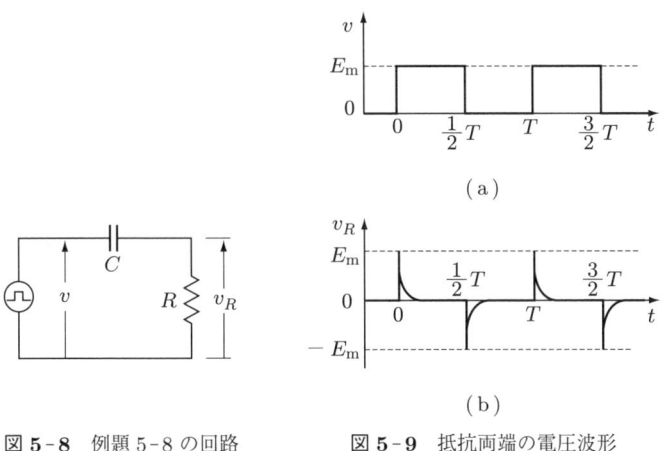

図 5-8　例題 5-8 の回路　　　図 5-9　抵抗両端の電圧波形

解 $v_R = Ri$ より，v_R の波形は電流 i の波形と相似である．したがって，$CR \ll T/2$ のときは，例題 5-3，例題 5-4 と例題 5-6 より，図 5-9(b) の実線のような電圧波形となる． ■

> **発展：** 図 5-6 と図 5-8 は，ディジタル回路やパルス回路でしばしば用いられる．図 5-7 と図 5-9 の波形が利用される．

5-3 LR 直列回路

図 5-10 は，自己インダクタンス L と抵抗 R が，スイッチ S を介して，起電力 E の直流電源に直列に接続している回路である．これは，前章の例題 4-15 で扱った図 4-26 と同じ回路であるが，以下の例題により，電流 i がどのように表されるか調べよう．

> **例題 5-9** 図 5-10 の回路で，時刻 $t = 0$ でスイッチ S を閉じた後，$t \geq 0$ の任意の時刻 t における回路電流 i について微分方程式を立て，これを解いて電流 i を求めよ．

解 キルヒホッフの第 2 法則は，
$$E - Ri - L\frac{di}{dt} = 0$$
と書けるが，これを書き直せば，
$$L\frac{di}{dt} + Ri = E \tag{5-27}$$
となる．

$t = 0$ で $i = 0$ という初期条件のもとで上の微分方程式を解くと，
$$i = \frac{E}{R}(1 - e^{-\frac{R}{L}t})$$
$$= \frac{E}{R}(1 - e^{-\frac{t}{\tau}}) \tag{5-28}$$
が得られる．ただし，
$$\tau = \frac{L}{R} \tag{5-29}$$
とおいた． ■

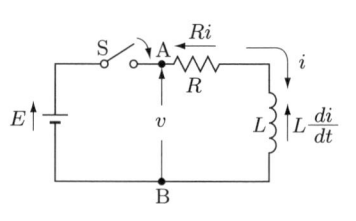

図 5-10 LR 直列回路

```
         v
         │
         │   ┌──────────────────
         │   │            ↕ E
       0 │───┘
         └───┬──────────────────── t
             0
              (a)
```

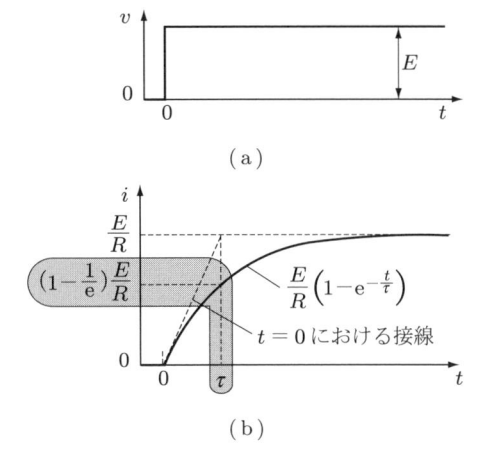

```
    i
    │
  E/R ┤- - - - - - - - - ━━━━━━━━━
    │         ╱┊
(1-1/e)E/R ┤ ╱ ┊    E/R(1 - e^(-t/τ))
    │    ╱   ┊← t = 0 における接線
    │  ╱     ┊
  0 ┤╱_____┊_____
    0        τ                   t
              (b)
```

図 5-11 *LR* 直列回路の過渡電流

問 5-6 式 (5-27) の解を求めよ．

> **例題 5-10** 図 5-10 の回路で，スイッチ S を閉じる前 ($t<0$) と閉じた後 ($t \geqq 0$) における節点 A と節点 B 間の電圧 v と，回路を流れる電流 i の時間変化を図示せよ．そして，電流がそのようになる理由を考えよ．また，τ の意味を考察せよ．

[解] 節点 A と節点 B の間に印加される電圧波形は，図 5-11(a) のようになる．すなわち $t<0$ では $v=0$，$t \geqq 0$ では $v=E$（一定）．

$t<0$ では回路が開いているので，電流 $i=0$．

$t \geqq 0$ では式 (5-28) に従って電流は増加するが，これを図示すれば図 5-11(b) のようになる．すなわち，回路を流れる電流はスイッチを閉じた後すぐには増加せず，ある時間を経た後に一定値（定常値 E/R）に達する．このように電流がなかなか増加しないのは，コイルに電流の増加を妨げるような起電力が生じるためである．

定常値は式 (5-28) で $t \to \infty$ としたときの電流であるから，$i=E/R$ であるが，これはコイルが短絡されているときに回路を流れる電流と同じである．すなわち，定常状態ではコイルでの電圧降下はない（直流での抵抗はゼロ）．

式 (5-28) において，$t=\tau$ のとき，i は

$$i = \left(1 - \frac{1}{e}\right)\frac{E}{R} \tag{5-30}$$

となる．

CR 直列回路のときと同様に，$\tau = L/R$ は LR 直列回路の時定数である．L が大きいか R が小さいと τ が大きくなるので，定常状態になるまでの時間がかかることになる．

問 5-7 LR 直列回路で $L = 100\,\mathrm{mH}$, $R = 10\,\Omega$ のとき，時定数を求めよ．

例題 5-11 図 5-10 の回路で，スイッチ S を閉じる前後におけるコイル両端の電圧 v_L を求め，次に，これを図示せよ．

[解] $t < 0$ では回路が開いているので，$v_L = 0$．
$t \geqq 0$ において，コイルの両端の電圧 v_L は，式 (5-28) を使って，

$$v_L = L\frac{di}{dt} = E\mathrm{e}^{-\frac{R}{L}t} = E\mathrm{e}^{-\frac{t}{\tau}} \tag{5-31}$$

と書ける．これを印加電圧 v とともに図 5-12 に示す．すなわち，時定数 $\tau = L/R$ で特徴づけられる指数関数で減少する．

問 5-8 図 5-13 の回路において，最初スイッチ S が 1 の位置にあり定常状態になっているとする．その後スイッチ S を 2 の位置に切り替えると，回路に $i = (E/R)\mathrm{e}^{-Rt/L}$ の電流が流れる．これをグラフにせよ．次に，電源がつながっていないのになぜ電流が流れるのか，理由を考えよ．

図 5-12 LR 直列回路におけるコイル両端の電圧 (図 (b) の縦軸は拡大して描いてある)

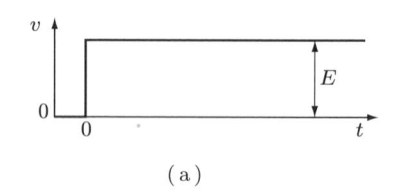

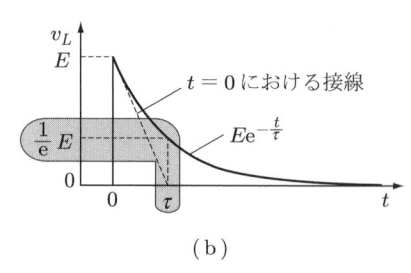

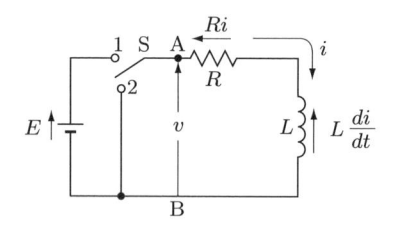

図 5-13 問 5-8 の回路

5-4　LCR 直列回路

最後に，LCR 直列回路を簡単に見ておこう．図 5-14 に示す回路で，スイッチ S を閉じた後に回路を流れる電流を調べる．

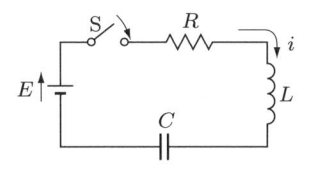

図 5-14 LCR 直列回路

キルヒホッフ第 2 法則は，

$$E - Ri - L\frac{di}{dt} - \frac{q}{C} = 0 \tag{5-32}$$

と書けるが，$i = dq/dt$ を使ってこれを整理すると，定数係数 2 階微分方程式

$$\frac{d^2q}{dt^2} + \frac{R}{L}\frac{dq}{dt} + \frac{1}{LC}q = \frac{E}{L} \tag{5-33}$$

が得られる．

この解は，式 (5-15) の解が式 (5-17) で求められるのと同様に，式 (5-33) で $E/L = 0$ とした同次方程式の一般解 q_g と式 (5-33) の特殊解 q_p の和で表される．特殊解 q_p は式 (5-33) において $d^2q/dt^2 = 0$，$dq/dt = 0$ とおいた定常解であり，$q_p = CE$ であることがすぐ分かるから，q_g を求めれば良い．

q_g は，同次方程式に対応する特性方程式

$$m^2 + \frac{R}{L}m + \frac{1}{LC} = 0 \tag{5-34}$$

の根が二つの実根をもつ場合 ($R^2 > 4L/C$)，重根をもつ場合 ($R^2 = 4L/C$)，および二つの複素根をもつ場合 ($R^2 < 4L/C$) に対応して三つの解がある．

5-4-1　$R^2 > 4L/C$ の場合

特性方程式は負の異なる実根をもつので，これを $-p_1$, $-p_2$ と書けば，電荷 q は

$$q = c_1 e^{-p_1 t} + c_2 e^{-p_2 t} + CE \tag{5-35}$$

と書ける$^{補足)}$．ここに，c_1 と c_2 は任意定数である．

電流 $i = dq/dt$ は，

$$i = -c_1 p_1 \mathrm{e}^{-p_1 t} - c_2 p_2 \mathrm{e}^{-p_2 t} \qquad (5\text{-}36)$$

となる．

$t = 0$ で $q = 0$, $i = 0$ という初期条件を与え c_1 と c_2 を決め，これを式 (5-35) と式 (5-36) に代入し整理すると，$p_2 > p_1$ のとき，

$$q = CE \left\{ 1 + \frac{1}{\sqrt{\left(\dfrac{R}{L}\right)^2 - \dfrac{4}{LC}}} (p_1 \mathrm{e}^{-p_2 t} - p_2 \mathrm{e}^{-p_1 t}) \right\} \qquad (5\text{-}37)$$

$$i = \frac{E}{L\sqrt{\left(\dfrac{R}{L}\right)^2 - \dfrac{4}{LC}}} (\mathrm{e}^{-p_1 t} - \mathrm{e}^{-p_2 t}) \qquad (5\text{-}38)$$

が得られる．ただし，式 (5-38) では $p_1 p_2 = 1/LC$ の関係を使った．

q と i は，図 5-15 のように変化する．

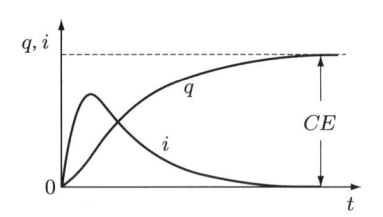

図 5-15 $R^2 > 4L/C$ の場合の電荷と電流

補足：同次方程式 $\dfrac{d^2 q}{dt^2} + f\dfrac{dq}{dt} + gq = 0$ に対応する特性方程式 $m^2 + fm + g = 0$ の二つの実根を m_1, m_2 と書けば，$q_\mathrm{g} = c_1 \mathrm{e}^{m_1 t} + c_2 \mathrm{e}^{m_2 t}$ である．ただし，c_1 と c_2 は任意定数である．

5-4-2　$R^2 = 4L/C$ の場合

特性方程式は重根 $-\alpha = -R/2L$ をもつから，電荷 q は

$$q = \mathrm{e}^{-\alpha t}(c_1 t + c_2) + CE \tag{5-39}$$

と書ける $^{補足)}$.

電流 $i = dq/dt$ は

$$i = -\alpha \mathrm{e}^{-\alpha t}(c_1 t + c_2) + c_1 \mathrm{e}^{-\alpha t} \tag{5-40}$$

である．ここに，c_1 と c_2 は任意定数である．

$t = 0$ で $q = 0$, $i = 0$ という初期条件を与え c_1 と c_2 を決め，これを上の 2 式に代入して整理すれば,

$$q = CE\{1 - (1 + \alpha t)\mathrm{e}^{-\alpha t}\} \tag{5-41}$$

$$i = \frac{E}{L} t \mathrm{e}^{-\alpha t} \tag{5-42}$$

q と i の t 依存性は，$R^2 > 4L/C$ の特性 (図 5-15) と類似する．

補足: 同次方程式 $\dfrac{d^2 q}{dt^2} + f \dfrac{dq}{dt} + gq = 0$ に対応する特性方程式 $m^2 + fm + g = 0$ の重根を $-\alpha(= -f/2)$ と書けば，$q_\mathrm{g} = \mathrm{e}^{-\alpha t}(c_1 t + c_2)$ である．ただし，c_1 と c_2 は任意定数である．

5-4-3　$R^2 < 4L/C$ の場合

虚数記号を j と書けば，特性方程式は，複素数 $-\alpha + j\beta$ と $-\alpha - j\beta$ の根をもつから，電荷 q は

$$q = \mathrm{e}^{-\alpha t}(a_1 \cos \beta t + a_2 \sin \beta t) + CE \tag{5-43}$$

と書ける $^{次頁補足)}$．ここに a_1 と a_2 は任意定数である．

電流 $i = dq/dt$ は

$$i = \mathrm{e}^{-\alpha t}\{(-\alpha a_1 + \beta a_2)\cos \beta t - (\alpha a_2 + \beta a_1)\sin \beta t\} \tag{5-44}$$

である．

$t = 0$ で $q = 0$, $i = 0$ という初期条件より，$a_1 = -CE$, $a_2 = -(\alpha/\beta)CE$ が求まるので，これを式 (5-43)，式 (5-44) に代入し，整理すれば,

$$q = CE\left\{1 - \mathrm{e}^{-\alpha t}\left(\cos \beta t + \frac{\alpha}{\beta}\sin \beta t\right)\right\} \tag{5-45}$$

$$i = \frac{E}{L\beta}\mathrm{e}^{-\alpha t}\sin\beta t \tag{5-46}$$

が得られる．ただし，式 (5-46) では $\alpha^2 + \beta^2 = 1/LC$ の関係を使った．なお，式 (5-44) と (5-46) において，β の代わりに ω（次章で述べる角周波数）と書くことが多い．

q と i は，図 5-16 に示すように振動しながら減衰する．すなわち，電流 i は正弦波 ($\sin\beta t$) 的な振動をするが，その振幅（最大値）は時間の経過と共に指数関数 $\mathrm{e}^{-\alpha t}$ で減衰する．式 (5-45) の第 2 項の $\cos\beta t + (\alpha/\beta)\sin\beta t$ は $\sin(\beta t + \theta)$ の形に書きなおせるから，電荷 q も正弦波的な振動を繰りかえしながら，振幅が $\mathrm{e}^{-\alpha t}$ で減衰する．減衰の速さは α で決まる．α が大きいほど減衰が速くなる．

もし，回路の抵抗がゼロ ($R = 0$) であれば，$\alpha = 0$ になるので，振動は減衰しない（永久振動）．このときの β を ω_0 と書けば，

$$\omega_0 = \frac{1}{\sqrt{LC}} \tag{5-47}$$

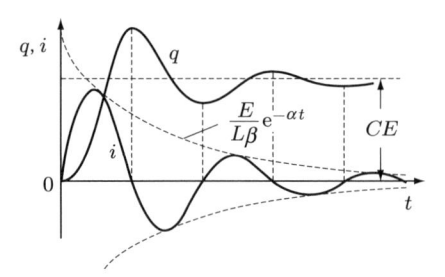

である．

図 5-16　$R^2 < 4L/C$ の場合の電荷と電流

補足：　同次方程式 $\dfrac{d^2 q}{dt^2} + f\dfrac{dq}{dt} + gq = 0$ に対応する特性方程式 $m^2 + fm + g = 0$ の根を $m_1 = -\alpha + j\beta$, $m_2 = -\alpha - j\beta$ と書けば，$q_g = c_1 \mathrm{e}^{m_1 t} + c_2 \mathrm{e}^{m_2 t} = \mathrm{e}^{-\alpha t}(a_1 \cos\beta t + a_2 \sin\beta t)$ である．ここに $a_1 = c_1 + c_2$, $a_2 = j(c_1 - c_2)$ であり，a_1 と a_2 が実数になるように c_1 と c_2 を定める．ここで $j = \sqrt{-1}$ である．

演習問題

1. 式 (5-20) のグラフを片対数目盛りで描き（$\ln i$ と t の関係をグラフにする），その傾きが $-1/\tau$ になることを示せ．
2. 図 5-17 に示す回路において，コンデンサは最初に電荷 $Q_0(<CE)$ をもっているものとする．時刻 $t=0$ でスイッチ S を閉じ，コンデンサをさらに充電するとき，任意の時刻におけるコンデンサの電荷と回路を流れる電流を求めよ．

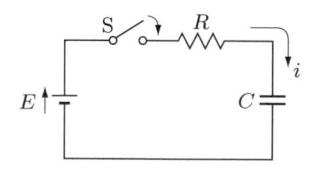

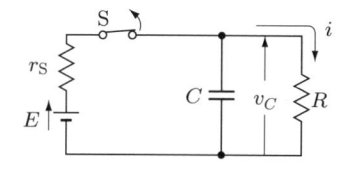

図 5-17 問題 2 の回路

図 5-18 コンデンサの充放電

3. 図 5-18 に示す回路で，最初スイッチ S を閉じてコンデンサを完全に充電しておき，次に S を開く．S を開いてからの経過時間 t とコンデンサ両端電圧 v_C の関係は，

$$t = CR \ln \frac{E}{v_C}$$

と表されることを示せ．ただし，$r_S \ll R$ であるものとする．次に，$C = 220\,\mu\mathrm{F}$，$R = 10\,\mathrm{k}\Omega$ のとき，v_C が E の $1/10$ に減少するまでの時間を求めよ．

4. 図 5-18 のようにスイッチ S を閉じてコンデンサを完全に充電し，次に S を開いて抵抗 R を通して放電するとき，放電が終了するまでに抵抗 R で消費されるエネルギーを求めよ．
5. 図 5-19 に示す回路でスイッチ S を閉じた後，回路を流れる電流 i とコンデンサを流れる電流 i_C を求めよ．ただし，S を閉じる前はコンデンサに電荷がないものとする．
6. 図 5-20 のように定電流源にスイッチ S を介してコンデンサ C をつなぐ．S を閉じた後の経過時間 t の関数としてコンデンサの両端電圧 v_C を求めよ．ただし，$t = 0$ でコンデンサに電荷がないものとする．

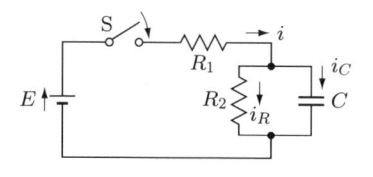

図 5-19 問題 5 の回路

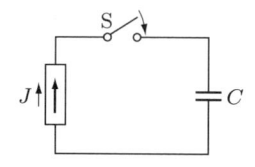

図 5-20 問題 6 の回路

7. 図 5-13 の回路で，最初スイッチ S が 1 の位置にあり回路に定常電流 $i_0 = E/R$ が流れているとする．その状態でスイッチ S を 2 の位置に切り替えるとき，回路を流れる電流を求めよ．
8. 上の問題で，スイッチを 2 に切り替えた後に抵抗 R で消費されるエネルギーの総量を求め，これを i_0 を使って表せ．
9. 上の問題 7 で，コイルの起電力を求めよ．なお，起電力の方向が図に示した矢印の方向と反対になることを確認せよ．
10. 図 5-21 に示す回路で，最初スイッチ S が開いており，定常状態にあるとする．その状態でスイッチ S を閉じるとき，コイルを流れる電流 i を求め，図示せよ．

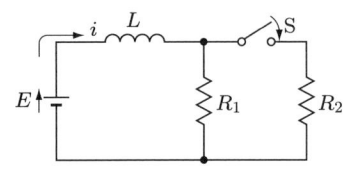

図 5-21 問題 10 の回路

11. 図 5-14 に示す LCR 直列回路で，$R^2 > 4L/C$ であるとする．$t = 0$ でスイッチ S を閉じて直流電圧 E を印加するとき，回路を流れる電流 i が最大値をとる時刻 t_m を求めよ．
12. 上と同じ問題を $R^2 = 4L/C$ の場合について答えよ．

自然対数の底 e と起電力 e

自然対数の底を斜体で e と書く本もあるが，本書では起電力 e を斜体で書くので（物理量だから），それと区別するために立体 e で表した．なお，微分や積分に用いる d を $\mathrm{d}t$ のように立体で書く本もあるが，本書では斜体 d を用いた．

6 交流

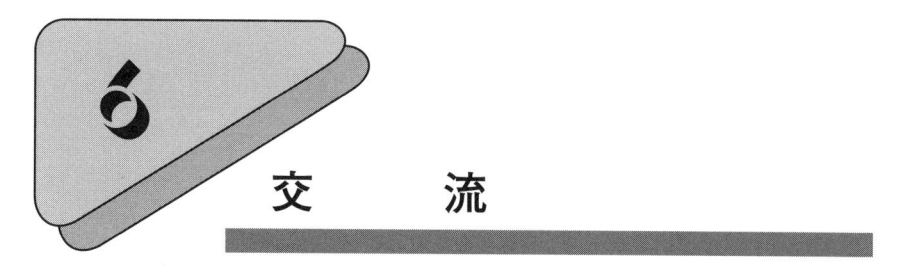

電気回路では，正弦波交流に対する応答を解析することが多い．この章では，正弦波交流とその用語，実効値の概念，さらに進んで交流の複素数表示などについて述べる．

6-1 交流

交流（alternating current 略して AC）とは電圧や電流の方向が時間とともに周期的に変化するものをいう．その中で，その時間変化が**正弦波**（sinusoidal wave または sine wave）状のものを**正弦波交流**（sinusoidal alternating wave）という．特に断らずに交流というときは，一般に正弦波を意味することが多い．

連続して，正弦波の交流電圧を供給することができる装置（電源）は，正弦波交流電圧電源というべきであろうが，本書では簡単に交流電圧源ということにする．交流電圧源の記号は⊖である．

図 6-1 (a) に交流電圧源に負荷抵抗が接続されている回路を示す．この回路で，点 B を基準とした点 A の電位（AB 間の電圧）v_R は，同図 (b) に示すように，時刻 t によって正弦波状に正 → 負 → 正 → 負 → … と変化する．

この図中 ⊕ と記した半サイクルでは点 A の電位が点 B の電位より高く，抵抗を流れる電流は点 A → 点 B の方向となる．反対に，⊖ と記した半サイクルでは点 A の電位が点 B の電位より低く，抵抗を流れる電流は点 B → 点 A の方向となる．

すなわち，⊕ の半サイクルにおける電流の方向を正とすれば，⊖ の半サイクルでの電流の方向はそれと反対に負となる．このように負荷抵抗を流れる電流 i も図 (c) のように正弦波状に変化する．

なお，前章と同様に電圧と電流の**瞬時値**（instantaneous value）を小文字で表し，それぞれ v および i と記すことにする．

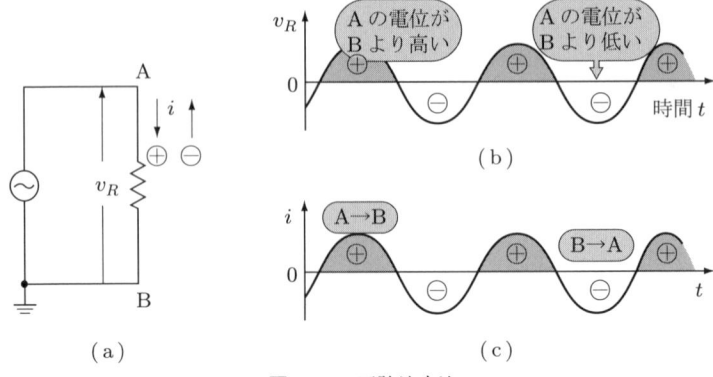

図 6-1　正弦波交流

6-2　正弦波交流の記述

図 6-2(a) には半径 V_m の円を描いてある．時刻 $t=0$ で円周上の点 Q 上にあった点 P が，この円周上を反時計まわりに等速度で回っているとする．

ある任意の時刻 t において，OP と x 軸のなす角を ϕ とすれば，角度 ϕ の時間変化率 $d\phi/dt$ は，等速度で回ると仮定したのであるから一定である．

すなわち，この一定値を ω と書けば，

$$\frac{d\phi}{dt} = \omega \quad (一定) \tag{6-1}$$

である．この ω を**角速度**（angular velocity）または**角周波数**（angular frequency）という．なぜ角周波数というかは，例題 6-2 で述べる．

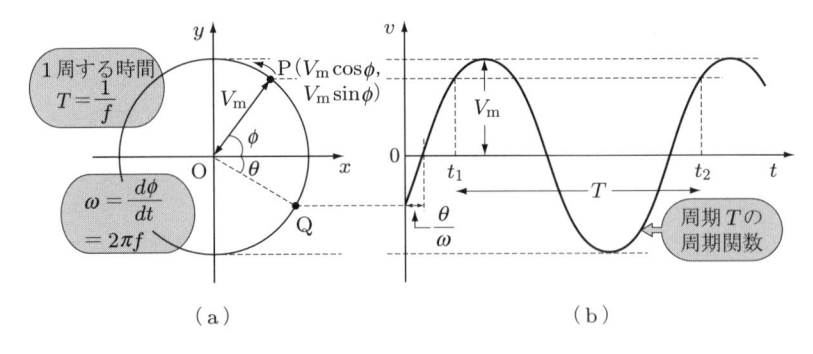

図 6-2　正弦波の説明

例題 6-1 図 6-2(a) において，円周上を等速度で反時計方向に回っている点 P の y 座標（点 P の y 軸への投影）v を角周波数 ω を用いて表せ．ただし，時刻 $t=0$ において点 P は点 Q $(\phi=-\theta)$ にあるとする．次に，v と t の関係を図示せよ．

[解] 式 (6-1) を t で積分すれば，
$$\phi = \omega t + c$$
となるが（c は積分定数），OQ と x 軸のなす角を θ とすれば，$t=0$ で $\phi=-\theta$ であるから，積分定数 c は $c=-\theta$ である．すなわち，
$$\phi = \omega t - \theta \tag{6-2}$$
と書ける．点 P の y 座標（点 P の y 軸への投影）を v と書けば，
$$v = V_m \sin\phi = V_m \sin(\omega t - \theta) \tag{6-3}$$
と表される．この波形を図示すれば図 6-2(b) のようになる． ∎

この例で示したように，等速円運動している点の y 軸への投影は正弦波になる．v は先に述べたように，任意の時刻における値を表しているので瞬時値である．V_m は v の最大の値を示すので，これを**最大値**（maximum value）というが，**振幅**（amplitude）という場合もある[注]．また，θ を**位相角**（phase angle）という．

式 (6-3) は周期関数である．すなわち，n を整数とし，**周期**（period）を T とすれば，$v(t)=v(t+nT)$ の関係がある．たとえば，図 6-2(b) に示すように，任意の時刻 t_1 における v の値は，t_1 から周期 T だけ離れた $t_2(=t_1+T)$ における v の値に等しい．

1 秒間に同一波形が何回繰り返されるかを表す数を**周波数**（frequency）という．言い換えれば，周波数とは，図 6-2(b) で 1 秒間が何周期に相当するかを表す数である．周波数の単位には Hz（ヘルツと読む）を用いる．

次の例題によって，周期，周波数，角周波数の関係を調べよう．

例題 6-2 正弦波において，周波数，周期，角周波数の間の関係式を求

注）$v(t)$ を振幅とする本もある．

めよ.

解 図 6-2(a) において，点 P が円を一周すれば同じ v の値になるのだから，T は円を一周するのに要する時間である．角度でいえば，T は ϕ が 2π rad 変化するのに要する時間であるから，式 (6-1) より（等速なので），

$$\frac{d\phi}{dt} = \frac{2\pi}{T} = \omega \quad [\text{rad/s}] \tag{6-4}$$

となる．

また，周波数を f と書けば，これは点 P が円周を 1 秒間に f 周するということであるから，1 周するのに要する時間 T は

$$T = \frac{1}{f} \quad [\text{s}] \tag{6-5}$$

である．

式 (6-4) と (6-5) より，

$$\omega = 2\pi f \tag{6-6}$$

となる．

式 (6-6) より，ω を角周波数というのである． ∎

重要： $\omega = 2\pi f$, $f = 1/T$ を記憶せよ．

もし，図 6-2(a) において，OP の長さを <u>電圧の</u> 最大値 V_m になるように描けば，図 6-2(b) の波形すなわち式 (6-3) は，電圧 v の瞬時値を表すことになる．

電流の瞬時値についても同様で，図 6-2(a) において，OP の長さを <u>電流の</u> 最大値 I_m にとり，$t = 0$ における点 Q の位置を $-\theta - \psi$ とすれば（一般に電流の位相角と電圧の位相角は一致する必要がないので，両者の位相角の差を ψ と書いた），y 軸への投影は，すなわち電流の瞬時値 i は

$$i = I_\text{m} \sin(\omega t - \theta - \psi) \tag{6-7}$$

と表される．

なお，位相角の差を位相差ともいう．

重要： 式 (6-3) と式 (6-7) の記述に慣れること．

問 6-1 日本では，家庭にきている電気の周波数は 50 Hz か 60 Hz である．この交流の周期はそれぞれ何 ms か．また角周波数は何 rad/s か．

6-3 平均値と実効値

6-3-1 平均値

図 6-3 に示すような関数 $f(x)$ があるとき，この関数の，$x=a$ から $x=b$ にわたる平均値 F_a は，

$$F_\mathrm{a} = \frac{1}{b-a}\int_a^b f(x)dx \tag{6-8}$$

で定義される．

上の式で，$\int_a^b f(x)dx$ は，$f(x)$ と $x=a$，$x=b$ および横軸で囲まれた面積を意味するから，式 (6-8) を $F_\mathrm{a}\times(b-a) = \int_a^b f(x)dx$ と変形してみれば分かるように，平均値 F_a は $a\leqq x\leqq b$ における $f(x)$ の下の面積（図 6-3 で影をつけた領域の面積）と等しい面積をもつ長方形の辺の長さである．

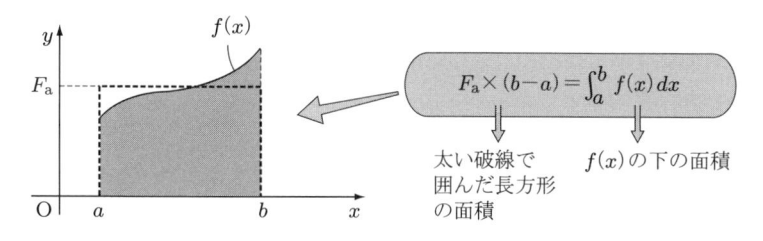

図 6-3 平均値の説明図

重要： 平均値の定義式 (6-8) と意味．

例題 6-3 図 6-4 (a) に示す交流電圧 $v = V_\mathrm{m}\sin(\omega t - \theta)$ において，$v\geqq 0$ なる半周期 $(T/2)$ の平均値 V_a を求めよ．

解 図 6-4 (b) のように，時間の原点を θ/ω だけずらせても波形は変わらないから，この書き直した図で考える．すなわち $v = V_\mathrm{m}\sin\omega t$ の $t=0$ から $t=T/2$ までの半周期にわたる平均値を求めればよい．

平均値の定義式 (6-8) より，$\omega T = 2\pi$（式 (6-4)）を使って，

$$V_\mathrm{a} = \frac{1}{T/2}\int_0^{T/2} V_\mathrm{m}\sin\omega t\,dt = \frac{2}{T}\frac{V_\mathrm{m}}{\omega}\left[-\cos\omega t\right]_0^{T/2}$$

(a) $V_m \sin(\omega t - \theta)$

(b) $V_m \sin \omega t$

(c) $V_m \sin \omega t$

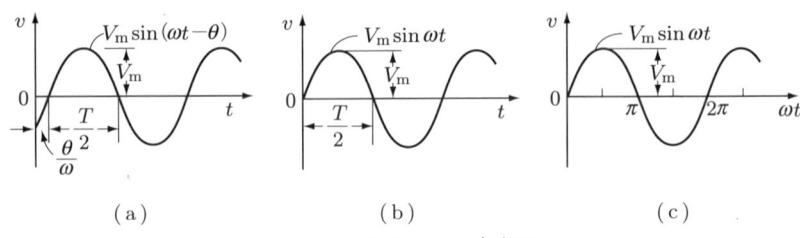

図 6-4 例題 6-3 の参考図

$$= \frac{2V_m}{T\omega}\left(-\cos\frac{\omega T}{2} + 1\right) = \frac{2V_m}{2\pi}(-\cos\pi + 1)$$

$$= \frac{2}{\pi}V_m \tag{6-9}$$

となる. ∎

図 6-4(b) の代わりに, 図 6-4(c) のように横軸を ωt で描いても良い. すなわち, 横軸を時間ではなく角度 [rad] で表示するのである.

このとき, 平均値 V_a は

$$V_a = \frac{1}{\pi}\int_0^\pi V_m \sin\omega t\, d(\omega t)$$

であるが, $\omega t = \alpha$ とおけば, 積分範囲は $0 \leqq \alpha \leqq \pi$ である.

すなわち, 平均値 V_a は

$$V_a = \frac{1}{\pi}\int_0^\pi V_m \sin\alpha\, d\alpha = \frac{V_m}{\pi}\bigl[-\cos\alpha\bigr]_0^\pi = \frac{V_m}{\pi}(-\cos\pi + 1) = \frac{2}{\pi}V_m$$

と求められて, 横軸を時間 t としたときより簡単である.

> **重要:** 正弦波の横軸を角度 ωt で表すことも多いから, 慣れるようにせよ.

問 6-2 正弦波の1周期の平均値を求めよ.
問 6-3 図 6-5 の三角波の半周期 ($v \geqq 0$) の平均値を求めよ.
問 6-4 図 6-6 の鋸波の1周期にわたる平均値を求めよ.
問 6-5 図 6-7 の方形波の1周期の平均値を求めよ.
問 6-6 図 6-8 に示す半波整流正弦波の1周期の平均値を求めよ.
問 6-7 図 6-9 に示す全波整流正弦波の平均値を求めよ.

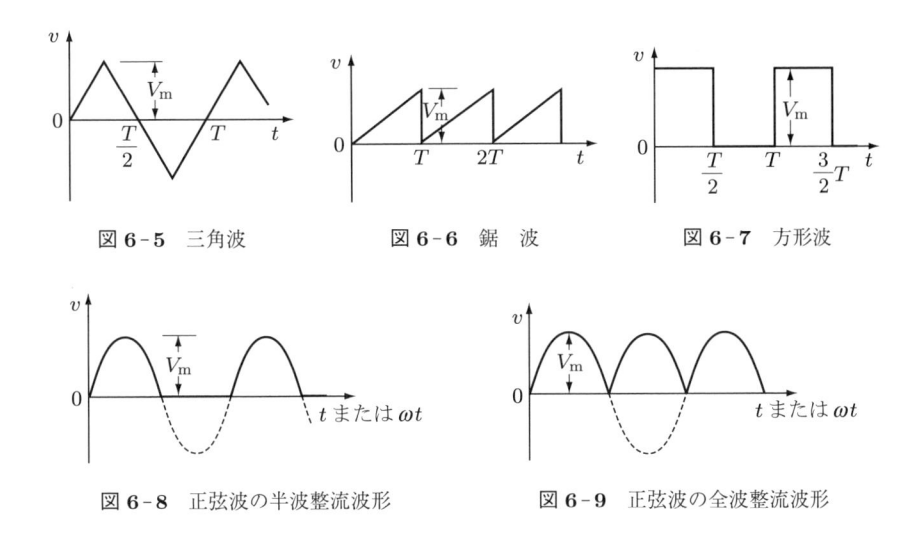

図 6-5　三角波　　　図 6-6　鋸波　　　図 6-7　方形波

図 6-8　正弦波の半波整流波形　　　図 6-9　正弦波の全波整流波形

6-3-2　実効値

　正弦波交流の電圧や電流の大きさを表すのに，6-2 節で述べた最大値を用いてもよいのであるが，普通は**実効値** (effective value)（名称の由来は後述）が用いられる．例えば，日本の家庭のコンセントにきている電圧は 100 V であるが，これは実効値が 100 V ということである．

　実効値は**瞬時値の 2 乗の平均値の平方根**と定義される．平均は瞬時値の 2 乗を表す関数の 1 周期にわたってとる（波形によっては半周期などでもよい）．

> **重要：** 実効値の定義．記憶せよ．

> **例題 6-4**　正弦波交流電圧 $v = V_m \sin(\omega t - \theta)$ の実効値 V_e [注] を求めよ．

　[解]　平均値のときと同様に，横軸を位相角の分だけ平行移動した $v = V_m \sin \omega t$ で計算してもかまわない．これを，図 6-10 (a) に示す．

注）通常，交流の実効値は大文字で書く．しかし，本書では直流との混同を避けるため，実効値 effective value を意味する e を添字につける．
　なお，平均値の添字 a は平均値 average value を，最大値の添字 m は最大値 maximum value を意味する．

130　第6章 交　　流

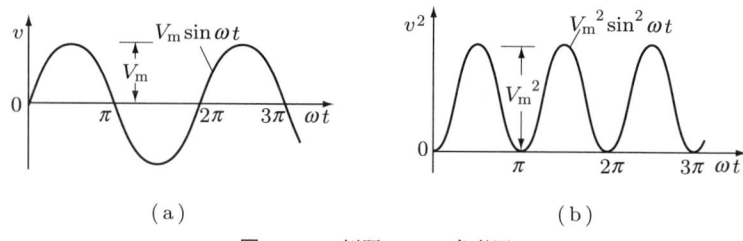

(a)　　　　　　　　　　　　　　　(b)

図 6-10　例題 6-4 の参考図

　図 6-10(b) には $v^2 = V_m{}^2 \sin^2 \omega t$ を示した．この v^2 の図で，1 周期は π であるから，平均をとるときの積分範囲を $0 \leqq \omega t \leqq \pi$ とする．
　$\omega t = \alpha$ とおけば，求める実効値 V_e は，定義より以下のとおりに求められる．

$$V_e = \sqrt{\frac{1}{\pi}\int_0^\pi v^2 d\alpha} = \sqrt{\frac{1}{\pi}\int_0^\pi V_m{}^2 \sin^2\alpha\, d\alpha}$$

$$= \frac{V_m}{\sqrt{\pi}}\sqrt{\int_0^\pi \frac{1-\cos 2\alpha}{2} d\alpha} = \frac{1}{\sqrt{2}}V_m \tag{6-10}$$

■

補足： 例題 6-4 では，平均をとるときの積分範囲は $0 \leqq \omega t \leqq \pi/2$ でもよい．

　正弦波を対象にした上の例題の結果をもう一度整理して書くと，次のようになる．

$$\left.\begin{array}{l} V_e = \dfrac{1}{\sqrt{2}}V_m \approx 0.71 V_m \\[2mm] V_m = \sqrt{2}V_e \approx 1.41 V_e \end{array}\right\} \tag{6-11}$$

　正弦波交流電流についても同様に求められ，その最大値を I_m，実効値を I_e とすれば，

$$\left.\begin{array}{l} I_e = \dfrac{1}{\sqrt{2}}I_m \approx 0.71 I_m \\[2mm] I_m = \sqrt{2}I_e \approx 1.41 I_e \end{array}\right\} \tag{6-12}$$

である．

重要： 式 (6-11) と式 (6-12)．ただし正弦波の場合に限る．

通常，交流電流計や交流電圧計の目盛りは実効値で目盛られている．したがって，電流や電圧の最大値は目盛りの値の約 1.4 倍であることを知っておく必要がある．先に述べたように，家庭にきている交流の電圧は実効値が 100 V ということであって，その最大値は約 141 V なのである．

問 6-8 図 6-5 の三角波の実効値を求めよ．
問 6-9 図 6-6 の鋸波の実効値を求めよ．
問 6-10 図 6-7 の方形波の実効値を求めよ．
問 6-11 図 6-8 の半波整流正弦波の実効値を求めよ．

6-4 抵抗で消費される電力

6-4-1 オームの法則

図 6-11 のように，抵抗 R に交流電圧 $v_R = V_\mathrm{m} \sin(\omega t - \theta)$ を印加するとき，抵抗を流れる電流は，式 (4-1) より，

$$i = \frac{v_R}{R} = \frac{V_\mathrm{m}}{R} \sin(\omega t - \theta) \tag{6-13}$$

となる．

すなわち，電圧と電流の位相角は同じ である．これを，電圧と電流の間に位相差がないとか，位相のずれがないという．

> **重要：** 上のアンダーラインの部分．

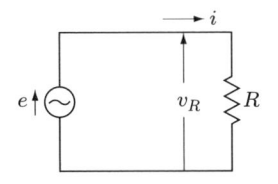

図 6-11 交流電源に接続した抵抗

> **例題 6-5** 図 6-11 の回路で，抵抗に印加される電圧の実効値 V_e と，抵抗を流れる電流の実効値 I_e の間に，オームの法則が成り立つことを示せ．

解 $i = I_m \sin(\omega t - \theta)$ と書けば，式 (6-13) より，電圧の最大値 V_m と電流の最大値 I_m の間に，

$$I_m = \frac{V_m}{R} \tag{6-14}$$

の関係がなりたつ．

この関係は，式 (6-11) と式 (6-12) より，

$$I_e = \frac{V_e}{R} \tag{6-15}$$

と表される．すなわち，実効値 I_e と V_e の間にオームの法則がなりたつ． ■

6-4-2 抵抗で消費される電力

第1章で述べたように，抵抗に直流電源が接続され，抵抗に電流が流れるとき，電源が単位時間あたり供給するエネルギー（電力）は，抵抗で単位時間あたり消費されるエネルギーに等しい．後者のエネルギーを消費電力という（第1章）．1秒間に1Jのエネルギーを消費するとき，消費電力は1Wである．

抵抗で消費される電力 P は，直流のときには式 (1-25) で表されたが，これを再掲しよう．

$$P = IV = I^2 R = \frac{V^2}{R} \tag{6-16}$$

では，直流ではなく，交流電圧 v_R が印加され，交流電流 i が流れるときは，抵抗で消費される電力 P はどのように表されるのであろうか．以下の例題に従って，これを求めよう．

例題 6-6 図 6-11 のように，抵抗 R に交流電圧 $v_R = V_m \sin(\omega t - \theta)$ が印加され，電流 $i = I_m \sin(\omega t - \theta)$ が流れるとき，$p = i v_R$ に角周波数 2ω の正弦波が含まれることを示し，次に，p を t の関数として図示せよ．

解
$$p = i v_R = I_m \sin(\omega t - \theta) V_m \sin(\omega t - \theta)$$
$$= I_m V_m \sin^2(\omega t - \theta) \tag{6-17}$$
$$= \frac{I_m V_m}{2} \{1 - \cos 2(\omega t - \theta)\} \tag{6-18}$$

であるから，p は時間によらない直流成分 $I_m V_m / 2$ と角周波数 2ω の交流成分 $(I_m V_m / 2) \cos(2\omega t - 2\theta)$ の和で表される．

図 **6-12** $v_R, i, p = iv_R$ の波形

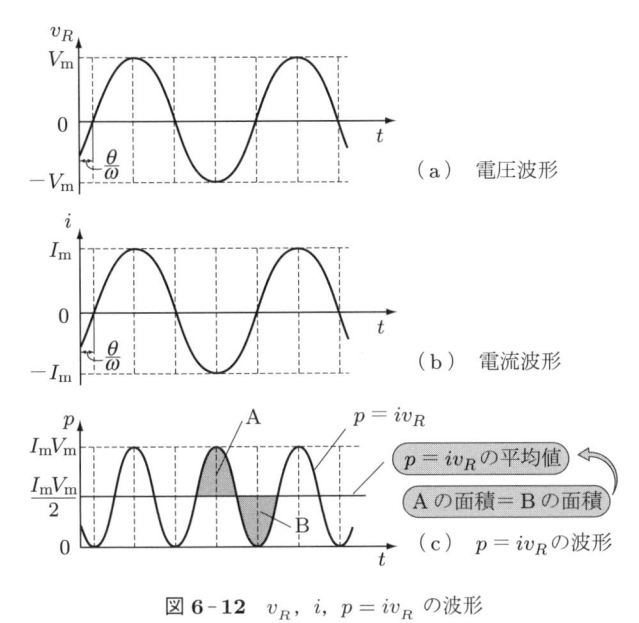

A と B の面積は等しいから，p の平均値は $I_\mathrm{m} V_\mathrm{m}/2$ である．

これを図示すると，図 6-12 (c) のようになる．なお，参考のため，図 6-12 には電圧 v_R と電流 i の波形も描いた．　■

例題 6-7 p の周期を T とするとき，時間 T の間に抵抗 R で消費されるエネルギー W_E を求めよ．

[解] 式 (1-22) を導くときと同様にして，微小時間 dt の間に電源が行う仕事，言い替えれば，dt の間に抵抗で消費されるエネルギーは，

$$iv_R dt = pdt \tag{6-19}$$

と書ける．

時間 T の間に消費されるエネルギー W_E は，上式を 0 から T にわたり積分すれば求められる．すなわち，

$$W_\mathrm{E} = \int_0^T pdt \tag{6-20}$$

である．　■

直流の場合にならって，消費電力 P を単位時間あたりの消費エネルギーと定義したいが，p は時刻によって変化するから，任意の時刻 t で考えるのでは電力が決められない．そこで，1 周期あたりの消費エネルギー (W_E/T) を消費電力と定義する．すなわち，

$$P = \frac{1}{T}\int_0^T p\,dt \tag{6-21}$$

$$= \frac{1}{T}\int_0^T iv_R\,dt \tag{6-21}'$$

である．

> **重要：** 式 (6-21) と式 (6-21)' は消費電力として求めたが，電力の定義式でもある．すなわち交流の電力は，iv_R の 1 周期にわたる平均値．これを記憶すること．

6-4-3 実効値の意味

実効値の意味を調べるために，以下の例題を行おう．

> **例題 6-8** 抵抗で消費される電力を，電圧と電流の実効値を使って表せ．

解 図 6-12 (c) より明らかなように，$p = iv_R$ の 1 周期にわたる平均値は $I_\mathrm{m}V_\mathrm{m}/2$ に等しいから，電力 $P = I_\mathrm{m}V_\mathrm{m}/2$ である．ここで，式 (6-11) と式 (6-12) を使えば，P は

$$P = \frac{I_\mathrm{m}V_\mathrm{m}}{2} = \frac{I_\mathrm{m}}{\sqrt{2}}\frac{V_\mathrm{m}}{\sqrt{2}} = I_\mathrm{e}V_\mathrm{e} \tag{6-22}$$

と書ける．
また，式 (6-15) を使って

$$P = I_\mathrm{e}V_\mathrm{e} = I_\mathrm{e}^{\,2}R = \frac{V_\mathrm{e}^{\,2}}{R} \tag{6-23}$$

とも表される． ∎

式 (6-23) は，直流の式 (1-25) または式 (6-16) と形式的に全く同じである．すなわち，電力は，電流を流したり，電圧を印加することによる単位時間あたり

（交流の場合は 1 周期あたり）の仕事であるが，実効値とは，直流と全く同じ仕事をする交流電流や交流電圧の値（実効的な値）をいうのである．

> **重要：** 実効値の意味（上のアンダーラインの部分）を理解せよ．

問 6-12 起電力 100 V の直流電源に 50 Ω の抵抗を接続するとき，この抵抗で消費される電力は何 W か．次に，実効値 100 V の正弦波交流電源に 50 Ω の抵抗を接続するとき，この抵抗を流れる電流（実効値）は何 A か．また，この抵抗で消費される電力は何 W か．

> **補足：** 問 6-12 は簡単な問題であるが，実効値を用いると直流回路と同じように計算されることを実感して欲しい．

6-5　正弦波交流の複素数表示

先に，交流電圧と交流電流は変数を ωt とする正弦波で表されることを示したが，回路解析には，交流電圧と交流電流を複素数で表すと便利である．この節では，複素平面を説明し，次に電圧と電流の複素数表示について述べる．

6-5-1　複素平面

電気工学では虚数を表すのに i ではなくて j を用いる．すなわち $j^2 = -1$ である．

複素数 $\dot{z} = r + js$ を表すのに，図 6-13 のような複素平面を用いると便利である．

ここで，複素数の実部 r を横軸（実軸または実数軸）に，虚部 s を縦軸（虚軸または虚数軸）にとる．こうすると，複素平面上にすべての複素数を示すこ

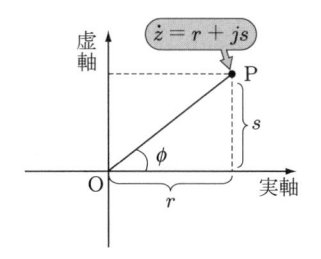

図 6-13　複素平面上に表した複素数

とができる．

なお，複素数を表すのに，本書では $\dot{z}$ のように，文字の上にドットをつけることにする．

複素数 $\dot{z} = r + js$ を表す複素平面上の点を P とすれば，図 6-13 から分かるように，OP の長さ $|\dot{z}|$ は 3 平方の定理より，

$$|\dot{z}| = \sqrt{r^2 + s^2} \tag{6-24}$$

である．これを複素数 $\dot{z}$ の**絶対値**（absolute value）または**大きさ**という．

また，OP と実軸のなす角を ϕ と書けば，

$$\tan\phi = \frac{s}{r} \tag{6-25}$$

である．

例題 6-9 複素平面上に複素数 $3 - j2$ を表す点を示し，次に，この複素数の絶対値を求めよ．

解 図 6-14 に示すような，実軸に添って 3，虚軸に添って -2 の点 P が求める点．絶対値（OP の長さ）は，3 平方の定理より

$$\sqrt{3^2 + 2^2} = \sqrt{13}$$

である． ■

注意： 絶対値を求めるとき，この例では $2^2 = 4$ とすべきところを，$(j2)^2 = -4$ と間違える人がいる．すぐ後に述べるように，虚数記号 j はベクトルを反時計方向に $\pi/2\,\mathrm{rad}\,(= 90°)$ 回転させる演算子の意味をもつものであって，長さには無関係であるから，j を含めて $(js)^2 = -s^2$ としてはならない．

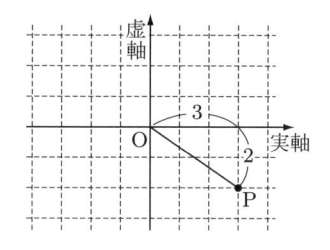

図 6-14 例題 6-9 の複素平面

問 6-13 複素平面上に次の複素数を表す点を示し，この複素数の絶対値を求めよ．

$$1+j2, \quad 1-j\sqrt{3}, \quad -2+j3, \quad -\sqrt{3}-j$$

例題 6-10 図 6-13 において，複素数 $\dot{z}=r+js$ を偏角 ϕ を使って表せ．

解 オイラーの公式（Euler's formula）は，α を実数として

$$e^{j\alpha} = \cos\alpha + j\sin\alpha \tag{6-26}$$

である．これを複素数 $\dot{z}$ に適用すると

$$\begin{aligned}\dot{z}=r+js &= |\dot{z}|\cos\phi + j|\dot{z}|\sin\phi \\ &= |\dot{z}|(\cos\phi + j\sin\phi) \\ &= |\dot{z}|e^{j\phi}\end{aligned} \tag{6-27}$$

と表すことができる．

重要： オイラーの公式は重要である．記憶せよ．

例題 6-11 複素数 $\dot{A}=2+j2\sqrt{3}$ を $|\dot{A}|e^{j\phi}$ の形式で表せ．

解 複素数 $\dot{A}=2+j2\sqrt{3}$ は，図 6-15 のように描ける．これを参照して，$|\dot{A}|=\sqrt{2^2+(2\sqrt{3})^2}=4$，$\tan\phi = 2\sqrt{3}/2 = \sqrt{3}$，よって $\phi=\pi/3$．式 (6-27) より，

$$\dot{A} = 4e^{j\pi/3}$$

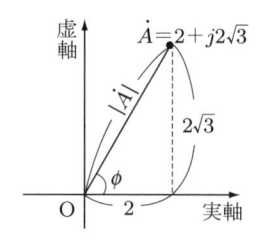

図 6-15 例題 6-11 の参考図

問 6-14 次の複素数を $|\dot{A}|e^{j\phi}$ の形式で表せ.

$$\dot{B} = -1 + j\sqrt{3}, \quad \dot{C} = -5j$$

さて，図 6-13 の OP に対応するベクトルを座標平面（xy 平面）に図 6-16 のように描く．その x 成分ベクトルを $\boldsymbol{r}$，y 成分ベクトルを $j\boldsymbol{s}$ と書けば，ベクトル OP は

$$\boldsymbol{r} + j\boldsymbol{s} \tag{6-28}$$

と表される．

ここで，ベクトル $j\boldsymbol{s}$ は，x 方向を向いているベクトル $\boldsymbol{s}$ の大きさを変えないで，その方向を反時計方向に $\pi/2\,\mathrm{rad}\,(90°)$ だけ回転させたものである（図 6-16 にはこのことも示してある）．

ベクトル $j\boldsymbol{s}$ の大きさは s であるから，ベクトル OP の大きさは $\sqrt{r^2 + s^2}$ となり，式 (6-24) と一致する．

以上の説明と，図 6-13 と図 6-16 を対比すれば分かるように，複素平面上に描いた複素数は，ベクトル OP に対応する．したがって，複素数をベクトルと同一視して取り扱うことができる．

なお，図 6-16 に関連して述べたように，<u>虚数記号 j はベクトルの方向を反時計方向に $\pi/2\,\mathrm{rad}\,(90°)$ 回転させる記号（**演算子**（operator））</u>であり，<u>$-j$ は，ベクトルの方向を時計方向に $\pi/2\,\mathrm{rad}\,(90°)$ 回転させる演算子</u>である．

> **重要：** j の意味を理解せよ（上のアンダーラインの 2 箇所）．本章の演習問題 8 参照．

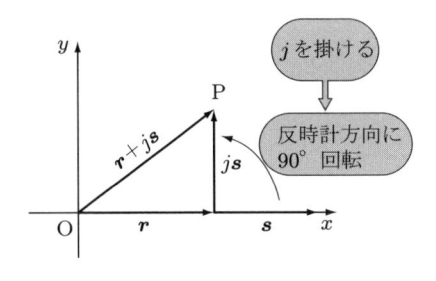

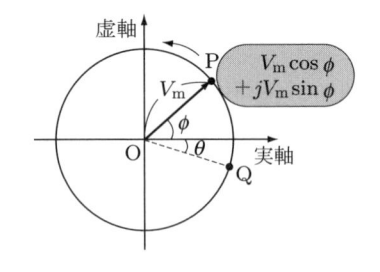

図 6-16 ベクトル $\boldsymbol{z} = \boldsymbol{r} + j\boldsymbol{s}$

図 6-17 複素平面と正弦波

6-5-2 交流の複素数表示

図 6-17 のように，複素平面上に原点 O を中心とする半径 V_m の円を描き，その円周上を反時計方向に点 P が回転しているとすると，点 P は，

$$\dot{v} = V_\mathrm{m} \cos\phi + jV_\mathrm{m} \sin\phi \tag{6-29}$$

と書ける．

等速で回転する点 P の $t = 0$ における位置を Q とするとき，OQ と実軸のなす角を θ とすれば，式 (6-3) を導いたときと同様に，式 (6-29) は，

$$\dot{v} = V_\mathrm{m} \cos(\omega t - \theta) + jV_\mathrm{m} \sin(\omega t - \theta) \tag{6-30}$$

と書き直すことができる．

V_m が電圧の最大値に等しいとき，複素数 $\dot{v}$ は電圧を表す．また，原点 O から電圧 $\dot{v}$ を表す点 P に引いたベクトルを電圧ベクトルという．電圧の最大値 V_m は電圧ベクトルの長さであり，複素数 $\dot{v}$ の絶対値 $|\dot{v}|$ である．

式 (6-30) の虚部は式 (6-3) と同じである．すなわち，式 (6-30) の虚部が電圧の瞬時値 v を表す．実際に測定される電圧は実数であるが，式を取り扱うときは，電圧 v の代わりに複素数 $\dot{v}$ を用いると大変便利であるため，複素数表示がよく用いられる．そして，最後に得られた解の虚部から，目的とする量を知るのである．

例題 6-12 式 (6-30) は $\dot{v} = \dot{V}\mathrm{e}^{j\omega t}$ と表されることを示せ．

解 オイラーの公式より，式 (6-30) は，

$$\dot{v} = V_\mathrm{m}\mathrm{e}^{j(\omega t - \theta)} \tag{6-31}$$

$$= \dot{V}\mathrm{e}^{j\omega t} \tag{6-32}$$

と変形できる．ただし

$$\dot{V} = V_\mathrm{m}\mathrm{e}^{-j\theta} \tag{6-33}$$

である．

同様に，複素電流 $\dot{i}$ は

$$\dot{i} = I_\mathrm{m} \mathrm{e}^{j(\omega t - \theta - \psi)} \tag{6-34}$$

$$= \dot{I} \mathrm{e}^{j\omega t} \tag{6-35}$$

と表される．ただし，

$$\dot{I} = I_\mathrm{m} \mathrm{e}^{-j(\theta + \psi)} \tag{6-36}$$

である．ここで，電圧と電流の位相差を ψ と書いた．ψ は正でも負でもよい．

電圧ベクトル $\dot{v}$ と電流ベクトル $\dot{i}$ は原点 O の周りに，角速度 ω で反時計方向に回転するベクトルであるが，電圧と電流の関係を見るときは，回転を表す因子 $\mathrm{e}^{i\omega t}$ を除いた式 (6-33) と式 (6-36) がよく使われる．

なお，$V_\mathrm{m} = |\dot{V}|$, $I_\mathrm{m} = |\dot{I}|$ である．

重要： 式 (6-31)〜式 (6-36) の表記法に慣れること．

6-5-3 複素電力

電圧と電流の間に位相差 ψ があるときの電力を求めよう．

例題 6-13 交流電圧 v と交流電流 i がそれぞれ，$v = V_\mathrm{m} \sin \omega t$, $i = I_\mathrm{m} \sin(\omega t - \psi)$ で与えられるとき，電力 P は $P = I_\mathrm{e} V_\mathrm{e} \cos \psi$ と書けることを示せ．ただし，I_e と V_e はそれぞれ i と v の実効値である．

解
$$P = \frac{1}{T} \int_0^T iv\, dt = \frac{1}{T} \int_0^T I_\mathrm{m} V_\mathrm{m} \sin(\omega t - \psi) \sin \omega t\, dt$$
$$= \frac{I_\mathrm{m} V_\mathrm{m}}{2} \frac{1}{T} \left\{ \int_0^T \cos \psi\, dt - \int_0^T \cos(2\omega t - \psi)\, dt \right\}$$

ここで $\omega T = \pi$ より（T は iv の周期），第 2 項の積分はゼロになるから，

$$P = I_\mathrm{e} V_\mathrm{e} \cos \psi \tag{6-37}$$

が得られる．ただし，式 (6-11)，式 (6-12) の関係を使った． ■

この電力 $I_\mathrm{e} V_\mathrm{e} \cos \psi$ が実際に負荷で消費される電力であり，これを**有効電力**（available power）という．これに対して $I_\mathrm{e} V_\mathrm{e} \sin \psi$ という量を**無効電力**

(reactive power) という．なお，$I_e V_e$ を**皮相電力** (apparent power) という．また $\cos\psi$ を**力率** (power factor) という．

I_e と V_e の単位がそれぞれ A および V であるとき，有効電力，無効電力，皮相電力の単位はそれぞれ W（ワット），Var（バール）および VA（ボルトアンペア）である．

次に，電圧と電流を複素数 $\dot{V}$ と $\dot{I}$ で表すとき，複素電力 $\dot{P}$ を次のように定義する．すなわち，

$$\dot{P} = \frac{1}{2}\bar{\dot{I}}\dot{V} \tag{6-38}$$

である．ここに $\bar{\dot{I}}$ は $\dot{I}$ の複素共役である．

> **補足：** 複素数 $r+js$ の複素共役は $r-js$ である．すなわち，$\mathrm{e}^{j\phi}$ の複素共役は $\mathrm{e}^{-j\phi}$ である．

> **例題 6-14** 複素電力 $\dot{P}$ の実部が有効電力 $I_e V_e \cos\psi$，虚部が無効電力を表すことを示せ．

【解】 $\dot{I} = I_m \mathrm{e}^{-j(\theta+\psi)}$ より，$\bar{\dot{I}} = I_m \mathrm{e}^{j(\theta+\psi)}$．これと $\dot{V} = V_m \mathrm{e}^{-j\theta}$ を式 (6-38) に代入すれば，

$$\dot{P} = \frac{1}{2} I_m \mathrm{e}^{j(\theta+\psi)} V_m \mathrm{e}^{-j\theta} = \frac{I_m}{\sqrt{2}} \frac{V_m}{\sqrt{2}} \mathrm{e}^{j\psi}$$

$$= I_e V_e \cos\psi + j I_e V_e \sin\psi \tag{6-39}$$

が得られる． ∎

以上のように，複素電力 $\dot{P}$ の実部から有効電力が求められ，虚部から無効電力が求められる．

> **補足：** $\dot{P} = \frac{1}{2}\bar{\dot{v}}\dot{i}$ と定義しても例題 6-14 と同じ結果が得られる．

演習問題

1. 50 Hz の交流電圧と交流電流の位相差が $\pi/4$ rad のとき,位相差を時間で表すと,何 ms か.
2. 角周波数の同じ二つの交流電圧 $v_1 = V_{m1}\sin(\omega t - \theta_1)$ と $v_2 = V_{m2}\sin(\omega t - \theta_2)$ の和は,同じ角周波数の正弦波となることを導け.
3. 角周波数の異なる二つの交流電圧 $v_1 = V_{m1}\sin(\omega_1 t - \theta_1)$ と $v_2 = V_{m2}\sin(\omega_2 t - \theta_2)$ の積は,角周波数 $(\omega_1 + \omega_2)$ の正弦波と角周波数 $(\omega_1 - \omega_2)$ の正弦波に分解できることを示せ.
4. 角周波数が等しい二つの交流電圧 $v_1 = V_{m1}\sin(\omega t - \theta_1)$ と $v_2 = V_{m2}\sin(\omega t - \theta_2)$ の積は,角周波数 2ω の正弦波成分と直流成分に分解できるが,直流成分の大きさが最大になる位相条件(θ_1 と θ_2 の関係)と,直流成分の大きさの最大値を求めよ.
5. 交流電圧 $v = V_m \sin \omega t$ の実効値 V_e と $|v|$ の平均値 V_a の比を求めよ.
6. $\dot{z} = r - js$ において(ただし $s > 0$),$|\dot{z}| = 5$, $r = 2$ のとき s と偏角 ϕ を求めよ.
7. $\dot{I}_1 = I_1$, $\dot{I}_2 = I_2 \cos\phi_2 + jI_2\sin\phi_2$ について,$\dot{I}_3 = \dot{I}_1 + \dot{I}_2$ のベクトル図を描け(ただし $\phi_2 > 0$ とする).次に $\dot{I}_3 = I_3 \cos\phi_3 + jI_3\sin\phi_3$ と書くとき,I_3 と ϕ_3 を求めよ.
8. $j = e^{j\pi/2}$ と表されることを示し,次に $j\dot{z}$ が $\dot{z}$ を複素平面上で反時計方向に $\pi/2$ rad 回転したものとなることを証明せよ.

7 交流回路理論（I）

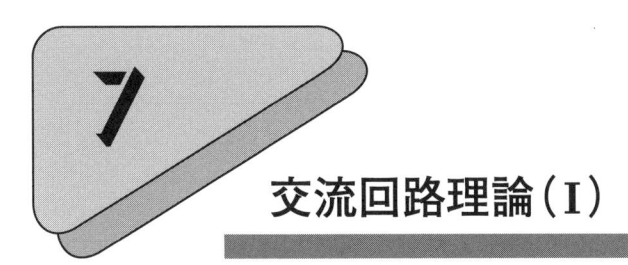

この章では，抵抗とコンデンサが正弦波交流電圧源につながれた回路をとりあげ，交流回路解析の基本を述べる．複素数による取扱いを導入する．

7-1　CR 回路（I）

7-1-1　定常状態における電流

図 5-1 に示した CR 直列回路の直流電圧源を，起電力

$$e = E_\mathrm{m} \sin \omega t \tag{7-1}$$

の交流電圧源に置き換えた場合の回路を図 7-1 に示す．ここでスイッチ S を閉じた後に，回路を流れる電流 i を以下の例題に従って求めよう．

例題 7-1　図 7-1 の回路を考える．時刻 $t = 0$ でスイッチ S を閉じた後，$t > 0$ の任意の時刻 t においてコンデンサに蓄えられている電荷 q を t の関数として求め，次に定常状態における q を書き表せ．

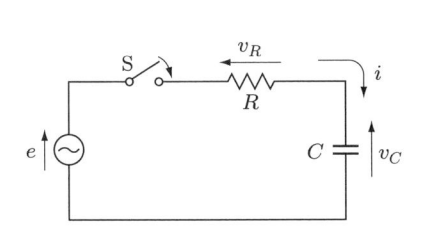

図 7-1　CR 直列回路

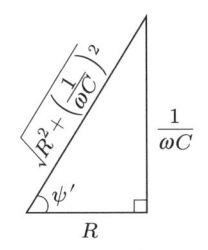

図 7-2　例題 7-1 の参考図

解 例題 5-1 をもう一度復習すれば，基本となる微分方程式は，式 (5-6) の起電力 E を，式 (7-1) で表される $E_\mathrm{m}\sin\omega t$ で置き換えれば良いことが分かる．すなわち微分方程式は

$$R\frac{dq}{dt} + \frac{1}{C}q = E_\mathrm{m}\sin\omega t \tag{7-2}$$

と書ける．

この式の右辺は t の関数なので，例題 5-2 で行ったような変数分離法が使えないから，第 5 章の式 (5-14) を用いると，

$$q = \frac{E_\mathrm{m}}{R}\frac{1}{1+(\omega CR)^2}(CR\sin\omega t - \omega C^2 R^2\cos\omega t) + ce^{-\frac{t}{CR}} \tag{7-3}$$

が得られる（本章の演習問題 1）．

この式の第 2 項は，第 5 章で見たように，t とともに減衰し（時定数 $\tau = CR$），定常状態ではゼロになる．すなわち，定常状態では第 1 項のみを考えればよい．

図 7-2 を参照すると，式 (7-3) の第 1 項は次のように変形され，電荷 q は正弦波となる（本章の演習問題 2）．

$$q = -\frac{E_\mathrm{m}}{\omega}\frac{1}{\sqrt{R^2+(1/\omega C)^2}}\cos(\omega t + \psi') \tag{7-4}$$

$$= \frac{E_\mathrm{m}}{\omega}\frac{1}{\sqrt{R^2+(1/\omega C)^2}}\sin\left(\omega t + \psi' - \frac{\pi}{2}\right) \tag{7-5}$$

ただし，

$$\tan\psi' = \frac{1/\omega C}{R} = \frac{1}{\omega CR} \tag{7-6}$$

である． ■

例題 7-2 図 7-1 の回路でスイッチ S を閉じた後，定常状態において回路を流れる電流 i を求めよ．

解 式 (5-3) に式 (7-4) を代入すれば，

$$i = \frac{dq}{dt} = \frac{E_\mathrm{m}}{\sqrt{R^2+(1/\omega C)^2}}\sin(\omega t + \psi') \tag{7-7}$$

が得られる． ■

このように，起電力が正弦波のとき，定常状態では，回路を流れる電流も正弦波で表される．しかし，起電力 e と電流 i は，$\psi' = \tan^{-1}(1/\omega CR)$ だけ位相が異

なる（式 (7-1) と式 (7-7) を比較）．

> 注意： 上のアンダーラインの部分

ここではまず，スイッチ S を閉じた直後の電荷は，式 (7-3) で表されるように，正弦波（第 1 項）と，時定数 $\tau = CR$ をもって減少する指数関数（第 2 項）の和で表されることを述べた．しかし，スイッチ S を閉じてから τ の数倍の時間を経過すれば実質的には定常状態に達し，コンデンサの電荷は正弦波で表される．したがって，電流も定常状態に達し正弦波で表される．これ以降は，定常状態を扱うものとする．そこで，図 7-3 のように回路を描き，スイッチを描かない．

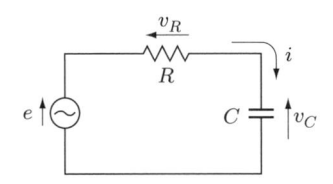

図 7-3 CR 直列回路

7-1-2 電流と電圧の位相差

抵抗では，抵抗両端の電圧 v_R と抵抗を流れる電流 i の位相が等しいことを第 6 章（6-4 節）で述べた．

ところがコンデンサでは，その両端電圧 v_C とコンデンサを流れる電流 i の位相は等しくなく，$\pi/2\,\mathrm{rad}\,(90°)$ ずれる．次の例題でこれを調べよう．

> **例題 7-3** 図 7-3 の回路で，コンデンサ両端の電圧 v_C を求め，次に，v_C とコンデンサを流れる電流 i を同じ時間スケールで図示し，v_C と i の位相差を調べよ．

解 コンデンサ両端の電圧 v_C は，式 (7-5) から，

$$v_C = \frac{q}{C} = \frac{1}{\omega C} \frac{E_\mathrm{m}}{\sqrt{R^2 + (1/\omega C)^2}} \sin\left(\omega t + \psi' - \frac{\pi}{2}\right) \tag{7-8}$$

と求められる．

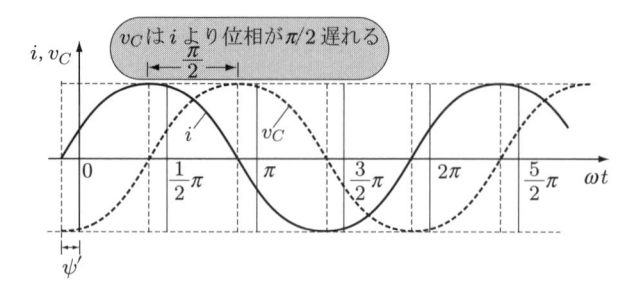

図 7-4 i と v_C の波形. v_C は i より位相が $\pi/2\,\mathrm{rad}$ 遅れる.

式 (7-7) で表される電流 i と式 (7-8) で表される電圧 v_C を同時に描けば，図 7-4 のようになる．なお，この図では電流と電圧の最大値をそろえて描いた．

この図または式 (7-7) と式 (7-8) との比較から，<u>コンデンサ両端の電圧は電流より位相が $\pi/2\,\mathrm{rad}(90°)$ 遅れる（または，電流は電圧より位相が $\pi/2\,\mathrm{rad}(90°)$ 進む）</u>ことが分かる． ■

> **重要：** 上のアンダーラインの部分．

7-1-3 コンデンサで消費される電力

抵抗に電流 i を流す（あるいは電圧 v_R を印加する）と，式 (6-23) に示す量の電力が消費される．しかし，コンデンサでは電力が消費されない．このことを以下の例題に従って確認しよう．

> **例題 7-4** コンデンサで消費される電力を求めよ．

［解］ コンデンサ両端の電圧 v_C とコンデンサを流れる電流 i の位相差を ψ とすれば，コンデンサで消費される電力は例題 6-13 で求めたように $P = I_e V_e \cos\psi$ である．ただし，I_e と V_e はそれぞれ i と v_C の実効値である．$\psi = -\pi/2$ であるから，$P = 0$ となる． ■

> **補足：** 例題 6-13 では電流の位相が電圧より ψ だけ遅れている．コンデンサの場合は電流の位相が $\pi/2\,\mathrm{rad}$ 進むので，ψ の符号が反対になるが，$\cos(-\psi) = \cos\psi$ であるから，符号は考えなくてよい．
>
> **重要：** コンデンサでは電力が消費されない．

7-1-4 インピーダンス

図 7-3 に示す回路において,起電力の大きさと電流の大きさは,回路のインピーダンス (impedance) という量で結びつけられる.これについて理解を深めよう.

例題 7-5 図 7-3 の回路において, i と v_C の実効値をそれぞれ I_e, V_e とするとき, $V_e = (1/\omega C) I_e$ となることを示せ.

[解] i と v_C の最大値をそれぞれ I_m, V_m と書けば,これらはそれぞれ式 (7-7) と式 (7-8) より

$$I_m = \frac{E_m}{\sqrt{R^2 + (1/\omega C)^2}} \tag{7-9}$$

$$V_m = \frac{1}{\omega C} \frac{E_m}{\sqrt{R^2 + (1/\omega C)^2}} \tag{7-10}$$

である.
　上の 2 式より, $I_e = I_m/\sqrt{2}$, $V_e = V_m/\sqrt{2}$ を使って,

$$V_e = \frac{1}{\omega C} I_e \equiv X_C I_e \tag{7-11}$$

が得られる.
　ここで,

$$X_C = \frac{1}{\omega C} \tag{7-12}$$

とおいた. ∎

式 (7-12) で定義される X_C は**容量リアクタンス** (capacitive reactance) (簡単にリアクタンスともいう) と呼ばれ,その単位は Ω である.式 (7-11) は直流回路のオームの法則と同じ形をしていて, X_C は直流回路の抵抗に相当する.

例題 7-6 電源の起電力の実効値と,回路を流れる電流の実効値との間の関係式を求めよ.

[解] 正弦波交流電源の起電力の実効値を E_e と書けば, $E_m = \sqrt{2} E_e$ であり,また $I_m = \sqrt{2} I_e$ であるから,式 (7-9) は,

$$I_e = \frac{E_e}{\sqrt{R^2 + (1/\omega C)^2}} = \frac{E_e}{Z} \tag{7-13}$$

のように書きなおせる．

ここで，

$$Z = \sqrt{R^2 + (1/\omega C)^2} = \sqrt{R^2 + X_C^2} \tag{7-14}$$

とおいた． ∎

式 (7-13) から分かるように，Z は，C と R が直列接続された交流回路の電流の流れにくさを表す量で，回路のインピーダンスと呼ばれる．単位はオーム Ω である．このインピーダンス Z を用いれば，図 7-3 の回路を図 7-5 のように描くことができる．

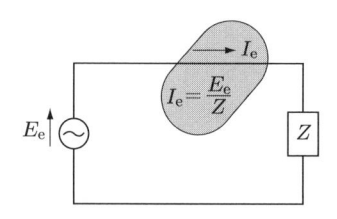

図 7-5　回路のインピーダンス

式 (7-13) の Z を，直流回路における電源からみた回路抵抗と同様のものと考えれば，式 (7-13) は直流回路のオームの法則に相当する．このように，インピーダンスを用いると交流回路を直流回路に類似のものと考えることができて，いろいろ便利である．しかし，このままでは起電力と電流の位相関係がはっきりしない欠点がある．次節でこれを改良する方法を扱おう．

7-2　CR 回路（II）

7-2-1　複素数表示

前節で，CR 直列回路に正弦波の起電力を印加するとき，回路に流れる電流は，定常状態では正弦波になるということを明らかにした．この節では，このことを前提にして，定常状態における，起電力と電流の関係を書き表す便利な表現方法を述べる．

図 7-3 の回路方程式は式 (7-2) であるが，これをもう一度書くと

$$e = R\frac{dq}{dt} + \frac{1}{C}q \tag{7-15}$$

である（ただし，右辺と左辺を入れ替えた）．

式 (5-3) を用いてこの式を書き直すと，

$$e = Ri + \frac{1}{C}\int i\,dt \tag{7-16}$$

となる．

> **補足：** $i = dq/dt$ より，$q = \int i\,dt$．ただし，式 (7-4) または式 (7-5) より q は正弦波であるから積分定数はゼロ．

> **例題 7-7** 複素数表示を用いて，図 7-3 に示す回路の起電力と電流の関係を求めよ．

解 起電力 e と電流 i のそれぞれを，第 6 章で述べた複素数表示を用いて，

$$\dot{e} = \dot{E}\mathrm{e}^{j\omega t} \tag{7-17}$$

$$\dot{i} = \dot{I}\mathrm{e}^{j\omega t} \tag{7-18}$$

で置き換えると（例題 6-12 参照），式 (7-16) は

$$\dot{E}\mathrm{e}^{j\omega t} = R\dot{I}\mathrm{e}^{j\omega t} + \frac{1}{C}\int \dot{I}\mathrm{e}^{j\omega t}dt \tag{7-19}$$

となる．

上式の積分を実行し，両辺を $\mathrm{e}^{j\omega t}$ で割ると

$$\dot{E} = R\dot{I} + \frac{1}{j\omega C}\dot{I} \tag{7-20}$$

が得られる．これは次のように書いてもよい．

$$\dot{E} = R\dot{I} - j\frac{1}{\omega C}\dot{I} \tag{7-21}$$

■

式 (7-20) と式 (7-21) には時間に関する因子 $\mathrm{e}^{j\omega t}$ が含まれないから，これらの式は，図 7-3 の回路よりも，時間を含まない複素数 $\dot{E}$ と $\dot{I}$ を用いる図 7-6 で考えると理解しやすい．これらの式の第 1 項 $R\dot{I}$ は R における電圧降下 v_R に対応するベクトル $\dot{V}_R$（因子 $\mathrm{e}^{j\omega t}$ を含まない）を表し，第 2 項の $(1/j\omega C)\dot{I}$

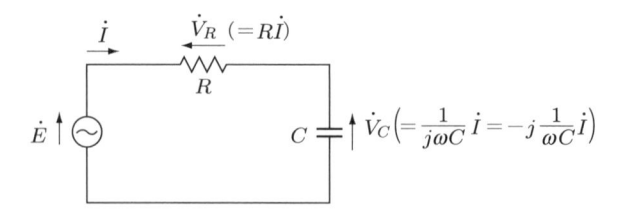

図 7-6 複素数表示による CR 直列回路

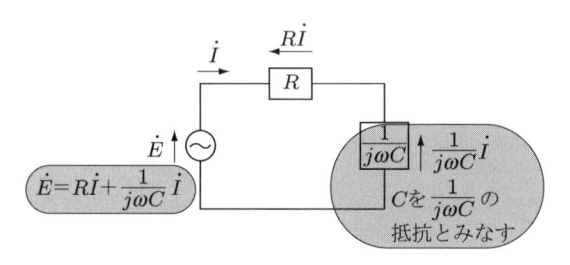

図 7-7 図 7-6 の書き換え

と $-j(1/\omega C)\dot{I}$ は C における電圧降下 v_C に対応するベクトル $\dot{V}_C$（因子 $e^{j\omega t}$ を含まない）を表す．これらを図 7-6 に書き込んである．

第 2 項の，$1/j\omega C$（または $-j(1/\omega C)$）を使い，図 7-6 の回路を図 7-7 のように書き直してみる．$1/j\omega C$（または $-j(1/\omega C)$）を抵抗値とみなし，起電力 $\dot{E}$ と電流 $\dot{I}$ を直流の起電力 E と電流 I のように考えてキルヒホッフの第 2 法則を書けば，$\dot{E} - R\dot{I} - (1/j\omega C)\dot{I} = 0$ となる．すなわち，式 (7-20) が得られる．

> **重要：** すぐ上に記したことを理解し，図 7-3 の回路を見たら，ただちに $\dot{E}$ と $\dot{I}$ を用いてキルヒホッフの第 2 法則が書けること．すなわち，式 (7-20) と式 (7-21) がただちに書けること．
> **補足：** 本書では，電流と電圧に関する量を表す $\dot{I}$, $\dot{E}$, $\dot{V}_R$ あるいは $\dot{V}_C$ のような因子 $e^{j\omega t}$ を含まない（時間に依らない）複素数を大文字で書く．

例題 7-8 式 (7-21) を複素平面上に描け．なお，電流 $\dot{I}$ を実軸に一致させよ．

解 前章6-5節で述べたように，$-j$ は複素平面上でベクトルの方向を時計まわりに $\pi/2\,\mathrm{rad}\,(90°)$ 回転させる演算子であるから，電流 $\dot{I}$ の位相角を任意にとれば，式(7-21) は図7-8 に示すようになる．

実際に必要なのは，起電力と電流の関係であるから，起電力か電流のどちらかを実軸に一致させて描くのが普通である．このようにしても，起電力と電流の関係には何の変化も生じない．

この考えに立って，電流を実軸に一致させて描くと，式(7-21) は図7-9 に示すようになる． ■

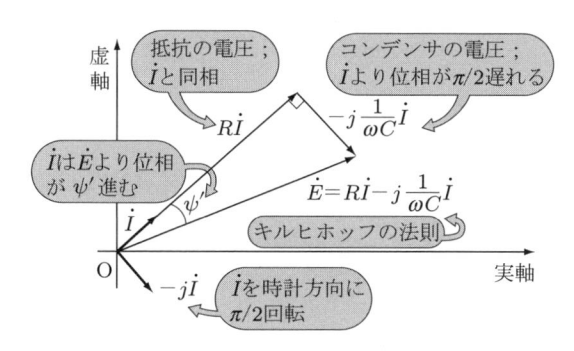

図 7-8 式 (7-21) のベクトル図

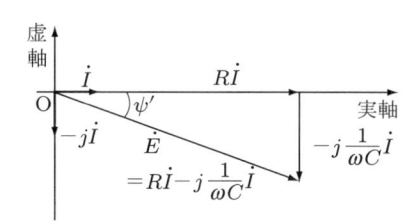

図 7-9 $\dot{I}$ を実軸に一致させたベクトル図

例題 7-9 図 7-6 に示す CR 回路において，回路を流れる電流と起電力の位相差を求めよ

解 図7-8（図7-9でもよい）において，ベクトル $\dot{I}$ とベクトル $\dot{E}$ のなす角 ψ' は，電流 $\dot{I}$ と起電力 $\dot{E}$ の位相差であるから，図7-8 または図7-9 より，

$$\tan\psi' = \frac{\dfrac{1}{\omega C}|\dot{I}|}{R|\dot{I}|} = \frac{1}{\omega CR} \tag{7-22}$$

が得られる．この式は式 (7-6) と同じである． ∎

図 7-8 または図 7-9 のベクトル図において，ベクトル $\dot{I}$ はベクトル $\dot{E}$ より，角度 ψ' だけ前にある（反時計回りを正にとったので）．このことは，電流は起電力より位相が ψ' だけ進む（または，起電力は電流より位相が ψ' だけ遅れる），ということを表している．

> **例題 7-10** コンデンサの両端の電圧と，コンデンサを流れる電流の位相差を，ベクトル図を使って考察せよ．

解 図 7-6 に書き込んだように，式 (7-21) の $R\dot{I}$ は抵抗両端の電圧 v_R のベクトル $\dot{V}_R$ を表し，$-j(1/\omega C)\dot{I}$ はコンデンサ両端の電圧 v_C のベクトル $\dot{V}_C$ を表す．
図 7-8 または図 7-9 において，v_C のベクトル $\dot{V}_C = -j(1/\omega C)\dot{I}$ は，電流ベクトル $\dot{I}$ を時計方向に $\pi/2\,\mathrm{rad}\,(90°)$ 回転させた方向を向いている．すなわち，v_C は電流 i より位相が $\pi/2\,\mathrm{rad}\,(90°)$ 遅れる． ∎

この結論は例題 7-3 で得たものと同じである．以上見てきたように，複素数で表示すればベクトル図が簡単に描けて，位相のずれがただちに分かるという利点がある．

> **重要：** 複素平面上に描いたベクトル図で，位相のずれが理解できるようになること．
> **コツ：** 電圧 v_C と電流 i の位相差の覚え方 $\Leftrightarrow \dot{V}_C = -j(1/\omega C)\dot{I}$ より，「$\dot{V}_C$ は $\dot{I}$ より位相が $\pi/2\,\mathrm{rad}\,(90°)$ 遅れる（$-j$ が掛かっているから）」．

7-2-2 複素インピーダンス

式 (7-20) と式 (7-21) は次のように書くこともできる．すなわち，

$$\dot{E} = \left(R + \frac{1}{j\omega C}\right)\dot{I} \tag{7-23}$$

$$\dot{E} = \left(R - j\frac{1}{\omega C}\right)\dot{I} \tag{7-24}$$

ここで，回路の**複素インピーダンス**（complex impedance）$\dot{Z}$ を，直流のオー

ムの法則と類似するように，

$$\dot{I} = \frac{\dot{E}}{\dot{Z}} \qquad (7\text{-}25)$$

で定義すれば，式 (7-23) と式 (7-24) より，

$$\dot{Z} = R + \frac{1}{j\omega C} = R - j\frac{1}{\omega C} \qquad (7\text{-}26)$$

と書くことができる．

なお，複素インピーダンスをベクトルインピーダンス (vector impedance) ということもあるが，簡単にインピーダンスということもある．

例題 7-11 式 (7-26) で表される複素インピーダンス $\dot{Z}$ を複素平面に描け．そして $\dot{Z}$ の絶対値を求めよ．

[解] 式 (7-26) は，図 7-10 のように複素平面に描くことができる．これより，$\dot{Z}$ の絶対値（すなわちベクトルの長さ）は，

$$Z = |\dot{Z}| = \sqrt{R^2 + (1/\omega C)^2} \qquad (7\text{-}27)$$

と，式 (7-14) と同じになる． ∎

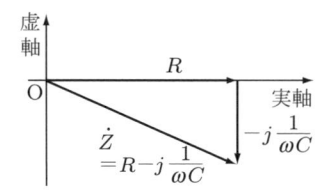

図 7-10 複素インピーダンスのベクトル図

以上，R と C が直列に接続されている回路の複素インピーダンスを説明したが，一般的に言えば，図 7-11 に示すように，回路の二つの端子 AB 間の電圧を $\dot{V}$，端子を流れる電流を $\dot{I}$ とするとき，$\dot{Z} = \dot{V}/\dot{I}$ を AB 間の複素インピーダンスという．

ここに示した回路は複数の回路素子で構成されていてもよいし，R や C が一つだけであってもよい．後者の場合は，図 7-6 に記入してあるように R と C

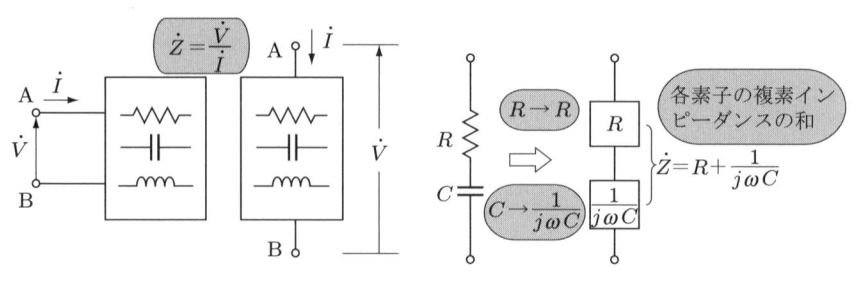

図7-11 複素インピーダンスの定義　　**図7-12** CR 直列接続と複素インピーダンス

の両端電圧はそれぞれ $R\dot{I}$ と $(1/j\omega C)\dot{I} = (-j/\omega C)\dot{I}$ であるから，抵抗 R と容量 C の複素インピーダンスはそれぞれ，R と $1/j\omega C$（または $-j/\omega C$）である．

このように各素子の複素インピーダンスを定義すれば，R と C が直列に接続されている回路の複素インピーダンスは「**各素子の複素インピーダンスの和で表される**」ということを，式 (7-26) は示している（図 7-12 参照）．これは，直列接続した抵抗の合成抵抗が各抵抗の和で書き表せることに対応している．

> **注意**：複素インピーダンスにおける和の意味は，それぞれの要素の<u>大きさの和ではなくて</u>，図 7-10 に示したように，<u>ベクトルの和である</u>ということに注意．
>
> **補足**：　容量 C に対応する複素インピーダンス $-j(1/\omega C)$ は，式 (7-12) を使って $-jX_C$ と表されるように，複素数表示された容量リアクタンスである．複素インピーダンスは抵抗と複素数表示された容量リアクタンスを総称する用語である．

7-2-3　並 列 接 続

これまで C と R の直列接続を扱ってきた．ここでは C と R の並列接続について調べる．

例題 7-12　図 7-13 (a) に示す C と R の並列接続の複素インピーダンスを求めよ．

[解]　図 7-13 (a) の破線で示すように起電力 $e = E_m \sin \omega t$ の交流電圧源を接続し，回路を流れる電流と起電力の関係を調べる．抵抗を流れる電流を i_R，コンデンサ

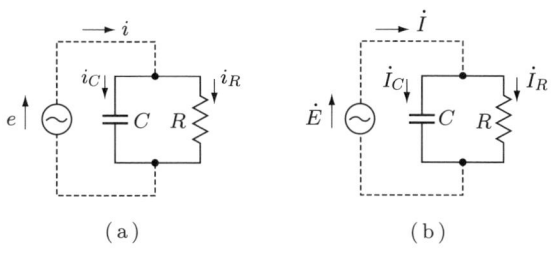

図 7-13 CR 並列接続

を流れる電流を i_C とすれば，
$$e = Ri_R \tag{1}$$
また，
$$e = \frac{q}{C} = \frac{1}{C}\int i_C dt \tag{2}$$
が成り立つ．

複素数表示すると式 (1) は $\dot{e} = R\dot{i}_R$，式 (2) は $\dot{e} = \dfrac{1}{C}\int \dot{i}_C dt = \dfrac{1}{j\omega C}\dot{i}_C$ と書けるから，$\dot{i}_R = \dot{e}/R$，$\dot{i}_C = j\omega C \dot{e}$ となる．これらをキルヒホッフの第 1 法則 $\dot{i} = \dot{i}_R + \dot{i}_C$ に代入し，両辺を $e^{j\omega t}$ で割れば，
$$\dot{I} = \dot{I}_R + \dot{I}_C = \left(\frac{1}{R} + j\omega C\right)\dot{E} \tag{3}$$
が得られる．

回路の複素インピーダンス $\dot{Z}$ は，図 7-13 (b) において $\dot{I} = \dot{E}/\dot{Z}$ で定義されるから，式 (3) より，
$$\frac{1}{\dot{Z}} = \frac{1}{R} + \frac{1}{\dfrac{1}{j\omega C}} \tag{7-28}$$
が得られる． ∎

式 (7-28) は，複素インピーダンスの逆数は，R の逆数と，C に対応する複素インピーダンス $1/j\omega C$ の逆数の和に等しい，ということを示していて，並列接続した抵抗の合成抵抗の式に対応している．

なお，複素インピーダンス $\dot{Z}$ の逆数 $\dot{Y}(=1/\dot{Z})$ を**複素アドミタンス** (complex admittance) という．R と C に対応する複素アドミタンスはそれぞれ $1/R$ と $j\omega C$ であるから，式 (7-28) は，回路の複素アドミタンスが R と C の複素アドミタンスの和になることを示している．これは並列コンダクタンスの合成の

式に対応する．

以上，CR 直列接続と CR 並列接続を見てきたが，これらから類推されるように，電流や起電力を複素数で表し，コンデンサの複素インピーダンスを形式的に $1/j\omega C$ の抵抗とみなすと，交流回路を直流回路と同じように記述できる．したがって，回路解析が簡単になる．

なお，説明は省略するが，式の変形は電流や起電力が複素数であることを意識せず，通常の代数式であるように行ってよい．

> 補足： 上のアンダーラインの部分に従えば，例題 7-12 の式 (3) は，C のインピーダンスが $1/j\omega C$ であることを使って，キルヒホッフの第 1 法則より直接書くことができる．
>
> コツ： 上のアンダーラインの部分．$R \Leftrightarrow R$, $C \Leftrightarrow 1/j\omega C$ または $-j(1/\omega C)$ を覚える．
>
> 注意： 複素数表示における起電力や電圧，電流の大きさは，絶対値 $|\dot{E}|$, $|\dot{V}|$, $|\dot{I}|$ で表されるが，これらのすべてに $1/\sqrt{2}$ を掛けても，起電力，電圧，電流の関係式は変わらないから，$|\dot{E}|$, $|\dot{V}|$, $|\dot{I}|$ を実効値とする本もある．その場合，式 (6-38) で定義した複素電力 $\dot{P}$ は $\dot{P} = \bar{\dot{I}}\dot{V}$ と書け，分母に 2 がつかない．

7-2-4 複素インピーダンスの計算

各素子の複素インピーダンスを用いれば，直流回路における抵抗の合成と同様の方法で交流回路の複素インピーダンスを求めることができる．

> **例題 7-13** 図 7-14 (a) に示す回路の複素インピーダンスを求めよ．ただし，$\omega = 1 \times 10^3$ rad/s とする．

解 10 μF のコンデンサの複素インピーダンスは
$$\frac{1}{j\omega C} = \frac{1}{j \times 1 \times 10^3\,[\text{rad/s}] \times 10 \times 10^{-6}\,[\text{F}]} = \frac{1}{10^{-2}j}\,[\Omega]$$
である．

抵抗 50 Ω と容量 10 μF の並列インピーダンス $\dot{Z}_1$ は，
$$\frac{1}{\dot{Z}_1} = \frac{1}{50\,[\Omega]} + \frac{1}{1/j\omega C} = \frac{1}{50}\,[\Omega^{-1}] + 10^{-2}j\,[\Omega^{-1}]$$

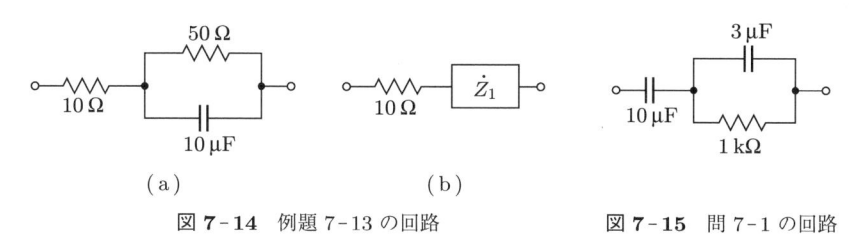

(a) ／ (b)

図 **7-14** 例題 7-13 の回路　　　図 **7-15** 問 7-1 の回路

より，

$$\dot{Z}_1 = \frac{1}{(1/50) + 10^{-2}j} = \frac{10^2}{2+j} = \frac{10^2(2-j)}{(2+j)(2-j)} = \frac{10^2(2-j)}{5}$$
$$= 40 - 20j\,[\Omega]$$

となる．

全インピーダンス $\dot{Z}$ は，図 7-14(b) に示すように，$\dot{Z}_1$ と抵抗 $10\,\Omega$ の直列接続だから，

$$\dot{Z} = (40 - 20j)\,[\Omega] + 10\,[\Omega] = 50 - 20j\,[\Omega]$$

となる． ■

問 7-1 図 7-15 の回路の複素インピーダンスを求めよ．ただし，$\omega = 1 \times 10^3\,\mathrm{rad/s}$ とする．

7-2-5　簡単な CR 回路の応用

ここでは，コンデンサと抵抗を用いる簡単な応用回路を解析してみよう．

例題 7-14　図 7-16 の回路で，抵抗 R の両端に現れる電圧 $\dot{V}_R$ の大きさ $|\dot{V}_R|$ と，位相（$\dot{E}$ と $\dot{V}_R$ の位相差）の角周波数依存性を求め，これらを図示せよ．

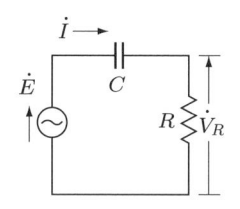

図 **7-16** 例題 7-14 の回路

解 回路を流れる電流 $\dot{I}$ は,

$$\dot{I} = \frac{\dot{E}}{\dot{Z}} = \frac{1}{R - j(1/\omega C)}\dot{E}$$

であるから, $\dot{V}_R$ は,

$$\dot{V}_R = R\dot{I} = \frac{R}{R - j(1/\omega C)}\dot{E} \tag{7-29}$$

と表される. したがって, $|\dot{V}_R|$ は

$$|\dot{V}_R| = \frac{R}{\sqrt{R^2 + \left(\dfrac{1}{\omega C}\right)^2}}|\dot{E}| \tag{7-30}$$

と書ける.

これより, $\omega \to 0$ で $|\dot{V}_R| \to 0$, $\omega \to \infty$ で $|\dot{V}_R| \to |\dot{E}|$, また $R = 1/\omega C$, すなわち $\omega = 1/CR$ のとき $|\dot{V}_R| = |\dot{E}|/\sqrt{2}$ となる. これらの値を考慮すれば, $|\dot{V}_R|$ の角周波数依存性は図 7-17 (a) のようになる. ただし, 縦軸は規格化して, $|\dot{V}_R|/|\dot{E}|$ で描いた. また, 横軸は角周波数の対数で示した.

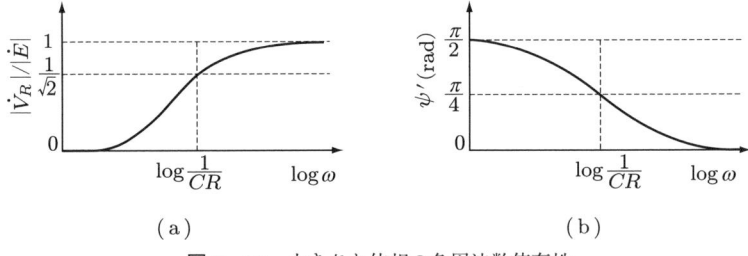

図 7-17 大きさと位相の角周波数依存性

次に, 式 (7-29) を整理して,

$$\dot{V}_R = \frac{R^2}{R^2 + \left(\dfrac{1}{\omega C}\right)^2}\dot{E} + j\frac{R}{\omega C}\frac{1}{R^2 + \left(\dfrac{1}{\omega C}\right)^2}\dot{E} \tag{7-31}$$

と書く.

この式を図 7-18 のように複素平面に描けば ($\dot{E}$ を実軸に一致させて描いた), $\dot{E}$ に対する $\dot{V}_R$ の位相差を ψ' とするとき, $\tan \psi'$ は

$$\tan \psi' = \frac{R/\omega C}{R^2} = \frac{1}{\omega CR} \tag{7-32}$$

となることが分かる.

これより, $\omega \to 0$ で $\tan \psi' \to \infty$, すなわち $\psi' \to \pi/2\,\mathrm{rad}$, $\omega \to \infty$ で $\tan \psi' \to 0$, すなわち $\psi' \to 0$, $\omega = 1/CR$ のとき $\tan \psi' = 1$, すなわち $\psi' = \pi/4\,\mathrm{rad}$ となる. こ

7-2 CR回路（II）

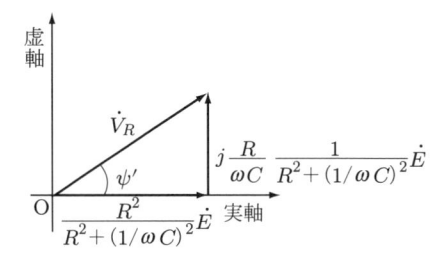

図 7-18 式 (7-31) のベクトル図

れらの値を考慮すれば，位相差 ψ' の角周波数依存性は図 7-17 (b) のようになる．

> **補足：** $\omega \to 0$ ではコンデンサの寄与が大きく $(1/\omega C \gg R)$，$\dot{E} \approx \dot{V}_C$．$\dot{I}$ は $\dot{V}_C$ より位相が $\pi/2\,\mathrm{rad}$ 進むが，$\dot{V}_R$ と $\dot{I}$ は同相なので，$\dot{V}_R$ は $\dot{E}$ より位相が $\pi/2\,\mathrm{rad}$ 進む．$\omega \to \infty$ では C の寄与が小さいから $(1/\omega C \ll R)$，$\dot{E} \approx \dot{V}_R$．すなわち $\dot{V}_R$ は $\dot{E}$ と同相．

問 7-2 図 7-16 で $C = 1\,\mu\mathrm{F}$，$R = 1\,\mathrm{k}\Omega$ のとき，$|\dot{V}_R|$ が $|\dot{E}|$ の $1/\sqrt{2}$ になる角周波数を求めよ．

> **例題 7-15** 図 7-16 の回路で，抵抗 R の両端に現れる電圧 $\dot{V}_R$ の大きさの角周波数依存性が図 7-17 (a) のようになる理由を定性的に説明せよ．

[解] コンデンサの容量リアクタンス $1/\omega C$ は，(1) 直流では無限大であり，(2) 周波数が高くなるにつれ小さくなる．(3) そして高周波の極限ではゼロになる．
　これより，(1) 周波数ゼロの直流では電流が回路に流れず，抵抗には電圧が現れない．(2) 周波数が高くなるにつれ，リアクタンスが減少するのでコンデンサでの電圧降下が小さくなり，その分，抵抗での電圧降下が増す．すなわち，抵抗に現れる電圧は周波数とともに増加する．(3) 周波数無限大の極限ではリアクタンスがゼロになるから，コンデンサでの電圧降下がゼロになり，電源電圧はすべて抵抗にかかる．したがって，抵抗に現れる電圧は電源電圧に等しくなる．■

> **補足：** 図 7-16 の回路は，図 5-8 に示した微分回路の電源（信号源）を正弦波に置き換えたものと同じ形をしているが，以上述べたように，回路の役割は全く異なる．

発展: 図 7-19 の回路は，端子 AA′ 間に信号電圧を入力し，端子 BB′ 間の電圧，すなわち抵抗両端の電圧 v_R を出力信号としてとり出すものである．この回路は図 7-16 と同じものであるから，図 7-17(a) から分かるように，高い周波数の信号を入力するとき，出力電圧 v_R は入力電圧にほぼ等しいが，低い周波数の信号を入力するときは，出力電圧 v_R は入力電圧より小さくなる．

このことは，信号の弁別に用いることができる．幾つかの周波数からなる信号（例えば音声のような）電圧を，この回路の入力端 AA′ に加えると，高い周波数成分は出力端 BB′ に現れるが，低い周波数成分は出力端 BB′ に現れない．

高い周波数成分のみを通過させる機能を有する回路を**高域フィルタ** (high pass filter) というが，図 7-19 の回路はその最も簡単なものの例である．

図 7-20 は，低い周波数の信号を通過させる**低域フィルタ** (low pass filter) の例である．その原理を例題 7-14 と例題 7-15 にならって考えてみよ（本章の演習問題 6）．

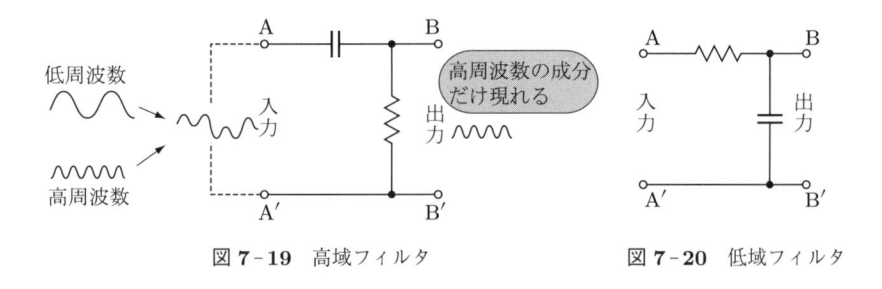

図 7-19　高域フィルタ

図 7-20　低域フィルタ

7-3　現実のコンデンサ

7-3-1　$\tan\delta$

これまで，コンデンサを理想的なものとして取り扱ってきた．理想コンデンサではコンデンサを流れる電流 $\dot{I}$ はコンデンサに掛かる電圧 $\dot{V}_C$ より位相が $\pi/2\,\mathrm{rad}$ だけ進む．

しかし，現実のコンデンサは様々な理由により，$\dot{I}$ と $\dot{V}_C$ の位相差が $\pi/2\,\mathrm{rad}$ より小さい．位相差の $\pi/2\,\mathrm{rad}$ からのずれを通常 $\delta\,[\mathrm{rad}]$ と書く．δ が小さいほど理想コンデンサに近いから，δ の大きさによってコンデンサの良否が評価できるが，後に述べる理由により，通常は $\tan\delta$ の値によって評価している．

7-3 現実のコンデンサ

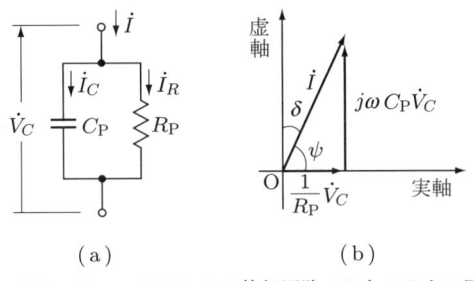

(a) (b)

図 7-21 コンデンサの等価回路 (a) とベクトル図 (b)

現実のコンデンサの等価回路は，たとえば図 7-21(a) のように書ける．

例題 7-16 図 7-21(a) の等価回路において，電流 $\dot{I}$ と電圧 $\dot{V}_C$ の関係を表すベクトル図を描き，次に $\tan\delta$ を求めよ．

[解] R_P と C_P を流れる電流をそれぞれ，$\dot{I}_R$，$\dot{I}_C$ と書けば，$\dot{I}_R = \dot{V}_C/R_\mathrm{P}$，$\dot{I}_C = j\omega C_\mathrm{P} \dot{V}_C$ と書けるから，キルヒホッフの第 1 法則より，

$$\dot{I} = \frac{1}{R_\mathrm{P}}\dot{V}_C + j\omega C_\mathrm{P}\dot{V}_C \tag{7-33}$$

が得られ，ベクトル図は図 7-21(b) のようになる．
ベクトル図を参照すれば，

$$\tan\delta = \frac{1}{\omega C_\mathrm{P} R_\mathrm{P}} \tag{7-34}$$

が得られる． ■

理想コンデンサでは $\dot{I}$ と $\dot{V}_C$ の位相差は $\pi/2\,\mathrm{rad}$ であるが，現実のコンデンサでは，図 7-21(b) に示すように，$\dot{I}$ と $\dot{V}_C$ の位相差 ψ は $\pi/2\,\mathrm{rad}$ より $\delta\,[\mathrm{rad}]$ だけ小さくなる．

式 (7-34) より，R_P が小さいと $\tan\delta$ が大きくなる．

補足： δ がゼロにならない理由として，誘電体の分極が電圧の変化に追従しないことが挙げられる．これは，電気変位 $\dot{D} = D_0 e^{j\omega t}$ の位相が電圧 $\dot{v}_C$ より $\delta\,[\mathrm{rad}]$ だけ遅れることを意味する．コンデンサの極板面積を S とすれば，電流 i は $i = d(\dot{D}S)/dt = j\omega\dot{D}S$ と書けるので i は $\dot{D}$ より位相が $\pi/2\,\mathrm{rad}$ 進む．以上より，i と $\dot{v}_C$ すなわち $\dot{I}$ と $\dot{V}_C$ の位相差は $\pi/2 - \delta\,[\mathrm{rad}]$ とな

る．このように，分極の遅れ（δ の発生）は，等価回路に R_P を導入することに相当する．さらに，コンデンサに挟む誘電体の抵抗が現実には無限大ではないことも，R_P が導入される（δ を増加させる）理由になる．

極板とリード線の抵抗が完全にゼロでないことも $\tan\delta$ をゼロにしない理由に挙げられるが，これを考慮した等価回路は図 7-21 (a) に直列抵抗 R_S が付け加わったものとなる．

補足： 式 (7-33) は現実のコンデンサの容量が複素数であり，$\dot{C} = C' - jC''$ と書けることを意味する ($\dot{I} = j\omega\dot{C}\dot{V}_C$)．このとき，$\tan\delta = C''/C'$ である．容量が複素数で書き表されることは，比誘電率が複素数 $\dot{\varepsilon}_\mathrm{r} = \varepsilon'_\mathrm{r} - j\varepsilon''_\mathrm{r}$ で表され，$\tan\delta = \varepsilon''/\varepsilon'$ であることを意味する．物性的には，複素容量 $\dot{C}$ よりも複素比誘電率 $\dot{\varepsilon}_\mathrm{r}$ が取り扱われる．

問 7-3 $\tan\delta = C''/C'$ が式 (7-34) に等しいことを証明せよ．

問 7-4 ポリカーボネートを誘電体に用いたコンデンサの $\tan\delta$ は 1 kHz で約 0.1〜0.5% である．δ はどの程度か．固体タンタルコンデンサの $\tan\delta$ は 1 kHz で約 1.5% である．δ はどの程度か．

7-3-2 コンデンサの損失

コンデンサを流れる電流 i の実効値を I_e，コンデンサ両端電圧 v_C の実効値を V_e とし，i と v_C の位相差が ψ であるとき，コンデンサで消費される電力 P は $P = I_\mathrm{e} V_\mathrm{e} \cos\psi$ と表される（式 (6-37)）．$I_\mathrm{e} = |\dot{I}|/\sqrt{2}$，$V_\mathrm{e} = |\dot{V}_C|/\sqrt{2}$ であるから，P は次のように書き直せる．

$$P = \frac{1}{2}|\dot{I}||\dot{V}_C|\cos\psi \tag{7-35}$$

例題 7-17 コンデンサの等価回路が図 7-21 (a) で表される場合，コンデンサで消費される電力 P は $\tan\delta$ に比例することを示せ．

解 ベクトル図 7-21 (b) を使えば，式 (7-35) は

$$P = \frac{1}{2}\frac{|\dot{V}_C|^2}{R_\mathrm{P}} \tag{7-36}$$

と書き換えることができる．ここに，式 (7-34) を使えば，

$$P = \omega C_\mathrm{P} V_\mathrm{e}^2 \tan\delta \tag{7-37}$$

が得られる.

　この例から分かるように，$\tan\delta$ はコンデンサの電力損失の目安を与える量である．$\tan\delta$ が小さい方がコンデンサにおける損失が少ない．
　コンデンサの品質の良さ（quality）を示す量として，$\tan\delta$ の逆数 Q を用いることもある．すなわち，

$$Q = \frac{1}{\tan\delta} = \omega C_\mathrm{P} R_\mathrm{P} \tag{7-38}$$

である．Q は，$R_\mathrm{P}/(1/\omega C_\mathrm{P})$ と書きなおせば分かるように，並列抵抗がリアクタンスの何倍か，ということを表している．理想コンデンサでは $R_\mathrm{P} = \infty$ であるから，$R_\mathrm{P} \gg 1/\omega C_\mathrm{P}$，すなわち Q が大きなものほど理想コンデンサに近い．
　コンデンサの等価回路が図 7-22 のように容量 C_S と抵抗 R_S の直列回路で表されるときは，$\tan\delta$ と Q は次のように表される．(本章の演習問題 8)．

$$\tan\delta = \omega C_\mathrm{S} R_\mathrm{S} \tag{7-39}$$

$$Q = \frac{1}{\tan\delta} = \frac{1}{\omega C_\mathrm{S} R_\mathrm{S}} \tag{7-40}$$

Q は，$(1/\omega C_\mathrm{S})/R_\mathrm{S}$ と書き直せば分かるように，リアクタンスが直列抵抗の何倍か，ということを表している．理想コンデンサでは $R_\mathrm{S} = 0$ であるから，$R_\mathrm{S} \ll 1/\omega C_\mathrm{S}$，すなわち Q が大きなものほど理想コンデンサに近い．

重要： $\tan\delta$ の意味．
補足： 式 (7-37) において C_P は C' に相当するから，$C_\mathrm{P}\tan\delta\,(= C'\tan\delta)$ は $\varepsilon'_\mathrm{r}\tan\delta = \varepsilon''_\mathrm{r}$ に対応する．すなわち，複素比誘電率の虚部は損失を表す．

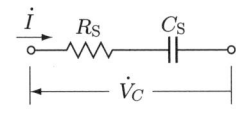

図 7-22 コンデンサの等価回路

演習問題

1. 微分方程式 (7-2) の解を求めよ．
2. 式 (7-3) の第 1 項より式 (7-4) または式 (7-5) が得られることを示せ．
3. 容量 C_1 と C_2 の並列接続の合成インピーダンスを求めよ．次に，この結果を用いて，合成容量 C_C は $C_C = C_1 + C_2$ と表されることを示せ．
4. 容量 C_1 と C_2 の直列接続の合成インピーダンスを求めよ．次に，この結果を用いて，合成容量 C_C は $C_C = C_1 C_2 / (C_1 + C_2)$ と表されることを示せ．
5. 図 7-23 に示す回路の $\dot{E}$ と $\dot{I}$ の関係を表すベクトル図を任意の角周波数 ω について描け．ただし，$\dot{E}$ を実軸に一致させよ．次に，$|\dot{E}|$ を一定に保ったまま角周波数を $0 \leqq \omega < \infty$ の間で変化させるとき，$R\dot{I}$ の描く軌跡を求めよ．
6. 図 7-20 に示す低域フィルタにおいて，$|\dot{V}_C|/|\dot{E}|$ と，位相差 ($\dot{E}$ に対する $\dot{V}_C$ の位相差) を求め，その角周波数依存性を図示せよ．

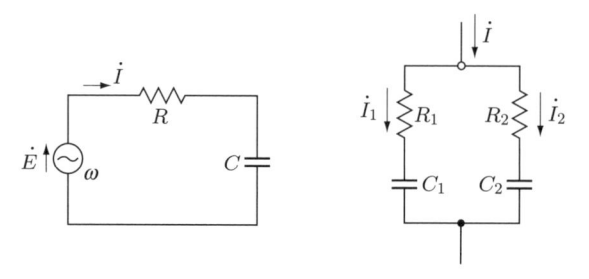

図 7-23 問題 5 の回路　　**図 7-24** 問題 7 の回路

7. 図 7-24 に示す回路で，C_2, R_2 を流れる電流 $\dot{I}_2$ に対する C_1, R_1 を流れる電流 $\dot{I}_1$ の位相の進みを θ とするとき，以下の問いに答えよ．ただし，$C_2 R_2 > C_1 R_1$ とする．
   (1) $\dot{I}_1$ と $\dot{I}_2$ の関係を表すベクトル図を，$\dot{I}_2$ を実軸に一致させて描け．
   (2) $\tan\theta$ を求めよ．
   (3) $\tan\theta$ が最大になる角周波数 ω_m を求めよ．
   (4) $\tan\theta$ の角周波数依存性をグラフに描け．
8. コンデンサの等価回路が図 7-22 のように描けるとき，$\tan\delta$ を求めよ．
9. 図 7-25 に示す回路の端子 AC 間に電圧 $\dot{V}_I$ を加えるとき，端子 BC 間に現れる電圧を $\dot{V}_O$ とする．以下の問いに答えよ．
   (1) $\dot{V}_I$ と $\dot{V}_O$ が同相となる条件を求めよ．
   (2) 前問のとき，$|\dot{V}_O|/|\dot{V}_I|$ を求めよ．
   (3) 問 (1) の条件のとき，端子 AC 間のインピーダンスは端子 BC 間のインピーダンスの何倍になるか．

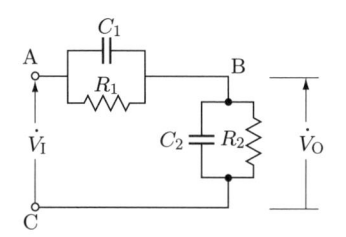

図 7-25 問題 9 の回路

> 補足： 問題 9 は，オシロスコープに減衰器付きプローブが使われる原理である．R_1 は内蔵抵抗，C_1 は内蔵コンデンサ，R_2 はオシロスコープの入力抵抗であり，C_2 はオシロスコープの入力容量 C_i，シールド線容量 C_s，調整用トリマコンデンサ容量 C_t の和である．$R_1 C_1 = R_2(C_i + C_s + C_t)$ の関係が得られるように，C_t を調整する．

8 交流回路理論（II）

この章では，まず，コイルと抵抗が正弦波交流電圧源につながれた回路解析の基本となる事柄を述べる．次に，現実のコイルの性質を簡単に調べ，最後にコイル，コンデンサ，抵抗の三つを含む回路を取り扱う．

8-1 LR 回路

8-1-1 LR 直列回路

図 8-1(a) に示すようにコイルと抵抗を直列に接続し（LR 直列接続），これに起電力 $e = E_\mathrm{m} \sin \omega t$ の交流電圧源をつないだ回路の，定常状態における解析を行おう．ここでは，瞬時値による取り扱いは省略して，複素数による取り扱いをする．

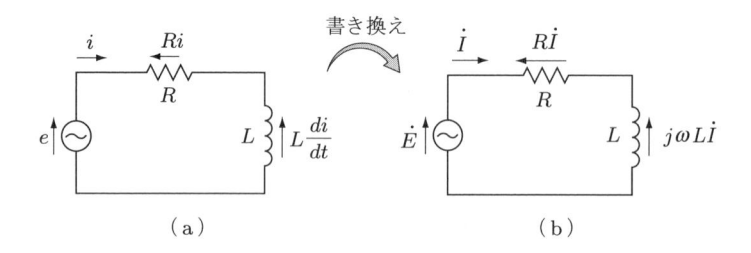

図 8-1 LR 直列回路

例題 8-1 図 8-1(a) の回路で，回路を流れる電流と起電力の関係式を，複素数表示で表せ．

解 回路を流れる電流の瞬時値を i と書けば，コイルによる起電力は Ldi/dt であるから，基本になる微分方程式は

である（例題 5-9 の式 (5-27) 参照）．ここで，e と i に複素数表示した $\dot{e}$ と $\dot{i}$ を用いると，上式は，

$$L\frac{d\dot{i}}{dt} + R\dot{i} = \dot{e} \tag{8-2}$$

と書ける．

式 (7-17) と式 (7-18) で表される $\dot{e}$ と $\dot{i}$ を上式に代入し，$L d\dot{i}/dt$ の微分を行い，整理すると，上式は

$$\dot{E} = R\dot{I} + j\omega L\dot{I} \tag{8-3}$$

または

$$\dot{E} = (R + j\omega L)\dot{I} \tag{8-4}$$

と書ける．■

式 (8-3) と式 (8-4) は因子 $e^{j\omega t}$ を含まないので，これらの式は，図 8-1 (a) の代わりに，$e^{j\omega t}$ を含まない起電力 $\dot{E}$ と電流 $\dot{I}$ を使った図 8-1 (b) で考えると理解しやすい．式 (8-3) の各項を図 8-1 (b) に書き込んである．

例題 8-2 式 (8-3) を複素平面上に描き，$\dot{E}$ と $\dot{I}$ の位相差を求めよ．次に，e と i の関係式を実効値で書け．

解 電流ベクトル $\dot{I}$ を実軸に合わせると，式 (8-3) は図 8-2 で表される．このベクトル図より，$\dot{E}$ と $\dot{I}$ の位相差 ψ' は，

$$\tan\psi' = \frac{\omega L}{R} \tag{8-5}$$

から求められる．

また，$\dot{E}$ の絶対値 $|\dot{E}|$ は

$$|\dot{E}| = \sqrt{R^2 + (\omega L)^2}|\dot{I}| \tag{8-6}$$

となる．実効値 $E_\mathrm{e}\left(=\frac{1}{\sqrt{2}}E_\mathrm{m}=\frac{1}{\sqrt{2}}|\dot{E}|\right)$ と $I_\mathrm{e}\left(=\frac{1}{\sqrt{2}}I_\mathrm{m}=\frac{1}{\sqrt{2}}|\dot{I}|\right)$ を使えば，上式は

$$E_\mathrm{e} = \sqrt{R^2 + (\omega L)^2}\,I_\mathrm{e} \tag{8-7}$$

と書ける．■

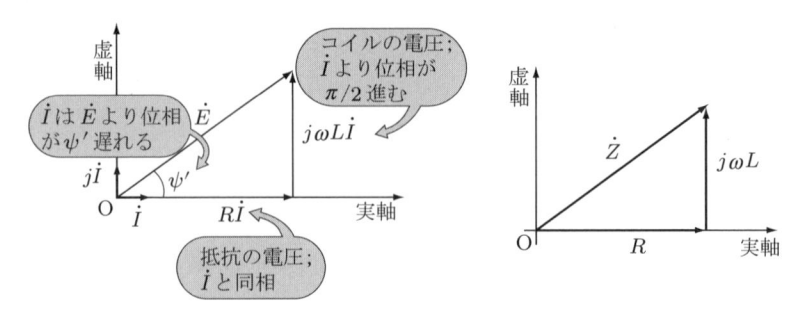

図 8-2 式 (8-3) のベクトル図　　図 8-3 複素インピーダンスのベクトル図

8-1-2 複素インピーダンス

回路の複素インピーダンス $\dot{Z}$ は

$$\dot{E} = \dot{Z}\dot{I} \quad \text{または} \quad \dot{I} = \dot{E}/\dot{Z} \tag{8-8}$$

で定義されるが，これと式 (8-4) を比較すれば

$$\dot{Z} = R + j\omega L \tag{8-9}$$

となる．

式 (8-9) を，複素平面に描くと図 8-3 のようになる．$\dot{Z}$ の絶対値は

$$Z = |\dot{Z}| = \sqrt{R^2 + (\omega L)^2} \tag{8-10}$$

であることはすぐ分かるが，これより式 (8-7) は，

$$E_e = ZI_e \quad \text{または} \quad I_e = E_e/Z \tag{8-11}$$

となる．

式 (8-8) と式 (8-11) は，直流回路におけるオームの法則に対応するものである．

これまでに出てきた ωL は **誘導リアクタンス** (inductive reactance) と呼ばれる．したがって，$j\omega L$ は複素数表示された誘導リアクタンスであるが，これは，式 (8-3) の第 2 項 $j\omega L\dot{I}$ がコイル両端電圧 $\dot{V}_L$ を表すことに注目すれば，L に対応する複素インピーダンスであると言っても良い．したがって，式 (8-9) は，LR 直列接続の複素インピーダンスは，「各素子の複素インピーダンスの和」で表される，ということを示す（図 8-4 参照）．これは，直流の合成抵抗と同

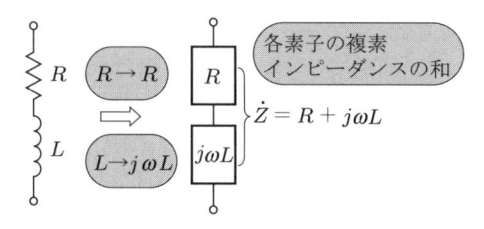

図 8-4 　LR 直列接続と複素インピーダンス

じ形式である．言い換えれば，インダクタンス L を形式的に $j\omega L$ の抵抗とみなすのである．

以上より，図 8-1 の回路を解析するには，次のようにすれば良いことが分かる．

図 8-1(b) の回路の代わりに，複素インピーダンスを用いる図 8-5 の回路を考え，複素電流と複素起電力を，それぞれ直流回路における電流と起電力とみなしてキルヒホッフの第 2 法則を適用すれば，ただちに式 (8-3) が得られる．また，式 (8-9) で示したように，回路の複素インピーダンスは R と L に対応する複素インピーダンスの合成で書けるから，ただちに，式 (8-4) が得られる．

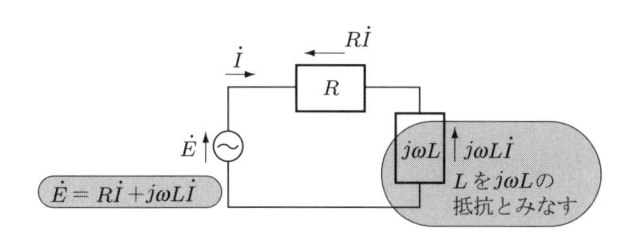

図 8-5 　図 8-1 の書き換え

コツ：　$j\omega L$ の形を覚える．$L \Leftrightarrow j\omega L$ の対応．
注意：　例題 7-11 と例題 7-12 の後に記したコンデンサの場合と関連させて理解すること．

例題 8-3　$L = 20\,\mathrm{mH}$ のコイルの $f = 1\,\mathrm{kHz}$ における誘導リアクタンス $X_L(=\omega L)$ を求めよ．

解 $\omega = 2\pi f = 6.28 \times 10^3$ [rad/s]

$X_L = \omega L = 6.28 \times 10^3$ [rad/s] $\times 20 \times 10^{-3}$ [H] ≈ 126 [Ω] ∎

問 8-1 抵抗 $500\,\Omega$ とインダクタンス $20\,\mathrm{mH}$ が直列に接続されているとき，全体の複素インピーダンスはいくらか．また，複素インピーダンスの大きさ（絶対値）は何 Ω か．ただし，$f = 6\,\mathrm{kHz}$ とする．

問 8-2 上の問いの回路に実効値 $12\,\mathrm{V}$ の交流電圧を印加するとき，回路を流れる電流は何 mA か．

問 8-3 上の問いにおいて，印加電圧と電流のベクトル図を複素平面に描き，次に印加電圧と電流の位相差を求めよ．

8-1-3 LR 直並列接続

並列接続と直並列接続を簡単にみることにしよう．

例題 8-4 図 8-6 に示す LR 並列接続の複素インピーダンス $\dot{Z}$ を求めよ．

解 図 8-6 の破線で示すように，交流電圧源 $\dot{E}$ を接続し，回路を流れる電流 $\dot{I}$ と $\dot{E}$ の関係を調べる．

抵抗を流れる電流 $\dot{I}_R$ は $\dot{I}_R = \dot{E}/R$, コイルを流れる電流 $\dot{I}_L$ は $\dot{I}_L = \dot{E}/j\omega L$ であるから，キルヒホッフの第 1 法則は

$$\dot{I} = \dot{I}_R + \dot{I}_L = \left(\frac{1}{R} + \frac{1}{j\omega L}\right)\dot{E} \tag{8-12}$$

と書ける．

回路の複素インピーダンスを $\dot{Z}$ とすれば，$\dot{I} = \dot{E}/\dot{Z}$ であるから，上式より，

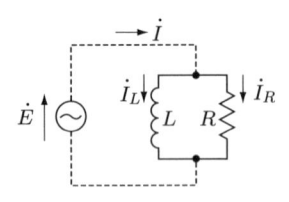

$$\frac{1}{\dot{Z}} = \frac{1}{R} + \frac{1}{j\omega L} \tag{8-13}$$

が得られる．これより，

図 8-6 LR 並列接続

$$\dot{Z} = \frac{j\omega LR}{R + j\omega L} \tag{8-14}$$

が求められる．

　式 (8-13) から類推できるように，並列接続の複素インピーダンスの逆数は，各素子の複素インピーダンスの逆数の和になる．言い換えれば，並列接続の複素アドミタンスは，各素子の複素アドミタンスの和になる．これらは，直流回路における抵抗の並列接続の場合，またはコンダクタンスの並列接続の場合に対応する．

例題 8-5 図 8-7 (a) に示す回路の合成複素インピーダンスを求めよ．ただし，$\omega = 6 \times 10^3 \,\mathrm{rad/s}$ とする．

解 インダクタンス $20\,\mathrm{mH}$ の複素インピーダンスは，$j\omega L = j \times 6 \times 10^3\,\mathrm{[rad/s]} \times 20 \times 10^{-3}\,\mathrm{[H]} = 120j\,\mathrm{[\Omega]}$．これと抵抗 $60\,\Omega$ による並列接続の複素インピーダンス $\dot{Z}_1$ は，

$$\frac{1}{\dot{Z}_1\,[\Omega]} = \frac{1}{60\,[\Omega]} + \frac{1}{120j\,[\Omega]}$$

これより，$\dot{Z}_1 = 48 + 24j\,[\Omega]$．

　全複素インピーダンス $\dot{Z}$ は（図 8-7 (b) のように $\dot{Z}_1\,[\Omega]$ と $12\,\Omega$ が直列だから），

$$\dot{Z} = 12\,[\Omega] + \dot{Z}_1\,[\Omega] = 60 + 24j\,[\Omega].$$

問 8-4 図 8-8 の回路の合成複素インピーダンスを求めよ．ただし，$\omega = 1 \times 10^6\,\mathrm{rad/s}$ とする．

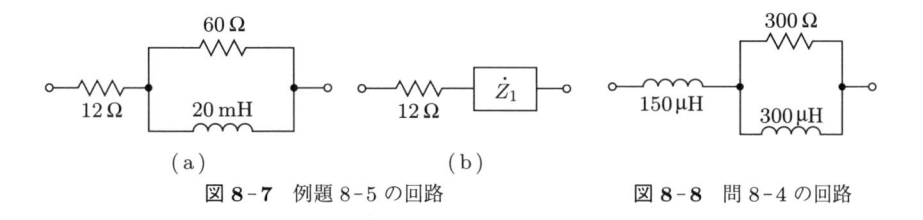

図 8-7　例題 8-5 の回路

図 8-8　問 8-4 の回路

8-2　コ イ ル

8-2-1　電流と電圧の位相差

例題 7-3 と例題 7-10 で，コンデンサ両端の電圧はコンデンサを流れる電流より，位相が $\pi/2\,\mathrm{rad}\,(90°)$ 遅れることを調べた．

コイルの場合は，これと反対に，<u>コイル両端の電圧はコイルを流れる電流より，位相が $\pi/2\,\mathrm{rad}\,(90°)$ 進む</u>．これを，次の二つの例題で調べよう．

> **重要：** 上のアンダーラインの部分．

> **例題 8-6**　図 8-2 のベクトル図を用いて，コイル両端の電圧はコイルを流れる電流より，位相が $\pi/2\,\mathrm{rad}\,(90°)$ 進むことを調べよ．

[解]　式 (8-3) を導く過程で明らかなように，コイル両端の電圧を表すベクトルは，$j\omega L\dot{I}$ である．このベクトルはベクトル $\dot{I}$ より $\pi/2\,\mathrm{rad}\,(90°)$ 進むことが，図 8-2 から分かる．　■

この位相関係を，瞬時値を使って求めてみよう．

> **例題 8-7**　図 8-9 には回路を流れる正弦波電流 $i \propto \sin\omega t$ を実線で描いてある（電流の位相角をゼロとした）．ここに，コイル両端の電圧 $v_L (= L\,di/dt)$ を書きこみ，v_L と i の位相関係を調べよ．

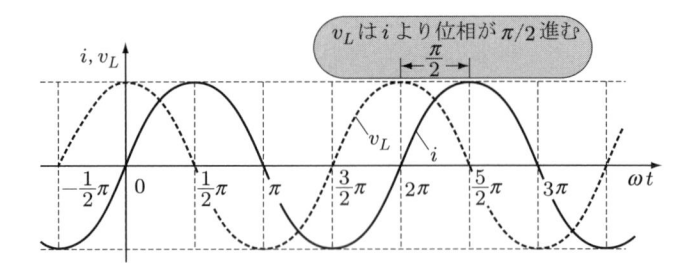

図 8-9　i と v_L の波形．v_L は i より位相が $\pi/2$ 進む

解 $i \propto \sin\omega t$ であるから, $v_L = Ldi/dt \propto \cos\omega t$ となる. したがって, v_L は図 8-9 の破線で示すように, i より $\pi/2\,\mathrm{rad}\,(90°)$ 進む. ∎

> **重要:** 電流と電圧の位相差は $\pi/2\,\mathrm{rad}$ なので, コイルでは電力が消費されない.

8-2-2 現実のコイル

理想的なコイルではすぐ前に述べたように, コイル両端電圧 $\dot{V}_L$ はコイルを流れる電流 $\dot{I}$ より位相が $\pi/2\,\mathrm{rad}$ 進む. したがって, 式 (6-37) より分かるように, 理想コイルでは電力損失がない.

しかし, 現実のコイルでは, $\dot{I}$ と $\dot{V}_L$ の位相差は $\pi/2\,\mathrm{rad}$ より少し小さく $\pi/2 - \delta\,[\mathrm{rad}]$ と表される. この場合は, 位相差が $\pi/2\,\mathrm{rad}$ ではないために電力損失がある. 以下の例題によってこのことを調べよう.

> **例題 8-8** 巻線の抵抗や磁性体の損失などにより, 現実のコイルの等価回路が図 8-10(a) のように描けるとき, $\tan\delta$ を求め, 次にコイルでの電力損失が $\tan\delta$ に比例することを示せ.

解 $\dot{I}$ と $\dot{V}_L$ の関係は, 式 (8-3) を参照すれば

$$\dot{V}_L = R_S \dot{I} + j\omega L_S \dot{I}$$

と書け, この式を表すベクトル図は図 8-10(b) のようになる. これより,

$$\tan\delta = \frac{R_S}{\omega L_S} \tag{8-15}$$

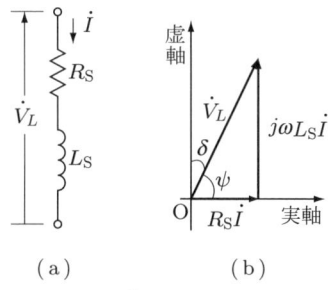

図 8-10 コイルの等価回路 (a) とベクトル図 (b)

が得られる.

コイルを流れる電流とコイル両端電圧の実効値をそれぞれ I_e と V_e と書けば, 電力損失 P は式 (6-37) で与えられる. ベクトル図を参照すれば,

$$P = I_e V_e \cos\psi = \frac{1}{2}|\dot{I}||\dot{V}_L|\cos\psi = \frac{1}{2}R_S|\dot{I}|^2 = \omega L_S I_e^2 \tan\delta \quad (8\text{-}16)$$

が得られ, 電力損失は $\tan\delta$ に比例することが分かる. ∎

$\tan\delta$ の逆数を Q と書けば,

$$Q = \frac{1}{\tan\delta} = \frac{\omega L_S}{R_S} \quad (8\text{-}17)$$

となる. Q は誘導リアクタンスが直列抵抗の何倍になっているか, を表す. Q 値が高いコイルは $\tan\delta$ が小さいので, コイルによる損失が小さいことを意味する.

8-3 L, C, R を含む回路

8-3-1 LCR 直列回路の解析

図 8-11 (a) に示す, 起電力 $e = E_m \sin\omega t$ の正弦波交流を印加した LCR 直列回路の, 定常状態における回路解析を行おう.

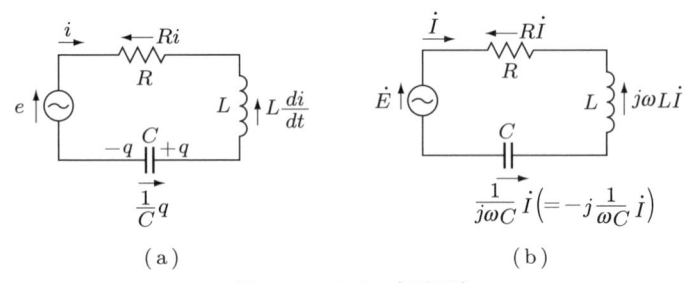

図 8-11 LCR 直列回路

例題 8-9 図 8-11 (a) に示す回路を流れる電流の瞬時値を i とするとき, i についての微分方程式を書け.

解 キルヒホッフの第2法則より,
$$L\frac{di}{dt} + Ri + \frac{1}{C}q = e \tag{8-18}$$
両辺を t で微分して, $i = dq/dt$ を代入すれば,
$$L\frac{d^2i}{dt^2} + R\frac{di}{dt} + \frac{1}{C}i = \frac{de}{dt} \tag{8-19}$$
が得られる. ∎

> **補足:** 式 (8-19) の右辺は, 式 (8-21) を導くために, 敢えて de/dt のままにしておく.

例題 8-10 図 8-11 (a) に対応する回路図 8-11 (b) において, 起電力 $\dot{E}$ と電流 $\dot{I}$ の関係を求めよ. 次にこの関係をベクトル表示し, $\dot{E}$ と $\dot{I}$ の位相差を求めよ.

解 式 (8-19) は, 2 階の常微分方程式で, その解を求めるのは面倒である. そこで, 複素数表示を用いることにする.

式 (8-19) の e と i をそれぞれ $\dot{e} = \dot{E}e^{j\omega t}$ と $\dot{i} = \dot{I}e^{j\omega t}$ で置き換えると (例題 6-12 参照),
$$L\frac{d^2\dot{i}}{dt^2} + R\frac{d\dot{i}}{dt} + \frac{1}{C}\dot{i} = \frac{d\dot{e}}{dt} \tag{8-20}$$
となる. 微分を実行し, 両辺を $e^{j\omega t}$ で割ると,
$$-\omega^2 L\dot{I} + j\omega R\dot{I} + \frac{1}{C}\dot{I} = j\omega \dot{E} \tag{8-21}$$
が得られる.

これを整理すると,
$$\dot{E} = R\dot{I} + j\left(\omega L - \frac{1}{\omega C}\right)\dot{I} \tag{8-22}$$
$$= \left\{R + j\left(\omega L - \frac{1}{\omega C}\right)\right\}\dot{I} \tag{8-23}$$
となる.

式 (8-22) を複素平面に描くと, 図 8-12 (a) のようになる (図には $\omega L > 1/\omega C$ の場合を描いてある).

この図から, $\dot{E}$ と $\dot{I}$ の位相差 ψ' は,

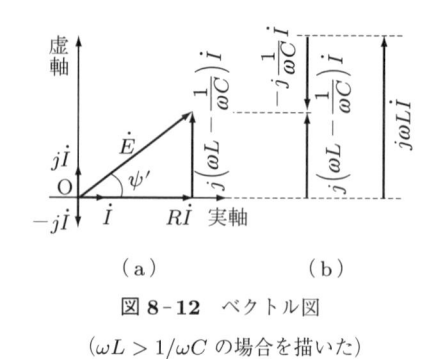

(a) (b)

図 8-12　ベクトル図
($\omega L > 1/\omega C$ の場合を描いた)

$$\tan \psi' = \frac{\omega L - \dfrac{1}{\omega C}}{R} \tag{8-24}$$

より求められることが分かる．　　　　　　　　　　　　　■

図 8-12 (a) の実軸に平行なベクトル $R\dot{I}$ は，R の両端の電圧である．一方，虚軸に平行なベクトル $j(\omega L - 1/\omega C)\dot{I}$ は，L の両端の電圧 $j\omega L \dot{I}$ と C の両端の電圧 $-j(1/\omega C)\dot{I}$ のベクトル和である．この和の操作を同図 (b) に示しておく．

なお，式 (8-22)〜式 (8-24) に含まれる $\omega L - 1/\omega C$ をリアクタンスという．リアクタンスがゼロでないため，起電力と電流の間に位相差が生じるのである．本書ではリアクタンスを X と書く．

> 補足：　図 8-11 (b) の回路で，複素インピーダンス $j\omega L$ と $-j(1/\omega C)$ を直流回路の抵抗とみなし，さらに，起電力 $\dot{E}$ と電流 $\dot{I}$ も直流とみなして，キルヒホッフの第 2 法則を書けば，式 (8-22) と式 (8-23) をただちに書き表すことができる．
>
> 補足：　式 (8-20) と式 (8-21) を比べてみよ．式 (8-20) の d/dt と d^2/dt^2 をそれぞれ形式的に $j\omega$，$-\omega^2$ と書けば式 (8-21) になる．$d/dt \to j\omega$, $d^2/dt^2 \to (j\omega)^2 = -\omega^2$ の対応．

問 8-5　図 8-11 の回路で，$\omega L < 1/\omega C$ のとき，$\dot{E}$ と $\dot{I}$ の関係を表すベクトル図を描け．

8-3-2 複素インピーダンス

図 8-11 に示す LCR 直列回路の複素インピーダンスを調べよう．

例題 8-11 図 8-11 に示す LCR 直列回路の複素インピーダンスを記せ．

[解] 回路の複素インピーダンスを $\dot{Z}$ と書けば，$\dot{E} = \dot{Z}\dot{I}$ である．
したがって，式 (8-23) より，回路の複素インピーダンス $\dot{Z}$ は，

$$\dot{Z} = R + j\left(\omega L - \frac{1}{\omega C}\right) = R + jX \tag{8-25}$$

と書ける． ■

例題 8-12 図 8-11 に示す LCR 直列回路の複素インピーダンス $\dot{Z}$ を複素平面に描き，次に，複素インピーダンスの大きさ（絶対値）$|\dot{Z}|$ を求めよ．

[解] 式 (8-25) は図 8-13(a) のようになる（ただし，$\omega L > 1/\omega C$ の場合を描いた）．
これより，複素インピーダンスの大きさ（絶対値）は

$$|\dot{Z}| = \sqrt{R^2 + \left(\omega L - \frac{1}{\omega C}\right)^2} \tag{8-26}$$

である． ■

式 (8-25) と図 8-13 から分かるように，LCR 直列回路の複素インピーダンスは，回路を構成しているそれぞれの素子の複素インピーダンス R, $j\omega L$,

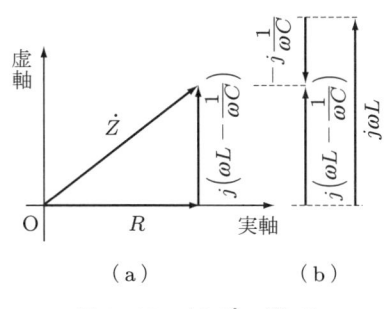

図 8-13 インピーダンス

$-j(1/\omega C)$ のベクトル合成となる．

問 8-6 図 8-14 の LCR 直列回路で，起電力の実効値が 10 V で角周波数が 1×10^7 rad/s であるとき，
(1) 複素平面に回路の複素インピーダンス $\dot{Z}$ を描け．
(2) 複素インピーダンスの大きさ（絶対値）は何 kΩ か．
(3) 回路を流れる電流は何 mA か．
(4) 起電力と電流の位相差は何度か．

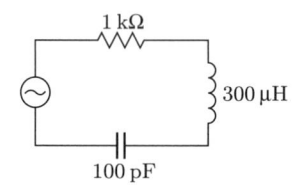

図 8-14 問 8-6 の回路

8-3-3 直 列 共 振

図 8-11 の LCR 直列回路を考えよう．

例題 8-13 LCR 直列回路における複素インピーダンスの虚部（複素数表示されたリアクタンス）jX を角周波数 ω の関数として図示せよ．

解 図 8-15 には，$j\omega L$ と $-j(1/\omega C)$ のそれぞれを，ω の関数として実線で描いてある．$jX = j\omega L - j(1/\omega C)$ は二つの実線の和となるから，図の破線のようになる．　■

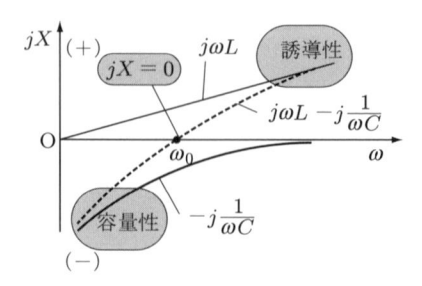

図 8-15　jX の角周波数依存性

角周波数が低いときは，$-j(1/\omega C)$ が優勢で jX は負となるが，これを容量性であるという．反対に，角周波数が高いときは，$j\omega L$ が優勢で jX は正となる．これを誘導性であるという．

例題 8-14 jX がゼロになるときの角周波数 ω_0 と周波数 f_0 を求めよ．

解 $X = 0$ より，$\omega_0 L = 1/\omega_0 C$，すなわち
$$\omega_0 = \frac{1}{\sqrt{LC}} \tag{8-27}$$
また，
$$f_0 = \frac{1}{2\pi\sqrt{LC}} \tag{8-28}$$
である．　■

さて，図 8-13 (a) にはインピーダンスベクトル図を描いてあるが．これは，$\omega L > 1/\omega C$ の場合（すなわち $\omega > \omega_0$ の場合；誘導性の場合）を描いたものである．もし，$\omega L < 1/\omega C$ なら（すなわち $\omega < \omega_0$；容量性），$j(\omega L - 1/\omega C)$ は負となって，$\dot{Z}$ は右下向きになる（問 8-5 参照）．

重要： 式 (8-27) または式 (8-28)．

例題 8-15 図 8-14 と同じ回路で，電源の角周波数 ω を 1×10^7 rad/s，$\frac{1}{\sqrt{3}} \times 10^7$ rad/s，および 5×10^6 rad/s に変化させるとき，それぞれの複素インピーダンス $\dot{Z}$ を一つの複素平面に描け．次に，全角周波数領域におけるベクトル $\dot{Z}$ の軌跡を，複素平面に描け．

解 $\omega = 1 \times 10^7$ rad/s のときは，問 8-6 の解答より $\dot{Z} = 1 + 2j$ [kΩ]．
$\omega = 1/\sqrt{3} \times 10^7$ rad/s のときは，$\omega L = 1/\omega C = \sqrt{3}$ kΩ となり $j(\omega L - 1/\omega C) = 0$．∴ $\dot{Z} = 1$ [kΩ]．
$\omega = 5 \times 10^6$ rad/s のときは，$\omega L = 1.5$ kΩ，$1/\omega C = 2$ kΩ，∴ $\dot{Z} = 1 - 0.5j$ [kΩ]．
これら三つのベクトルを図 8-16 に示す．

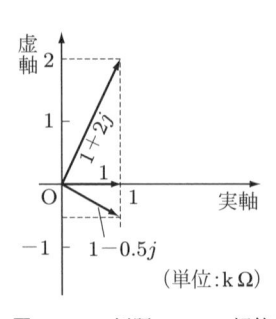

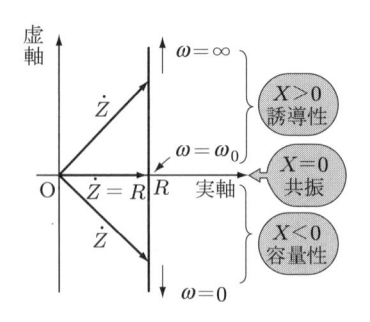

図 8-16　例題 8-15 の解答　　　図 8-17　例題 8-15 の $\dot{Z}$ の軌跡

ベクトル $\dot{Z}$ の軌跡は，図 8-17 に描くような虚軸に平行な直線になる（抵抗 R は角周波数によらないから，ベクトル $\dot{Z}$ の先端は虚軸から $R(=1\,\mathrm{k}\Omega)$ の距離にある）．　■

式 (8-26) あるいは図 8-17 から分かるように，回路の複素インピーダンス $\dot{Z}$ の大きさ（回路のインピーダンス）$Z(=|\dot{Z}|)$ は角周波数 ω によって変わるから，電源の起電力の大きさが角周波数によらず一定なら，回路を流れる電流の大きさは角周波数によって変化する．この電流が最大になる角周波数を次の例題により求めよう．

例題 8-16　図 8-11 の回路において，電源の起電力（実効値）E_e が角周波数 ω によらず一定のとき，回路を流れる電流（実効値）I_e を ω の関数として図示し，次に I_e が最大になる角周波数（または周波数）を求めよ．

解　式 (8-26) あるいは図 8-17 から分かるように，回路のインピーダンス Z は，$\omega = \omega_0$ で最小になり，ω が ω_0 より増加しても減少しても，Z は増加する．この概略を図示すると図 8-18 のようになる．
　これより，電流 $I_\mathrm{e}(=E_\mathrm{e}/Z)$ は，図 8-19 に示すように，$\omega = \omega_0 = 1/\sqrt{LC}$，すなわち $f_0 = 1/(2\pi\sqrt{LC})$ で最大になる．　■

この例題で示したように，LCR 直列回路では，$\omega = \omega_0$ で回路のインピーダンスが最小になり，電流が最大になる．これを**直列共振** (series resonance) という．ω_0 を**共振角周波数** (resonance angular frequency) といい，f_0 を共振

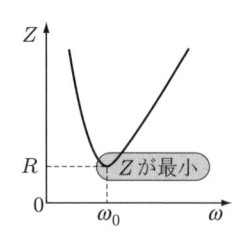

図 8-18 Z の ω 依存性 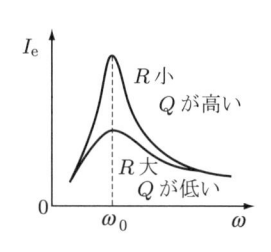 図 8-19 電流の ω 依存性 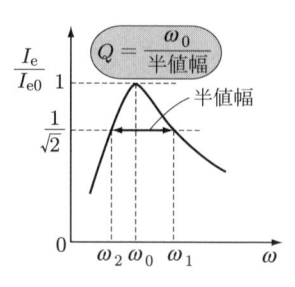 図 8-20 Q の説明図

周波数（resonance frequency）という．共振角周波数においてインピーダンスは実数（$\dot{Z}=R$）になるから，回路を流れる電流と起電力（LCR 直列回路の両端電圧）は同相である．

8-3-4 共振の鋭さ

図 8-19 のような，共振角周波数付近での電流の周波数特性を**共振曲線**（resonance curve）という．R が小さいほど共振角周波数での電流が大きく，かつ共振曲線が先鋭になる．そのため，直列共振を積極的に利用するときは，回路抵抗 R をなるべく小さくすることが多い．

共振曲線の先鋭さの度合いを表す量として，すぐ後に示す式 (8-29) で定義される Q 値が用いられる．Q を**共振の鋭さ**（resonance sharpness）ということもある．

共振角周波数 ω_0 における電流の実効値を I_{e0}，任意の角周波数における電流の実効値を I_e とする．図 8-20 のように，$I_e/I_{e0}=1/\sqrt{2}$ となる角周波数を ω_1, ω_2 とし，それに対応する周波数を $f_1(=\omega_1/2\pi)$, $f_2(=\omega_2/2\pi)$ とするとき，Q を

$$Q = \frac{\omega_0}{\omega_1-\omega_2} = \frac{f_0}{f_1-f_2} \tag{8-29}$$

と定義する．ただし，$\omega_1-\omega_2$ または f_1-f_2 を**半値幅**（half-value width）というが，ある特定の共振角周波数（共振周波数）で比較すれば，半値幅が小さいほど共振曲線が先鋭になり，Q 値が大きくなる（Q が高い，という）．

> **例題 8-17** 式 (8-26) を使って，$Q = \omega_0 L/R = 1/\omega_0 CR$ を導け．

[解] $I_\mathrm{e} = E_\mathrm{e}/Z$ であるが，$\omega = \omega_0$ で $Z = R$ なので，$I_\mathrm{e0} = E_\mathrm{e}/R$ である．これより，$I_\mathrm{e}/I_\mathrm{e0} = 1/\sqrt{2}$ となる角周波数は，$Z = \sqrt{2}R$ を満たす角周波数である．
すなわち

$$\sqrt{R^2 + \left(\omega L - \frac{1}{\omega C}\right)^2} = \sqrt{2}R \tag{1}$$

を満たす角周波数である．これより，

$$\omega L - \frac{1}{\omega C} = +R \tag{2}$$

と，

$$\omega L - \frac{1}{\omega C} = -R \tag{3}$$

が得られる．これらは，ω に関する 2 次方程式であるから，式 (2) と式 (3) の二つの式から四つの解が得られるが，そのうち二つは正で，二つは負である．ω が負の解は意味がないので捨てる．二つの正の解のうち，大きい方を ω_1，小さい方を ω_2 と書けば，

$$\omega_1 = \frac{RC + \sqrt{R^2C^2 + 4LC}}{2LC} \tag{4}$$

$$\omega_2 = \frac{-RC + \sqrt{R^2C^2 + 4LC}}{2LC} \tag{5}$$

である．
これより，$\omega_1 - \omega_2 = R/L$ が得られる．これを式 (8-29) に代入すれば，

$$Q = \frac{\omega_0 L}{R} \tag{8-30}$$

が得られる．これは

$$Q = \frac{1}{\omega_0 CR} \tag{8-31}$$

と書くこともできる．∎

式 (8-30) と式 (8-31) は，Q は「共振角周波数における誘導リアクタンスまたは容量リアクタンスと抵抗の比」であることを意味する^{次頁補足}．同じリアクタンスで比べれば，回路の抵抗が小さいほど Q が高くなる．このことは図 8-19 からも分かる．

電源に定電流源を用いると，共振角周波数で直列回路に加わる電圧が最小になる．これは，共振角周波数でインピーダンスが最小になるのだから当然である．

共振角周波数 ω_0 におけるコイル両端の電圧 $j\omega_0 L\dot{I}$ は式 (8-30) より $jQR\dot{I}$ と書けるから，この実効値は QRI_e である．回路に加わる電圧（電源の起電力）の実効値は ω_0 では $E_\mathrm{e} = RI_\mathrm{e}$ であるから，共振角周波数でコイル両端に現れる電圧の実効値は電源の起電力の Q 倍ということになる．コンデンサ両端電圧についても同様で，共振角周波数におけるその実効値は電源の起電力の Q 倍になる（問 8-8）．しかし，コイルとコンデンサ両端の電圧の位相差は共振角周波数では π なので，両者の電圧の和はゼロになる．

> 補足： 式 (8-31) は $Q = (1/\omega_0 C)/R$ と変形すれば，容量リアクタンスと抵抗の比であることが分かる．
> 重要： Q の定義と式 (8-30)，式 (8-31)
> 補足： 式 (8-17) と式 (8-30)，および式 (7-40) と式 (8-31) が同じ形式であることに注目せよ．

問 8-7 LCR 直列回路で，$L = 200\,\mu\mathrm{H}$，$C = 0.002\,\mu\mathrm{F}$，$R = 20\,\Omega$ のとき，共振周波数を求め，次に Q の値を求めよ．また，半値幅は何 Hz か．

問 8-8 LCR 直列回路のコンデンサの両端に現れる電圧の実効値は，共振角周波数において電源起電力の Q 倍になることを証明せよ．

8-3-5 並列共振

図 8-21 のような，交流電流源に接続されている LCR 並列回路を考える．

例題 8-18 図 8-21 に示す回路において，電流源から供給される電流の大きさが角周波数によらず一定のとき，回路に現れる電圧の大きさが最大になる角周波数を求めよ．

[解] LCR 並列回路の複素アドミタンス $\dot{Y}$ は

$$\dot{Y} = \frac{1}{R} + j\omega C + \frac{1}{j\omega L} = \frac{1}{R} + j\left(\omega C - \frac{1}{\omega L}\right) \quad (8\text{-}32)$$

と書ける．したがって，その大きさ（アドミタンス）$Y(=|\dot{Y}|)$ は

$$Y = \sqrt{(1/R)^2 + (\omega C - 1/\omega L)^2} \quad (8\text{-}33)$$

であり，その概略は図 8-22 に示すようになる．明らかに $\omega C - 1/\omega L = 0$ のとき Y は最小となる．このときの角周波数 ω_0 と周波数 f_0 は，それぞれ式 (8-27) と式 (8-28) と同じになる．

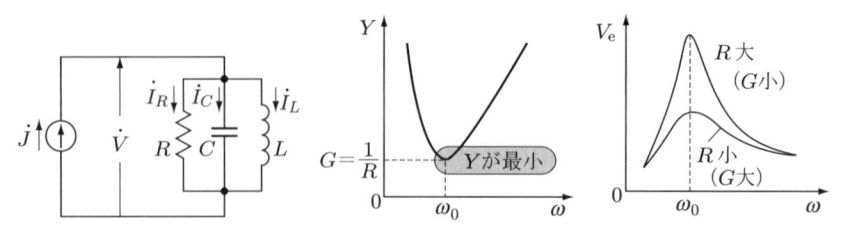

図 8-21　LCR 並列回路　　図 8-22　Y の ω 依存性　　図 8-23　V_e の ω 依存性

電流源から供給される電流（実効値）J_e と回路に現れる電圧（実効値）V_e は，$V_e = J_e/Y$ の関係にある．V_e の角周波数依存性は図 8-23 のようになり，$\omega = \omega_0$ で最大になる． ■

　上記のように $\omega = \omega_0$ で回路のアドミタンスが最小になり（回路のインピーダンスが最大になり），また電圧 V_e が最大になるが，これを **並列共振**（paralell resonance）という．共振角周波数においてアドミタンスは実数（$\dot{Y} = 1/R$）になるから，電源から供給される電流（回路に流れ込む電流）と回路両端の電圧は同相である．
　電源に定電圧源を用いれば，$\omega = \omega_0$ で回路のインピーダンスが最大になるので，流れる電流は最小になる．この意味で，並列共振のことを反共振ということがある．

例題 8-19　並列共振曲線の Q 値を求めよ．

解　共振角周波数における電圧（実効値）を V_{e0}，任意の角周波数における電圧（実効値）を V_e とする．$V_e/V_{e0} = 1/\sqrt{2}$ となる角周波数をそれぞれ ω_1, ω_2 とし，共振曲線の先鋭の度合いを表す量 Q を式 (8-29) のように定義すれば，例題 8-17 と全く同じ方法で Q を求めることができる．すなわち，例題 8-17 の解において，Z を Y で，R をコンダクタンス $G(=1/R)$ で，また L と C をそれぞれ C と L で形式的に置き換えればよい．こうして，

$$Q = \frac{\omega_0 C}{G} = \omega_0 CR \tag{8-34}$$

が得られる．これは，

$$Q = \frac{1}{\omega_0 LG} = \frac{R}{\omega_0 L} \tag{8-35}$$

と書くこともできる．

式 (8-34) を，$R/(1/\omega_0 C)$ と書きなおせば明らかであるが，式 (8-34) と式 (8-35) は，並列共振回路の Q は「抵抗と共振角周波数における容量リアクタンスまたは誘導リアクタンスの比」になることを表している．同じリアクタンスで比べると，R が大きい程 Q が高くなるから，並列共振を積極的に利用するときは，R をなるべく大きくするようにすることが多い．

共振角周波数 ω_0 において，コイルを流れる電流 $\dot{V}/j\omega_0 L$ は式 (8-35) より $-j\dot{V}Q/R$ と書けるから，この実効値は $V_e Q/R$ である．回路に供給される電流の実効値は ω_0 で $I_e = V_e/R$ であるから，共振角周波数でコイルを流れる電流の実効値は回路に供給される電流の Q 倍ということになる．コンデンサを流れる電流についても同様で，共振角周波数におけるその実効値は回路に供給される電流の Q 倍になる（問 8-10）．しかし，コイルとコンデンサを流れる電流の位相差は共振角周波数では π なので，両者の電流の和はゼロになる．

> 補足： 式 (7-38) と式 (8-34) が同じ形式であることに注目せよ．
> 発展： 並列共振における図 8-23 の特性は，ラジオ等の同調回路（特定の放送局を選び出す回路）の原理である．

問 8-9 式 (8-34) と式 (8-35) を導け．
問 8-10 LCR 並列回路のコンデンサを流れる電流の実効値は，共振角周波数において回路に供給される電流の Q 倍になることを証明せよ．

演 習 問 題

1. $L = 100\,\mathrm{mH}$，$R = 20\,\Omega$ の直列接続に，実効値 $100\,\mathrm{V}$，周波数 $50\,\mathrm{Hz}$ の交流電圧を印加するとき，回路を流れる電流，皮相電力，力率，有効電力および無効電力を求めよ．
   注）皮相電力 $= I_e V_e$，有効電力 $= I_e V_e \cos\psi$，無効電力 $= I_e V_e \sin\psi$
2. 起電力（実効値）E_e，周波数 f の交流電源に L と R を直列につないだとき，実効値 I_e の電流が流れた．次に，起電力は E_e のまま周波数を $10f$ に変えたら，電流は $I_e/\sqrt{2}$ に減少した．R と L を E_e，I_e を使って表せ．
3. 問題 2 の LR 直列接続を周波数 $1\,\mathrm{kHz}$，起電力 $10\,\mathrm{V}$ の交流電源につないだところ，$10\,\mathrm{mA}$ の電流が流れた．R と L の値を求めよ．

4. 交流電圧源 $\dot{E}$ に L と R を直列に接続するとき，以下の問いに答えよ．
   (1) 任意の角周波数において，回路を流れる電流 $\dot{I}$ と $\dot{E}$ の関係を示すベクトル図を描け（$\dot{E}$ を実軸に一致させよ）．
   (2) $\dot{E}$ と $\dot{I}$ の位相差 ψ' を求めよ．
   (3) $\dot{E}$ を一定に保ちながら角周波数を 0 から ∞ まで変化させるとき，ベクトル $R\dot{I}$ の終点の軌跡を求めよ．
   (4) $\dot{E}$ を一定に保ちながら角周波数を 0 から ∞ まで変化させるとき，$\dot{E}$ に対する $\dot{I}$ の位相差 ψ' の概略をグラフに表せ．

5. 図 8-24 のような R と L の並列接続を交流電流源 $\dot{J}$ につなぐとき，以下の問いに答えよ．
   (1) 任意の角周波数において，R と L の両端に現れる電圧 $\dot{V}$ と $\dot{J}$ の関係を示すベクトル図を描け（$\dot{J}$ を実軸に一致させよ）．
   (2) $\dot{J}$ と $\dot{V}$ の位相差 ψ' を求めよ．
   (3) $\dot{J}$ を一定に保ちながら角周波数を 0 から ∞ まで変化させるとき，ベクトル $\dot{V}/R$ の終点の軌跡を求めよ．
   (4) $\dot{J}$ を一定に保ちながら角周波数を 0 から ∞ まで変化させるとき，$\dot{J}$ に対する $\dot{V}$ の位相差 ψ' の概略をグラフに表せ．

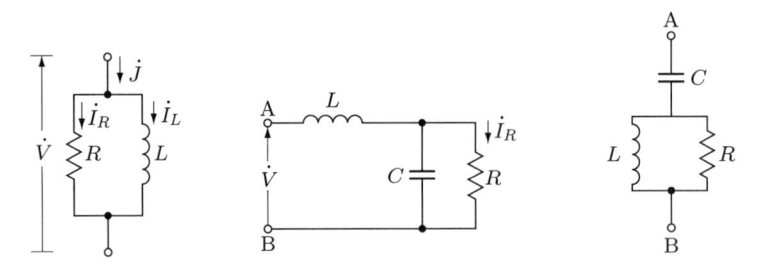

図 8-24 問題 5 の回路　　図 8-25 問題 6 の回路　　図 8-26 問題 7 の回路

6. 図 8-25 に示す回路で，端子 AB 間に正弦波電圧 $\dot{V}$ を加えるとき，R を流れる電流 $\dot{I}_R$ を求めよ．また $\dot{I}_R$ が R の値と無関係になる角周波数を求めよ．

7. 図 8-26 に示す回路について，以下の問いに答えよ．ただし，$R > \sqrt{L/C}$ とする．
   (1) AB 間の複素インピーダンスを求めよ．
   (2) リアクタンス成分がゼロになる角周波数 ω_0 を求めよ．
   (3) ω_0 におけるインピーダンスを求めよ．

8. 図 8-27 に示す回路の端子 A に定電流 J_e を流すとき，C を変化させると端子 AB 間の電圧 V_e が変化する．以下の問いに答えよ．ただし，$R < \sqrt{L/C}$ とする．
   (1) V_e を最大にするときの C の値を求めよ．
   (2) 上記のときの角周波数を求めよ．
   (4) 上記のとき，AB 間のインピーダンス Z はどのように表されるか．

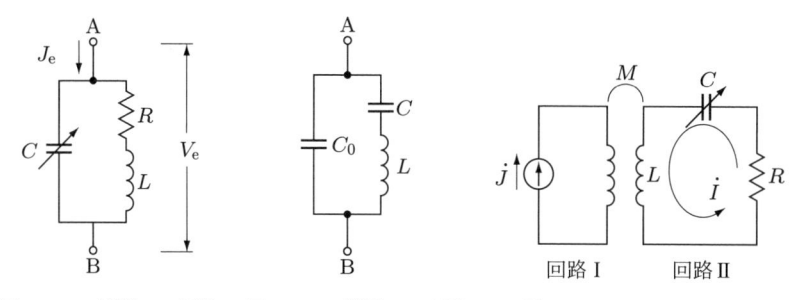

図 8-27 問題 8 の回路　　**図 8-28** 問題 9 の回路　　**図 8-29** 問題 10 の回路

9. 図 8-28 に示す回路のリアクタンス jX を求め，その ω 依存性を図示せよ．また共振角周波数 ω_r と反共振角周波数 ω_a を求めよ．
10. 図 8-29 のように定電流 $\dot{J}$ で駆動される回路 I と LCR 直列回路 II が相互インダクタンス M で結合しているとき，以下の問いに答えよ．
    (1) 回路 II を流れる電流 $\dot{I}$ を求めよ．
    (2) $\dot{J}$ に対する $\dot{I}$ の位相差を求めよ．
    (3) C を変化させるとき，$|\dot{I}|$ を最大にする C の値を求めよ．

9 交流回路のまとめ

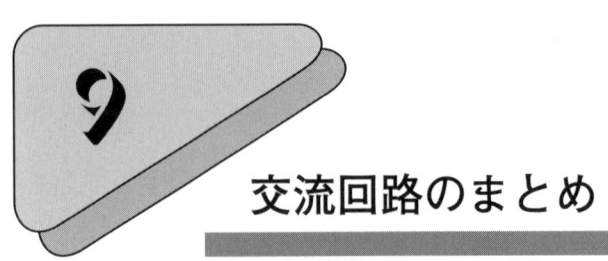

この章では，これまでに述べた交流回路の取り扱いについて，復習を兼ねてまとめ，次に，直流回路解析と対比させながら交流回路解析の基本を述べる．

9-1 複素数表示と $j\omega$

複素数表示についてもう一度確認しておこう．

$$\dot{f}(t) = Ae^{j\omega t} \tag{9-1}$$

なる関数（A は時間によらない）の時間 t による微分は，

$$\frac{d}{dt}\dot{f}(t) = \frac{d}{dt}Ae^{j\omega t} = j\omega Ae^{j\omega t} = j\omega \dot{f}(t)$$

すなわち，

$$\frac{d}{dt}\dot{f}(t) = j\omega \dot{f}(t) \tag{9-2}$$

である．

また，時間 t による積分は

$$\int \dot{f}(t)dt = \int Ae^{j\omega t}dt = \frac{1}{j\omega}Ae^{j\omega t} = \frac{1}{j\omega}\dot{f}(t)$$

すなわち，

$$\int \dot{f}(t)dt = \frac{1}{j\omega}\dot{f}(t) \tag{9-3}$$

である．

> 補足： 積分定数はゼロとした．149ページの補足参照．

以上より，「微分するときは元の関数に $j\omega$ を掛け，積分するときは元の関数

を $j\omega$ で割ればよい」ということができる．すなわち，

$$\frac{d}{dt} \Rightarrow j\omega \tag{9-4}$$

$$\int dt \Rightarrow \frac{1}{j\omega} \tag{9-5}$$

と，形式的に置き換えれば良い．

たとえば，式 (7-16) を複素数表示すれば，式 (9-5) の変換を使って式 (7-20) が即座に書け，図 7-8 または図 7-9 のベクトル図が直ちに描ける[補足]．

> 補足： 因子 $e^{j\omega t}$ を含む式が書ける．両辺を $e^{j\omega t}$ で割れば式 (7-20) になる．

問 9-1 式 (8-2) より，式 (9-4) の変換を使って，式 (8-3) を書け．

また，式 (9-4) の変換を 2 回行えば，

$$\frac{d^2}{dt^2} \Rightarrow -\omega^2 \tag{9-6}$$

である．式 (9-4) と式 (9-6) の変換を式 (8-20) に適用すれば，式 (8-21) がただちに得られる．

> **重要：** 微分は $j\omega$，積分は $1/j\omega$．式 (9-4)～式 (9-6) を記憶すること．

9-2 インピーダンスとアドミタンス

複素インピーダンスと複素アドミタンスは正弦波の交流についての概念で，定常状態のときに適用される．言い換えると，$j\omega$ は**正弦波にしか使えない**ことに注意．

9-2-1 インピーダンスとアドミタンス

図 9-1 に示すように，回路の二つの端子 A と B を流れる電流を $\dot{I}$，端子間電圧を $\dot{V}$ とする．このとき，

$$\dot{Z} = \dot{V}/\dot{I} \tag{9-7}$$

は端子 AB 間の複素インピーダンスである（簡単にインピーダンスということ

図 9-1 インピーダンスとアドミタンス

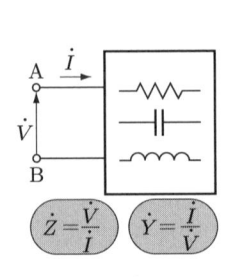

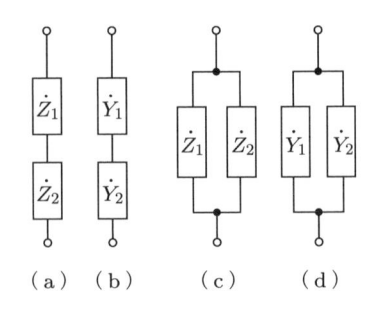

図 9-2 インピーダンスとアドミタンスの合成

が多い)．$\dot{Z}$ の実部を抵抗分，虚部をリアクタンス分という．

また，$\dot{Z}$ の逆数

$$\dot{Y} = \dot{I}/\dot{V} \tag{9-8}$$

は，複素アドミタンスである．$\dot{Y}$ の実部をコンダクタンス分，虚部を**サセプタンス**（susceptance）分という．

図 9-1 で対象とする回路は，回路素子 R，C，L を多数含む複雑なものであってもよいし，R，C，L が一つだけのものであってもよい．後者の場合は，複素インピーダンスという用語が抵抗と複素数表示したリアクタンスを総称するものとなり，R，C および L に対応する複素インピーダンスはそれぞれ，R，$1/j\omega C$ および $j\omega L$ である．

複素アドミタンスについても同様で，R，C および L に対応する複素アドミタンスは，それぞれ $1/R$，$j\omega C$ および $1/j\omega L$ である．すなわち，複素アドミタンスという用語で，コンダクタンスと複素数表示したサセプタンスを総称している．

複素インピーダンス $\dot{Z}_1$, $\dot{Z}_2$, $\dot{Z}_3$, $\cdots$ および複素アドミタンス $\dot{Y}_1$, $\dot{Y}_2$, $\dot{Y}_3$, $\cdots$ が図 9-2(a), (b) のように直列に接続されているときは，合成したインピーダンス $\dot{Z}_C$ は，

$$\dot{Z}_C = \dot{Z}_1 + \dot{Z}_2 + \dot{Z}_3 + \cdots \tag{9-9}$$

合成アドミタンス $\dot{Y}_C$ は

$$\frac{1}{\dot{Y}_C} = \frac{1}{\dot{Y}_1} + \frac{1}{\dot{Y}_2} + \frac{1}{\dot{Y}_3} + \cdots \tag{9-10}$$

となり，図 9-2 (c)，(d) のような並列接続のときは

$$\frac{1}{\dot{Z}_C} = \frac{1}{\dot{Z}_1} + \frac{1}{\dot{Z}_2} + \frac{1}{\dot{Z}_3} + \cdots \tag{9-11}$$

および

$$\dot{Y}_C = \dot{Y}_1 + \dot{Y}_2 + \dot{Y}_3 + \cdots \tag{9-12}$$

となる．

> 補足： 繰り返しになるが，R, $1/j\omega C$, $j\omega L$ を独立した複素インピーダンス $\dot{Z}_n$，また G, $j\omega C$, $1/j\omega L$ を独立した複素アドミタンス $\dot{Y}_n$ と考えてよい．ここに $n = 1, 2, 3 \cdots$ である．

9-2-2 回路素子における電流と電圧の位相差

抵抗 R の両端の電圧は $\dot{V}_R = R\dot{I}$ である．$\dot{V}_R$ と $\dot{I}$ の関係は複素平面上で図 9-3 (a) のようになる．すなわち，$\dot{V}_R$ と $\dot{I}$ は同相である（位相のずれが無い）．

容量 C の複素インピーダンスは $1/j\omega C = -j(1/\omega C)$ であり，コンデンサ両端の電圧は $\dot{V}_C = -j(1/\omega C)\dot{I}$ である．$\dot{V}_C$ と $\dot{I}$ の関係は複素平面上で，図 9-3 (b) のようになる．すなわち，$\dot{V}_C$ は $\dot{I}$ より位相が $\pi/2 \,\mathrm{rad}\,(90°)$ 遅れる．

インダクタンス L の複素インピーダンスは $j\omega L$ であり，コイル両端の電圧は $\dot{V}_L = j\omega L\dot{I}$ である．$\dot{V}_L$ と $\dot{I}$ の関係は複素平面上で，図 9-3 (c) のようになる．すなわち，$\dot{V}_L$ は $\dot{I}$ より位相が $\pi/2 \,\mathrm{rad}\,(90°)$ 進む．

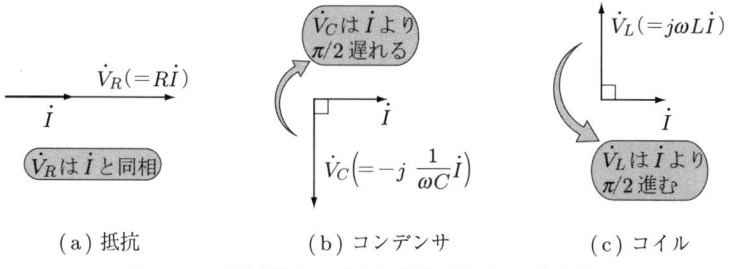

(a) 抵抗　　(b) コンデンサ　　(c) コイル

図 9-3　素子を流れる電流と素子両端電圧の位相差

9-3 回路解析

正弦波交流の回路解析は，複素数表示を用いれば，形式的には直流回路と同様に行うことができる．

すなわち，素子の複素インピーダンス R, $1/j\omega C$ および $j\omega L$ を直流回路の抵抗とみなす．また，複素アドミタンス $G(=1/R)$, $j\omega C$, および $1/j\omega L$ を直流回路のコンダクタンスとみなす．電流，電圧，起電力に，複素数の $\dot{I}$, $\dot{V}$, $\dot{E}$ を用い，これを直流と見なす．そして，直流回路の場合と全く同様にキルヒホッフの法則を使って回路方程式をたてる．演算は普通の代数のように行えばよい．

ただし，できるだけインピーダンスとアドミタンスのベクトル図を複素平面に描くことが大切である．

次節に，簡単な回路解析の方法を示す．

9-3-1 閉路方程式と節点方程式

閉路方程式と節点方程式は，複素インピーダンス $\dot{Z}_{ij}$ と複素アドミタンス $\dot{Y}_{ij}$ を用いれば，直流回路と全く同様に書くことができる．すなわち，式 (3-60) と式 (3-65) に対応して，以下の式 (9-13) および式 (9-14) を書くことができる．

$$\begin{pmatrix} \dot{Z}_{11} & \dot{Z}_{12} & \cdot & \dot{Z}_{1n} \\ \dot{Z}_{21} & \dot{Z}_{22} & \cdot & \dot{Z}_{2n} \\ \cdot & \cdot & \cdot & \cdot \\ \dot{Z}_{n1} & \dot{Z}_{n2} & \cdot & \dot{Z}_{nn} \end{pmatrix} \begin{pmatrix} \dot{I}_1 \\ \dot{I}_2 \\ \cdot \\ \dot{I}_n \end{pmatrix} = \begin{pmatrix} \dot{E}_1 \\ \dot{E}_2 \\ \cdot \\ \dot{E}_n \end{pmatrix} \quad (9\text{-}13)$$

$$\begin{pmatrix} \dot{Y}_{11} & \dot{Y}_{12} & \cdot & \dot{Y}_{1n} \\ \dot{Y}_{21} & \dot{Y}_{22} & \cdot & \dot{Y}_{2n} \\ \cdot & \cdot & \cdot & \cdot \\ \dot{Y}_{n1} & \dot{Y}_{n2} & \cdot & \dot{Y}_{nn} \end{pmatrix} \begin{pmatrix} \dot{V}_1 \\ \dot{V}_2 \\ \cdot \\ \dot{V}_n \end{pmatrix} = \begin{pmatrix} \dot{I}_1 \\ \dot{I}_2 \\ \cdot \\ \dot{I}_n \end{pmatrix} \quad (9\text{-}14)$$

添え字の意味は，式 (3-60) と式 (3-65) のところで記した R_{ij} または G_{ij} の説明を参照していただきたい．

例題 9-1 図 9-4 に示す回路の閉路方程式を記せ．ただし二つの起電力の周波数は同じとする．

解 図 9-4 は図 3-4 の R_1 を L に，R_3 を C に置き換えたものであるから，式 (3-26) の R_1 に $j\omega L$ を，R_3 に $1/j\omega C$ を代入すればよい．したがって，閉路方程式は

$$\left.\begin{array}{l}(j\omega L + R_2)\dot{I}_a \quad\quad\quad\quad -R_2\dot{I}_b = \dot{E}_1 + \dot{E}_2 \\ -R_2\dot{I}_a + \left(R_2 + \dfrac{1}{j\omega C} + R_4\right)\dot{I}_b = 0\end{array}\right\} \quad (9\text{-}15)$$

となる．∎

> **補足：** 式 (9-15) の第 1 式右辺 $\dot{E}_1 + \dot{E}_2$ は，式 (3-26) 右辺 $E_1 - E_2$ と符合が異なるように見える．$\dot{E}_1 + \dot{E}_2$ は $\dot{E}_1$ と $\dot{E}_2$ のベクトル和であるが，この中に $\dot{E}_1$ と $\dot{E}_2$ の位相差が含まれる．図 3-4 において，$-E_2$ を E_1 と反対向きのベクトルと考えれば $E_1 - E_2 = E_1 + (-E_2)$ である．

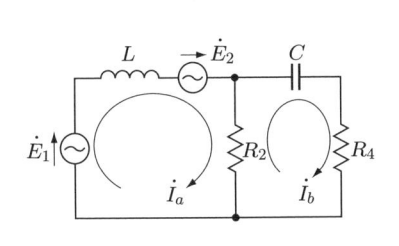

図 **9-4** 例題 9-1 の回路

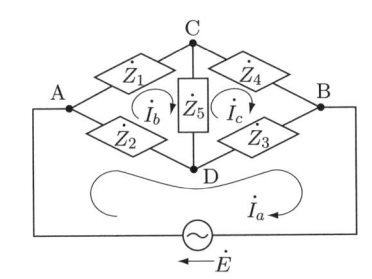

図 **9-5** ブリッジ回路

例題 9-2 図 9-5 に示すブリッジ回路の平衡条件を求めよ．

解 図 9-5 は図 3-8(b) に対応するので，R_1, R_2, R_3, R_4, R_5 のそれぞれを，インピーダンス $\dot{Z}_1$, $\dot{Z}_2$, $\dot{Z}_3$, $\dot{Z}_4$, $\dot{Z}_5$ で置き換えれば，閉路方程式は式 (3-28) に替わって次式のように書ける．

$$\left.\begin{array}{l}(\dot{Z}_2 + \dot{Z}_3)\dot{I}_a \quad\quad -\dot{Z}_2\dot{I}_b \quad\quad\quad -\dot{Z}_3\dot{I}_c = \dot{E} \\ -\dot{Z}_2\dot{I}_a + (\dot{Z}_1 + \dot{Z}_2 + \dot{Z}_5)\dot{I}_b \quad\quad -\dot{Z}_5\dot{I}_c = 0 \\ -\dot{Z}_3\dot{I}_a \quad\quad -\dot{Z}_5\dot{I}_b + (\dot{Z}_3 + \dot{Z}_4 + \dot{Z}_5)\dot{I}_c = 0\end{array}\right\} \quad (9\text{-}16)$$

これより，インピーダンス $\dot{Z}_5$ に電流が流れない条件は，式 (3-34) に対応して，

$$\dot{Z}_2\dot{Z}_4 = \dot{Z}_1\dot{Z}_3 \quad\quad\quad\quad (9\text{-}17)$$

となる.

> **補足:** 単に平衡条件を求めるだけなら次のようにすればよい.平衡時には節点 C と節点 D の電位が等しいので,$\dot{Z}_4/(\dot{Z}_1+\dot{Z}_4)=\dot{Z}_3/(\dot{Z}_2+\dot{Z}_3)$.これより式 (9-17) がただちに求められる.しかしここでは,直流回路解析と交流回路解析の対応を見るために閉路方程式から導いた.

9-3-2 電源の内部インピーダンス

第 3 章で,現実の直流電圧源には内部抵抗 r_S があり,直流電流源には内部コンダクタンス g_S があることを述べた.

これに対応して,交流電圧源には図 9-6(a) に示すように複素内部インピーダンス $\dot{Z}_S(=r_S+jx_S)$ があり,交流電流源には図 9-6(b) に示すように複素内部アドミタンス $\dot{Y}_S(=g_S+jb_S)$ がある.

図 9-6 電源の等価回路

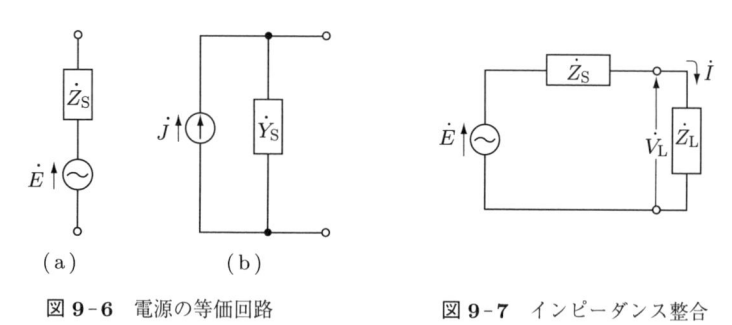

図 9-7 インピーダンス整合

9-3-3 インピーダンス整合

例題 3-11 で,電源の内部抵抗を r_S とするとき,電源から最大の電力を取り出すための負荷抵抗は r_S に等しい,ということを明らかにした.これに対応する以下の例題を考えよう.

> **例題 9-3** 図 9-7 に示すように,複素内部インピーダンス $\dot{Z}_S(=r_S+jx_S)$ をもつ電源に複素インピーダンス $\dot{Z}_L(=R_L+jX_L)$ の負荷を接続するとき,負荷が最大の有効電力を得るためには,$\dot{Z}_L$ をどのように選べば良い

か 注)．

［解］ $\dot{Z}_\mathrm{L}$ の複素電力は式 (6-38) より，次のように求められる．

$$\dot{P}_\mathrm{L} = \frac{1}{2}\dot{V}_\mathrm{L}\bar{\dot{I}} = \frac{1}{2}\dot{Z}_\mathrm{L}\dot{I}\bar{\dot{I}} = \frac{1}{2}\dot{Z}_\mathrm{L}|\dot{I}|^2 = \frac{1}{2}\frac{\dot{Z}_\mathrm{L}|\dot{E}|^2}{|\dot{Z}_\mathrm{S}+\dot{Z}_\mathrm{L}|^2}$$

$$= \frac{1}{2}\frac{R_\mathrm{L}+jX_\mathrm{L}}{(r_\mathrm{S}+R_\mathrm{L})^2+(x_\mathrm{S}+X_\mathrm{L})^2}|\dot{E}|^2 \tag{9-18}$$

有効電力 P_A は，$\dot{P}_\mathrm{L}$ の実部なので（例題 6-14 参照），

$$P_\mathrm{A} = \frac{1}{2}\frac{R_\mathrm{L}}{(r_\mathrm{S}+R_\mathrm{L})^2+(x_\mathrm{S}+X_\mathrm{L})^2}|\dot{E}|^2 \tag{9-19}$$

と書ける．

リアクタンス X_L は正負いずれの値もとれるから 補足)，

$$X_\mathrm{L} = -x_\mathrm{S} \tag{9-20}$$

のとき式 (9-19) は X_L に関して最大になる．このとき，P_A は，

$$P_\mathrm{A} = \frac{1}{2}\frac{R_\mathrm{L}}{(r_\mathrm{S}+R_\mathrm{L})^2}|\dot{E}|^2 \tag{9-21}$$

となるが，これは式 (3-47) と同じ形であるから，

$$R_\mathrm{L} = r_\mathrm{S} \tag{9-22}$$

を満足するとき最大になる．

式 (9-20) と式 (9-22) より，

$$\dot{Z}_\mathrm{L} = \bar{\dot{Z}}_\mathrm{S} \tag{9-23}$$

のとき，電源は負荷に最大電力を供給できることが分かる．

なお，このとき，式 (9-21) は，

$$P_\mathrm{A} = \frac{1}{2}\frac{1}{4r_\mathrm{S}}|\dot{E}|^2 = \frac{E_\mathrm{e}^2}{4r_\mathrm{S}} \tag{9-24}$$

となり，式 (3-50) に対応する．ただし E_e は電源の起電力の実効値 $(=|\dot{E}|/\sqrt{2})$ である． ■

> **補足：** 複素負荷インピーダンス $\dot{Z}_\mathrm{L} = R_\mathrm{L} + jX_\mathrm{L}$ における jX_L は，誘導性なら $j\omega L$ のように書けるので $X_\mathrm{L} > 0$，容量性なら $-j(1/\omega C)$ のように書けるので $X_\mathrm{L} < 0$．

注) X_L は複素負荷インピーダンスのリアクタンス分であり，誘導リアクタンス ωL に特定したものではない．添え字の L がイタリック体ではなく立体になっていることに注意．L は負荷（load）の意味．

以上より，電源から最大有効電力を取り出すためには，負荷インピーダンスが電源の内部インピーダンスの複素共役になるようにすれば良いことが分かる．これを**インピーダンス整合**（impedance matching）をとるという．

> 注意： 直流の結果より $\dot{Z}_L = \dot{Z}_S$ と簡単に類推しないこと．$\dot{Z}_L = \overline{\dot{Z}}_S$ であることに注意．

9-3-4 テブナンの定理

開放電圧 $\dot{E}_S$，内部複素インピーダンス $\dot{Z}_S$ の回路に，負荷インピーダンス $\dot{Z}_L = R_L + jX_L$ を接続するとき，$\dot{Z}_L$ を流れる電流 $\dot{I}_L$ は，式 (3-53) に対応して，

$$\dot{I}_L = \frac{\dot{E}_S}{\dot{Z}_S + \dot{Z}_L} \tag{9-25}$$

と表される．

すなわち，テブナンの定理は交流においても成り立つ．

9-3-5 重ねの理

交流回路においても重ねの理が成り立つ．また，交流電源と直流電源が混じっている時も成り立つ．

演習問題

1. 図 9-8 のように，端子 AB に負荷インピーダンス $\dot{Z}_L = R_L + j\omega L_L$ を接続した．負荷に供給される電力が最大になるような，R_L と L_L を求めよ．ただし，$\omega = 1/CR$ とする．
2. 図 9-9 のように，内部インピーダンス $\dot{Z}_S = r_S + jx_S$ の交流電源に負荷抵抗 R_L を接続した．R_L に供給される電力が最大になるのは，R_L がどのようなときか．
3. 図 9-10 に示すウィーンブリッジと呼ばれる交流ブリッジの平衡条件を求めよ．図中の D は検出器である．
4. 図 9-11 に示す交流ブリッジにおいて，$\dot{Z}_x$ は未知のコイルである（コイルの等価回路を L_S と R_S の直列回路で表した．図 8-10 参照のこと）．
   (1) このブリッジの平衡条件を求めよ．

図 9-8 問題 1 の回路

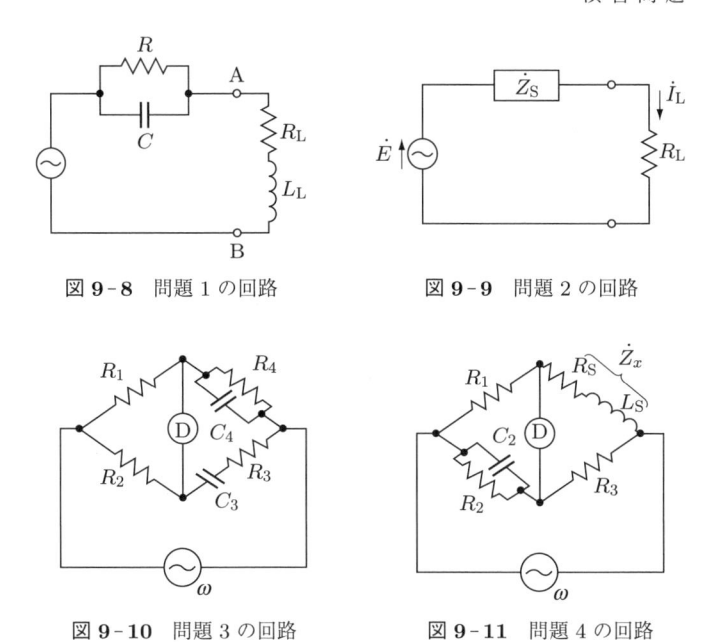

図 9-9 問題 2 の回路

図 9-10 問題 3 の回路

図 9-11 問題 4 の回路

(2) 平衡条件より未知コイルの L_S と Q を求めよ．

5. 図 9-12 に示す回路の負荷電圧 $\dot{V}_L$ を，テブナンの定理を用いて求めよ．ただし，二つの交流電源の角周波数は等しいものとする．

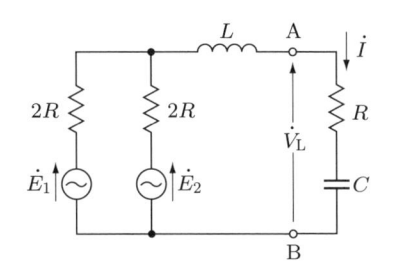

図 9-12 問題 5 の回路

問題解答

第1章
問

問 1-1 $9\,[\text{V}]/120\,[\Omega] = 0.075\,[\text{A}] = 75\,[\text{mA}]$.

問 1-2 $6.8 \times 10^3\,[\Omega] \times 2 \times 10^{-3}\,[\text{A}] = 13.6\,[\text{V}]$.

問 1-3 電球に流すことができる最大の電流は $100\,\text{mA} = 0.1\,\text{A}$. このとき電球両端の電圧は $10\,[\Omega] \times 0.1\,[\text{A}] = 1\,[\text{V}]$. このとき R_S 両端には, $15\,[\text{V}] - 1\,[\text{V}] = 14\,[\text{V}]$ の電圧がかかる. したがって, $R_\text{S} = 14\,[\text{V}]/0.1\,[\text{A}] = 140\,[\Omega]$. R_S が $140\,\Omega$ 以上あれば, 電流は $0.1\,\text{A}(=100\,\text{mA})$ 以下になるから電球は切れない.

問 1-4 $1 \times 10^{-6}\,[\text{C}]/1.602 \times 10^{-19}\,[\text{C}] = 6.2 \times 10^{12}\,[\text{個}]$.

問 1-5 式 (1-6) より, $I = 100 \times 10^{-6}\,[\text{C}]/1\,[\text{s}] = 100 \times 10^{-6}\,[\text{A}] = 100\,[\mu\text{A}] = 0.1\,[\text{mA}]$.

問 1-6 銅箔の体積は $5 \times 10^{-4}\,[\text{cm}^3]$. 例題 1-7 の結果より, 銅箔中の伝導電子数は $(5 \times 10^{-4})\,[\text{cm}^3] \times (8.5 \times 10^{22})\,[\text{個}]/[\text{cm}^3] = 4.25 \times 10^{19}$ 個.

問 1-7 抵抗 $R = 12\,[\text{V}]/3\,[\text{mA}] = 4\,[\text{k}\Omega]$. これと, 問題の数値を式 (1-17) に代入すれば, 抵抗率 $0.6\,[\Omega\cdot\text{m}] = 60\,[\Omega\cdot\text{cm}]$, 導電率 $1.7\,[\text{S}\cdot\text{m}^{-1}] = 1.7 \times 10^{-2}\,[\text{S}\cdot\text{cm}^{-1}]$.

問 1-8 $1.7 \times 10^{-8}\,[\Omega\cdot\text{m}] \times 1\,[\text{m}]/(5 \times 10^{-5}\,[\text{m}] \times 5 \times 10^{-5}\,[\text{m}] \times 3.14) = 2.2\,[\Omega]$.

問 1-9 例題 1-12 を参照して $(1.602 \times 10^{-19} \times 500)\,[\text{J}] = 500\,[\text{eV}]$, $8 \times 10^{-17}\,[\text{J}]$.

問 1-10 $6^2\,[\text{V}^2]/2\,[\Omega] = 18\,[\text{W}]$.

問 1-11 $18\,[\text{W}] \times 10\,[\text{s}] = 180\,[\text{J}]$.

問 1-12 電流は $1\,\text{mA}$. $IV = 1 \times 10^{-3}\,[\text{A}] \times 1.5\,[\text{V}] = 1.5 \times 10^{-3}\,[\text{W}]$. $1.5 \times 10^{-3}\,[\text{W}] \times 60\,[\text{s}] = 0.09\,[\text{J}]$.

問 1-13 $500\,[\text{W}] \times 3.6 \times 10^3\,[\text{s}] = 1.8 \times 10^6\,[\text{J}] = 1.8\,[\text{MJ}]$.

問 1-14 $I^2 Rt = 5^2\,[\text{A}^2] \times 3\,[\Omega] \times 10\,[\text{s}] = 750\,[\text{J}] = 179\,[\text{cal}]$.

演習問題

1. 抵抗 R_i 両端の電圧は, $10\,[\text{k}\Omega] \times 1\,[\text{mA}] = 10\,[\text{V}]$.
   電流計の抵抗を無視したので, 端子 AB 間の電圧は $10\,\text{V}$.

2. 重力 mg, クーロン力 F, 張力 T の釣り合いは解図 1 に示すようになる.
   これより, $\dfrac{Q^2}{4\pi\varepsilon_0 (2l\sin\theta)^2} = mg\tan\theta$. したがって, $Q = 4l\sin\theta\sqrt{\pi\varepsilon_0 mg \tan\theta}$.

3. (1) 1 秒あたり $2\,\mu\text{C}$ と $4\,\mu\text{C}$ の電荷が流れ込むから, $2\,[\mu\text{C}] + 4\,[\mu\text{C}] = 6\,[\mu\text{C}]$.
   (2) 導線 AO: $2\,[\mu\text{C/s}] = 2\,[\mu\text{A}]$, 導線 BO: $4\,[\mu\text{C/s}] = 4\,[\mu\text{A}]$,
   導線 OC: $6\,[\mu\text{C/s}] = 6\,[\mu\text{A}]$.

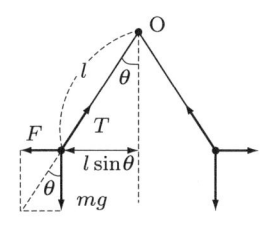

解図 1

4. (1) AB 間の抵抗は $400\,[\mathrm{mV}]/10\,[\mathrm{mA}] = 40\,[\Omega]$.
   式 (1-16) と式 (1-17) より, $\sigma = 1.25 \times 10^2\,[\mathrm{S/m}] = 1.25\,[\mathrm{S/cm}]$.
   (2) $\mu = \sigma/qn = 1.25\,[\mathrm{S/cm}]/(1.6 \times 10^{-19}\,[\mathrm{C}] \times 5 \times 10^{16}\,[\mathrm{cm}^{-3}]) = 156\,[\mathrm{cm}^2/\mathrm{V \cdot s}]$.
   (3) $v = \mu\mathcal{E} = 156\,[\mathrm{cm}^2/\mathrm{V \cdot s}] \times (400\,[\mathrm{mV}]/10\,[\mathrm{mm}]) = 62.4\,[\mathrm{cm/s}]$.
   点 B から点 A まで電子が移動する時間は, $10\,[\mathrm{mm}]/62.4\,[\mathrm{cm/s}] = 1.6 \times 10^{-2}\,[\mathrm{s}] = 16\,[\mathrm{ms}]$.

5. $2.7 \times 10^3\,[\Omega] \times I^2\,[\mathrm{A}] = 1/4\,[\mathrm{W}]$ より, $I = 9.6 \times 10^{-3}\,[\mathrm{A}] = 9.6\,[\mathrm{mA}]$.
   $V^2\,[\mathrm{V}^2]/(2.7 \times 10^3\,[\Omega]) = 1/4\,[\mathrm{W}]$ より, $V = 26\,[\mathrm{V}]$.

6. ヒータに供給される電力 P は, $P = V^2/R = 100^2\,[\mathrm{V}^2]/20\,[\Omega] = 500\,[\mathrm{W}]$.
   t 秒間に供給される電力量は $500t\,[\mathrm{J}]$. 一方, 水 $1l = 1 \times 10^3\,\mathrm{cm}^3$ を $60\,[℃] - 20\,[℃] = 40\,[℃]$ 上昇するのに必要な熱量は $1 \times 10^3 \times 40 = 4 \times 10^4\,[\mathrm{cal}]$.
   すなわち, $4.19 \times 4 \times 10^4 = 1.68 \times 10^5\,[\mathrm{J}]$.
   $500t\,[\mathrm{J}] = 1.68 \times 10^5\,[\mathrm{J}]$ より, $t = 3.36 \times 10^2\,[\mathrm{s}] = 5.6\,[\mathrm{min}]$.

第 2 章
問

問 2-1 $I_1 - I_2 - I_3 = 0$ より, $I_1 = I_2 + I_3 = 2\,[\mathrm{A}] + 4\,[\mathrm{A}] = 6\,[\mathrm{A}]$

問 2-2 解図 2 の破線のように閉路の方向を決める. 次の (1) と (2) のどちらで考えてもよい.

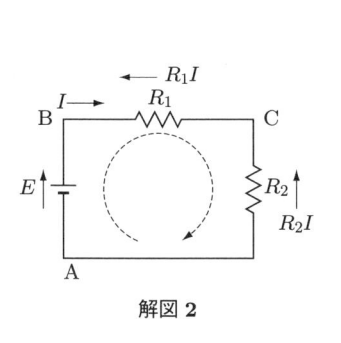

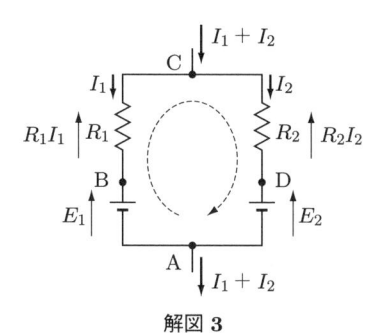

解図 2   解図 3

(1) 節点 A より節点 B の電位は E だけ高いので，この間の電位差は $+E$．節点 B より節点 C の電位は $R_1 I$ だけ低いので，この間の電位差は $-R_1 I$．節点 C より節点 A の電位は $R_2 I$ だけ低いので，この間の電位差は $-R_2 I$．よって，$E - R_1 I - R_2 I = 0$．あるいは $E = R_1 I + R_2 I$．

(2) 電位差 E は閉路の方向なので正．電位差 $R_1 I$ と電位差 $R_2 I$ は閉路と反対方向なので負．以上より $E - R_1 I - R_2 I = 0$．あるいは書き換えて $E = R_1 I + R_2 I$．

問 2-3 解図 3 の破線のように閉路の方向を決める．電位差 E_1 と $R_1 I_1$ の方向は閉路と一致．電位差 $R_2 I_2$ と E_2 の方向は閉路と反対．以上より，$E_1 + R_1 I_1 - R_2 I_2 - E_2 = 0$．あるいは，書き換えて $E_1 - E_2 = R_2 I_2 - R_1 I_1$．

問 2-4 $2\,[\mathrm{k}\Omega] + 500\,[\Omega] = 2\,[\mathrm{k}\Omega] + 0.5\,[\mathrm{k}\Omega] = 2.5\,[\mathrm{k}\Omega]$．

問 2-5 合成抵抗は $2\,[\mathrm{k}\Omega] + 3\,[\mathrm{k}\Omega] + 4\,[\mathrm{k}\Omega] = 9\,[\mathrm{k}\Omega]$．

(1) $I = 18\,[\mathrm{V}]/9\,[\mathrm{k}\Omega] = 2\,[\mathrm{mA}]$．

(2) $RI^2 = 2 \times 10^3\,[\Omega] \times (2 \times 10^{-3})^2\,[\mathrm{A}^2] = 8 \times 10^{-3}\,[\mathrm{W}] = 8\,[\mathrm{mW}]$．

(3) $2\,[\mathrm{k}\Omega] \times 2\,[\mathrm{mA}] = 4\,[\mathrm{V}]$．

問 2-6 式 (2-10) の分子は $R_j = 3\,[\mathrm{k}\Omega] + 4\,[\mathrm{k}\Omega] = 7\,[\mathrm{k}\Omega]$．分母は $1\,[\mathrm{k}\Omega] + 2\,[\mathrm{k}\Omega] + (3+4)\,[\mathrm{k}\Omega] = 10\,[\mathrm{k}\Omega]$．$V = 15\,[\mathrm{V}]$．
よって，$V_\mathrm{A} - V_\mathrm{B} = (7\,[\mathrm{k}\Omega]/10\,[\mathrm{k}\Omega]) \times 15\,[\mathrm{V}] = 10.5\,[\mathrm{V}]$．

問 2-7 式 (2-14) に単位をそろえて代入．$0.4\,\mathrm{k}\Omega$ または $400\,\Omega$．

問 2-8 $R_\mathrm{C} = 1\,[\mathrm{k}\Omega] \times 3\,[\mathrm{k}\Omega]/(1\,[\mathrm{k}\Omega] + 3\,[\mathrm{k}\Omega]) = 0.75\,[\mathrm{k}\Omega]$．
$I = 6\,[\mathrm{V}]/0.75\,[\mathrm{k}\Omega] = 8\,[\mathrm{mA}]$．

問 2-9 $2\,\mathrm{k}\Omega$ を流れる電流 $= \{4\,[\mathrm{k}\Omega]/(2\,[\mathrm{k}\Omega] + 4\,[\mathrm{k}\Omega])\} \times 12\,[\mathrm{mA}] = 8\,[\mathrm{mA}]$，$4\,\mathrm{k}\Omega$ を流れる電流 $= \{2\,[\mathrm{k}\Omega]/(2\,[\mathrm{k}\Omega] + 4\,[\mathrm{k}\Omega])\} \times 12\,[\mathrm{mA}] = 4\,[\mathrm{mA}]$．

問 2-10 R_2 と R_3 の合成抵抗 $= 3\,[\mathrm{k}\Omega] \times 6\,[\mathrm{k}\Omega]/(3\,[\mathrm{k}\Omega] + 6\,[\mathrm{k}\Omega]) = 2\,[\mathrm{k}\Omega]$．
全体の合成抵抗 $= 4\,[\mathrm{k}\Omega] + 2\,[\mathrm{k}\Omega] = 6\,[\mathrm{k}\Omega]$．

演習問題

1. 節点 A でのキルヒホッフ第 1 法則は $-I_1 - I_2 - I_3 = 0$ \hfill (1)

   閉路 1 と閉路 2 において，閉路の方向を図 2-18 の破線のようにとれば，キルヒホッフの第 2 法則は，それぞれの閉路で，

$$E_1 + R_1 I_1 - R_3 I_3 = 0 \qquad (2)$$

$$E_2 + R_2 I_2 - R_3 I_3 = 0 \qquad (3)$$

   が成り立つ．

   次に，式 (1) と条件 $I_1 = -2I_2$ より，$I_3 = -I_1/2$． \hfill (4)

   式 (2), 式 (4) と条件より，$I_1 = -4E_2/(2R_1 + R_3)$． \hfill (5)

   式 (3), 式 (4) と条件より，$I_1 = 2E_2/(R_2 - R_3)$． \hfill (6)

   式 (5)=式 (6) より，$R_3 = 2R_1 + 2R_2$．

2. S を開いているとき，R_2 両端の電圧 V_2 は，
   $V_2 = E R_2/(R_1 + R_2)$． \hfill (1)
   S を閉じたとき，R_2 両端の電圧 V_2' は，R_2 と R_x の合成抵抗 R_C を使い，

$V_2' = ER_C/(R_1 + R_C) = ER_2/(R_1 + R_2 + R_1R_2/R_x)$. (2)
$V_2' = 0.8V_2$ より, $R_x = 4R_1R_2/(R_1 + R_2)$.

3. $4\,\text{k}\Omega$ と $6\,\text{k}\Omega$ の並列抵抗 $R_{AB} = 2.4\,\text{k}\Omega$.
$V_B - V_C = 12\,[\text{V}] \times 7.2\,[\text{k}\Omega]/(7.2\,[\text{k}\Omega] + 2.4\,[\text{k}\Omega]) = 9\,[\text{V}]$.
$V_A - V_B = 12\,[\text{V}] - 9\,[\text{V}] = 3\,[V]$.
$I_3 = 9\,[\text{V}]/7.2\,[\text{k}\Omega] = 1.25\,[\text{mA}]$. $I_1 = 3\,[\text{V}]/4\,[\text{k}\Omega] = 0.75\,[\text{mA}]$.
$I_2 = 3\,[\text{V}]/6\,[\text{k}\Omega] = 0.5\,[\text{mA}]$.

4. S を閉じたときの合成抵抗 R_{CC} が, S を閉じないときの合成抵抗 R_{CO} の半分になればよい. $R_{CO} = 1\,[\text{k}\Omega] + 4\,[\text{k}\Omega] = 5\,[\text{k}\Omega]$.
$R_{CC} = 1\,[\text{k}\Omega] + 4\,[\text{k}\Omega] \times R/(4\,[\text{k}\Omega] + R)$. $R_{CO} = 2R_{CC}$ より, $R = 2.4\,[\text{k}\Omega]$.

5. $R_{AB} = R'_{AB}$ より, $R_1(R_2 + R_3)/(R_1 + R_2 + R_3) = R_a + R_b$ (1)
$R_{BC} = R'_{BC}$ より, $R_2(R_3 + R_1)/(R_1 + R_2 + R_3) = R_b + R_c$ (2)
$R_{CA} = R'_{CA}$ より, $R_3(R_1 + R_2)/(R_1 + R_2 + R_3) = R_c + R_a$ (3)
式 (3) − 式 (2) より, $R_1(R_3 - R_2)/(R_1 + R_2 + R_3) = R_a - R_b$ (4)
式 (1) + 式 (4) より, 整理して $R_a = R_3R_1/(R_1 + R_2 + R_3)$
同様に $R_b = R_1R_2/(R_1 + R_2 + R_3)$
同様に $R_c = R_2R_3/(R_1 + R_2 + R_3)$

第 3 章
問

問 3-1 $|A| = 7/12$, $|B| = 1$, $|C| = -48$, $|D| = 85$.

問 3-2 (1) 分母 $= \begin{vmatrix} 2 & 1 & 4 \\ 3 & 2 & 1 \\ 4 & 3 & 2 \end{vmatrix} = 4$, x の分子 $= \begin{vmatrix} -1 & 1 & 4 \\ 7 & 2 & 1 \\ 7 & 3 & 2 \end{vmatrix} = 20$,

y の分子 $= \begin{vmatrix} 2 & -1 & 4 \\ 3 & 7 & 1 \\ 4 & 7 & 2 \end{vmatrix} = -12$, z の分子 $= \begin{vmatrix} 2 & 1 & -1 \\ 3 & 2 & 7 \\ 4 & 3 & 7 \end{vmatrix} = -8$,

これより $x = 20/4 = 5$, $y = -12/4 = -3$, $z = -8/4 = -2$.

(2) 分母 $= \begin{vmatrix} 1 & 1 & 2 \\ 1 & 2 & 3 \\ 1 & 3 & 5 \end{vmatrix} = 1$, x の分子 $= \begin{vmatrix} 3 & 1 & 2 \\ 4 & 2 & 3 \\ 3 & 3 & 5 \end{vmatrix} = 4$, y の分子 $= \begin{vmatrix} 1 & 3 & 2 \\ 1 & 4 & 3 \\ 1 & 3 & 5 \end{vmatrix} = 3$,

z の分子 $= \begin{vmatrix} 1 & 1 & 3 \\ 1 & 2 & 4 \\ 1 & 3 & 3 \end{vmatrix} = -2$,

これより $x = 4/1 = 4$, $y = 3/1 = 3$, $z = -2/1 = -2$.

問 3-3 キルヒホッフ第 1 法則は, $I_1 - I_2 - I_3 = 0$, 閉路 1 と 2 にキルヒホッフ第 2 法則を使い整理すると, それぞれの閉路で $I_2 - 2I_3 = 20$, $3I_1 + 2I_3 = 5$. 以上の 3 式より,

$$I_2 = \frac{\begin{vmatrix} 1 & 0 & -1 \\ 0 & 20 & -2 \\ 3 & 5 & 2 \end{vmatrix}}{\begin{vmatrix} 1 & -1 & -1 \\ 0 & 1 & -2 \\ 3 & 0 & 2 \end{vmatrix}} = \frac{110\,[\mathrm{k\Omega \cdot V}]}{11\,[\mathrm{k\Omega^2}]} = 10\,[\mathrm{mA}].$$

$$I_3 = \frac{\begin{vmatrix} 1 & -1 & 0 \\ 0 & 1 & 20 \\ 3 & 0 & 5 \end{vmatrix}}{\begin{vmatrix} 1 & -1 & -1 \\ 0 & 1 & -2 \\ 3 & 0 & 2 \end{vmatrix}} = \frac{-55\,[\mathrm{k\Omega \cdot V}]}{11\,[\mathrm{k\Omega^2}]} = -5\,[\mathrm{mA}].$$

$I_1 = I_2 + I_3 = 5\,[\mathrm{mA}]$. I_1 と I_2 は正なので,電流の方向は図の矢印と同じ. I_3 は負なので,電流の方向は矢印と反対.

問3-4 閉路方程式;$7I_a + 5I_b = 12$, $5I_a + 20I_b = 6$.

$$I_a = \frac{\begin{vmatrix} 12 & 5 \\ 6 & 20 \end{vmatrix}}{\begin{vmatrix} 7 & 5 \\ 5 & 20 \end{vmatrix}} = \frac{210\,[\mathrm{k\Omega \cdot V}]}{115\,[\mathrm{k\Omega^2}]} = 1.83\,[\mathrm{mA}], \quad I_a \text{は仮定した方向と同じ}.$$

$$I_b = \frac{\begin{vmatrix} 7 & 12 \\ 5 & 6 \end{vmatrix}}{\begin{vmatrix} 7 & 5 \\ 5 & 20 \end{vmatrix}} = \frac{-18\,[\mathrm{k\Omega \cdot V}]}{115\,[\mathrm{k\Omega^2}]} = -0.16\,[\mathrm{mA}], \quad I_b \text{は仮定した方向と反対向き}.$$

$15\,\mathrm{k\Omega}$ を流れる電流 (I_b) の大きさは $0.16\,[\mathrm{mA}]$ で,図3-7において右向き. $5\,\mathrm{k\Omega}$ を流れる電流 $(I_a + I_b)$ の大きさは,$1.83\,[\mathrm{mA}] - 0.16\,[\mathrm{mA}] = 1.67\,[\mathrm{mA}]$ で,図3-7において右向き.

$2\,\mathrm{k\Omega}$ を流れる電流 (I_a) の大きさは $1.83\,[\mathrm{mA}]$ で,図3-7において左向き.

問3-5 $R_x \times 50\,[\Omega] = 100\,[\Omega] \times 200\,[\Omega]$ より,$R_x = 400\,[\Omega]$.

問3-6 $2\,[\mathrm{k\Omega}] \times 6\,[\mathrm{k\Omega}] = R_x \times 3\,[\mathrm{k\Omega}]$ より,$R_x = 4\,[\mathrm{k\Omega}]$. 節点 C と節点 D が同電位なので抵抗 $1\,\mathrm{k\Omega}$ に電流が流れないから,式 (3-34) が成り立つ.

問3-7 図3-14と同じように閉路電流を定めると,閉路方程式は,$7I_a - 2I_b - 5I_c = E$, $-2I_a + 17I_b - 10I_c = 0$, $-5I_a - 10I_b + 17I_c = 0$, これより,$I_a = 189E/630 = E/3.33$. よって合成抵抗は $3.33\,\Omega$.

問3-8 ブリッジが平衡しているので $2\,\mathrm{k\Omega}$ に電流が流れない. 与えられた回路は $1\,\mathrm{k\Omega}$, $200\,\Omega$ の直列抵抗と,$500\,\Omega$, $100\,\Omega$ の直列抵抗の二つによる並列接続に等しい.

よって，$R_\mathrm{C} = (1+0.2)\,[\mathrm{k\Omega}] \times (0.5+0.1)\,[\mathrm{k\Omega}]/\{(1+0.2)\,[\mathrm{k\Omega}] + (0.5+0.1)\,[\mathrm{k\Omega}]\}$
$= 0.4\,[\mathrm{k\Omega}] = 400\,[\Omega]$．

問 3-9　$r_\mathrm{S}=40\,[\Omega] \times 120\,[\Omega]/(40\,[\Omega]+120\,[\Omega])=30\,[\Omega]$．$20\,[\Omega]$ を切り離したとき，$120\,[\Omega]$ 両端の電圧は $\{120\,[\Omega]/(40\,[\Omega]+120\,[\Omega])\} \times (15\,[\mathrm{V}]+5\,[\mathrm{V}]) = 15\,[\mathrm{V}]$ で，$5\,\mathrm{V}$ の電源側より節点 A 側の電位が低い．したがって，節点 B を基準とする節点 A の電位 E_S は $5\,[\mathrm{V}] - 15\,[\mathrm{V}] = -10\,[\mathrm{V}]$．

テブナンの定理より，節点 A を流れる電流は $-10\,[\mathrm{V}]/(30\,[\Omega]+20\,[\Omega]) = -0.2\,[\mathrm{A}]$．大きさ $0.2\,\mathrm{A}$ の電流が節点 A に向かって流れる．

問 3-10　例題 3-16 の解 (1) において電圧 $9\,\mathrm{V}$ が $-9\,\mathrm{V}$ に変更されるので，電流 $I_{21} = -1.5\,[\mathrm{mA}]$．すなわち，節点 B から節点 A に向かって流れる．I_{22} は例題 3-16 と変わらず，節点 A から B に向かって $I_{22}=2\,[\mathrm{mA}]$．全電流 $I_2 = I_{21} + I_{22} = -1.5\,[\mathrm{mA}] + 2\,[\mathrm{mA}] = 0.5\,[\mathrm{mA}]$．大きさ $0.5\,\mathrm{mA}$ の電流が節点 A から B に向かって流れる．

問 3-11　E_1 が機能，E_2 が短絡のとき，
$I_{11} = E_1/\{R_1 + R_2 R_3/(R_2+R_3)\} = E_1(R_2+R_3)/(R_1 R_2 + R_2 R_3 + R_3 R_1)$
（右向き）．
$I_{21} = I_{11} \times R_3/(R_2+R_3) = E_1 R_3/(R_1 R_2 + R_2 R_3 + R_3 R_1)$（下向き）．

E_2 が機能，E_1 が短絡のとき，
$I_{32} = E_2/\{R_3 + R_1 R_2/(R_1+R_2)\} = E_2(R_1+R_2)/(R_1 R_2 + R_2 R_3 + R_3 R_1)$
（左向き）．
$I_{22} = I_{32} \times R_1/(R_1+R_2) = E_2 R_1/(R_1 R_2 + R_2 R_3 + R_3 R_1)$（下向き）．
$I_{12} = I_{32} \times R_2/(R_1+R_2) = E_2 R_2/(R_1 R_2 + R_2 R_3 + R_3 R_1)$（左向き）．
$I_2 = I_{21} + I_{22}$，$I_1 = I_{11} + I_{12}$ より方向を考えて（I_{11} と I_{12} が逆向き），

$$I_2 = \frac{R_3 E_1 + R_1 E_2}{R_1 R_2 + R_2 R_3 + R_3 R_1},\quad （下向き）．$$

$$I_1 = \frac{(R_2+R_3)E_1 - R_2 E_2}{R_1 R_2 + R_2 R_3 + R_3 R_1},\quad （I_1 が正のとき右向き．負のとき左向き）．$$

演習問題

1. 解図 4 のように電源をつなぎ，閉路電流 I_a，I_b，I_c，I_d を決める．
閉路方程式は

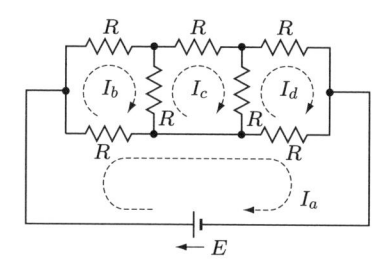

解図 4

$$\left.\begin{array}{l}2RI_a - RI_b \quad\quad - RI_d = E \\ -RI_a + 3RI_b - RI_c \quad\quad = 0 \\ \quad\quad - RI_b + 3RI_c - RI_d = 0 \\ -RI_a \quad\quad - RI_c + 3RI_d = 0\end{array}\right\},$$

クラメルの公式を使うと，I_a の分母の係数行列式 $|A|$ は例題 3-2 より，$|A|=24R^4$. 分子の行列式は余因子展開して，$21R^3E$. したがって，$I_a = 21R^3E/24R^4 = E/(8/7)R$. これより，合成抵抗は $\dfrac{8}{7}R = \dfrac{8}{7} \times 14\,[\Omega] = 16\,[\Omega]$.

別解 与えられた回路を解図 5 (a) のように書き直し，破線で囲んだ部分を Δ-Y 変換すれば，図 (b) のようになる．これは，図 (c) の直並列接続と同じなので，合成抵抗は $R_C = 8R/7 = 16\,[\Omega]$ となる．

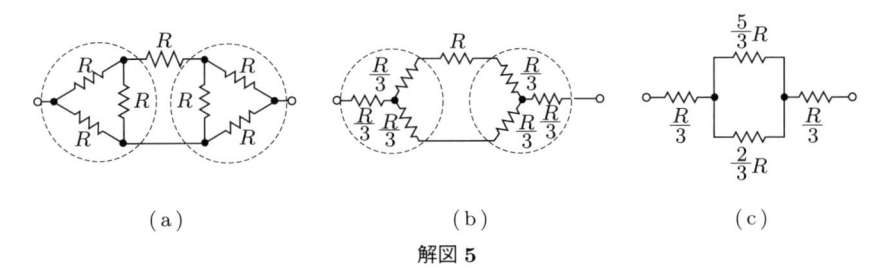

解図 5

2. $5\,\mathrm{k}\Omega$, $1\,\mathrm{k}\Omega$, $3\,\mathrm{k}\Omega$ で囲まれる閉回路を Δ-Y 変換すれば，解図 6 (a)，さらに同図 (b) の直並列接続に書き換えられる．これより，合成抵抗は $2.6\,\mathrm{k}\Omega$.

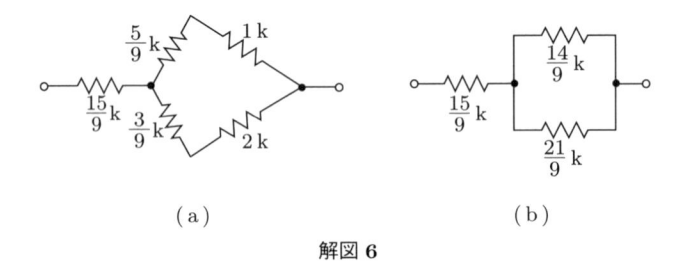

解図 6

3. (1) $J = E/r_S = 12\,[\mathrm{V}]/2\,[\Omega] = 6\,[\mathrm{A}]$. $g_S = 1/r_S = 1/2\,[\Omega] = 0.5\,[\mathrm{S}]$. 等価電流源は解図 7 (a) のようになる．

(2) 与えられた回路は (1) の結果を使って，図 (b) のように描ける．すなわち定電流源が $1\,[\mathrm{A}] + 6\,[\mathrm{A}] = 7\,[\mathrm{A}]$，内部コンダクタンスが $0.2\,[\mathrm{S}] + 0.5\,[\mathrm{S}] = 0.7\,[\mathrm{S}]$ の電流源．これより，求める電圧源は図 (c).

4. r_S は，解図 8 (a) のように R_1, R_4 の並列抵抗と R_2, R_3 の並列抵抗が，直列接続されているので，

(a)　　　　　　　　(b)　　　　　　　　(c)

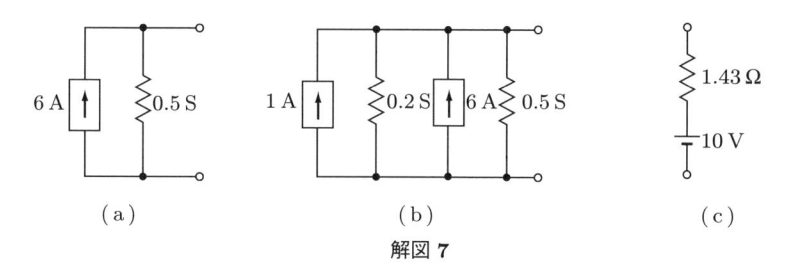

解図 7

$r_S = R_1R_4/(R_1+R_4) + R_2R_3/(R_2+R_3)$
$= \{R_1R_4(R_2+R_3) + R_2R_3(R_1+R_4)\}/(R_1+R_4)(R_2+R_3)$.

R_5 を接続しないとき，節点 B を基準とする節点 C の電位は，解図 8(b) に示すように，$ER_4/(R_1+R_4)$，節点 B を基準とする節点 D の電位は $ER_3/(R_2+R_3)$ だから，節点 C と節点 D の電位差 E_S は，
$E_S = ER_4/(R_1+R_4) - ER_3/(R_2+R_3)$
$= E(R_2R_4 - R_1R_3)/(R_1+R_4)(R_2+R_3)$.
電流 I_5 は，
$I_5 = E_S/(r_S+R_5)$
$= E(R_2R_4 - R_1R_3)$
　$/\{R_1R_4(R_2+R_3) + R_2R_3(R_1+R_4) + R_5(R_1+R_4)(R_2+R_3)\}$.
これは，式 (3-33) と同じである．

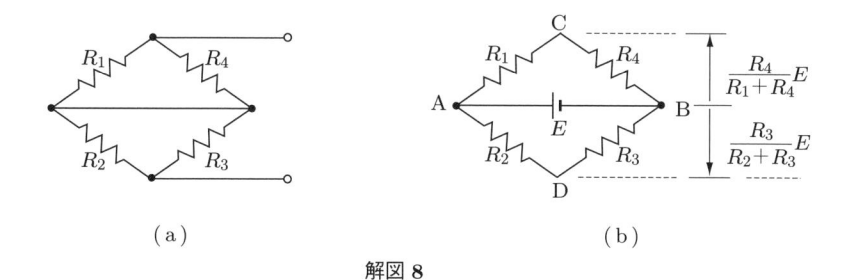

(a)　　　　　　　　　　　　　　(b)

解図 8

5. 12 V と 6 V の起電力を含む一つの等価電圧源に抵抗 R_x が接続されていると考える．$r_S = 2\,[\Omega]$（6 [Ω] と 3 [Ω] の並列抵抗），$E_S = 6\,[V]$．
したがって，式 (3-49) より $R_x = 2\,[\Omega]$．消費電力 $V_x^2/R_x = 3^2/2 = 4.5\,[W]$．毎分 $4.5\,[W] \times 60\,[s] = 270\,[J] = 64.4\,[cal]$．

6. (1) 電圧源が働き電流源が停止（開放）のとき，
　（ア）E_1 が働き E_2 が停止（短絡）のとき（解図 9 (a)）
　　　E_1 から節点 B に流れ込む電流 I_B は，
　　　$I_B = E_1/\{R_2R_3/(R_2+R_3) + R_1\} = E_1(R_2+R_3)/(R_1R_2+R_2R_3+R_3R_1)$

(a)　　　　　　　　　　(b)　　　　　　　　　　(c)

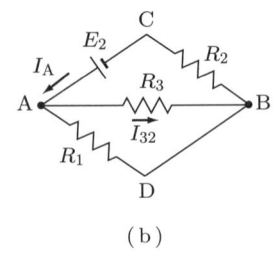

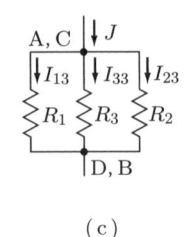

解図 9

　　R_3 を流れる電流 I_{31} は節点 B から節点 A の向きに，$I_B R_2/(R_2+R_3)$ だから，
$$I_{31} = E_1 R_2/(R_1 R_2 + R_2 R_3 + R_3 R_1)$$
（イ）E_2 が働き E_1 が停止（短絡）のとき（解図 9 (b)）
　　R_3 を流れる電流 I_{32} は節点 A から節点 B に向かい，
$$I_{32} = E_2 R_1/(R_1 R_2 + R_2 R_3 + R_3 R_1)$$
(2)　電流源が働き電圧源が停止のとき，考える回路は解図 9 (c).
　これより，R_3 を流れる電流 I_{33} は節点 A(C) から節点 B(D) に向かい，その大きさは式 (2-17) を参照して $I_{33} = J R_1 R_2/(R_1 R_2 + R_2 R_3 + R_3 R_1)$.
　以上より，R_3 を流れる電流 I_3 は，その方向を節点 A から節点 B に向かってとると，
$$I_3 = -I_{31} + I_{32} + I_{33} = (R_1 E_2 - R_2 E_1 + R_1 R_2 J)/(R_1 R_2 + R_2 R_3 + R_3 R_1).$$

7. 閉路方程式は
$$\left.\begin{aligned}(R_1+R_3)I_a \quad &+ R_3 I_b \quad\quad\quad -R_1 I_c = E_1 \\ R_3 I_a + (R_2+R_3)I_b \quad &+ R_2 I_c = E_2 \\ -R_1 I_a \quad\quad + R_2 I_b &+ (R_1+R_2+R_4)I_c = 0\end{aligned}\right\},$$

係数行列式 $|A| = R_4(R_1 R_2 + R_2 R_3 + R_3 R_1)$.
$I_a = (E_1 - E_2)/R_4 + \{(R_2+R_3)E_1 - R_3 E_2\}/(R_1 R_2 + R_2 R_3 + R_3 R_1)$.
$I_b = (E_2 - E_1)/R_4 + \{(R_1+R_3)E_2 - R_3 E_1\}/(R_1 R_2 + R_2 R_3 + R_3 R_1)$.
$I_c = (E_1 - E_2)/R_4$.
R_n を流れる電流を I_n と書けば，
$I_1 = I_a - I_c = \{(R_2+R_3)E_1 - R_3 E_2\}/(R_1 R_2 + R_2 R_3 + R_3 R_1)$
$I_2 = I_b + I_c = \{(R_1+R_3)E_2 - R_3 E_1\}/(R_1 R_2 + R_2 R_3 + R_3 R_1)$
$I_3 = I_a + I_b = (R_1 E_2 + R_2 E_1)/(R_1 R_2 + R_2 R_3 + R_3 R_1)$
$I_4 = I_c = (E_1 - E_2)/R_4$

第 4 章
問
問 4-1　式 (4-4) または式 (4-5) より $10/2 = 5$ 倍．

問題解答　207

問 4-2　$2\,[\mu F]+3\,[\mu F]=5\,[\mu F]$.

問 4-3　$45\,[pF]\times 15\,[pF]/(45\,[pF]+15\,[pF])=11.3\,[pF]$.

問 4-4　$1\,\mu F$ と $3\,\mu F$ の合成静電容量 $C_C=4\,\mu F$. 全合成容量は C_C と $2\,\mu F$ の直列接続より，$2\,[\mu F]\times 4\,[\mu F]/(2\,[\mu F]+4\,[\mu F])=1.33\,[\mu F]$.

問 4-5　$C_C=2\,[\mu F]\times 3\,[\mu F]/(2\,[\mu F]+3\,[\mu F])=1.2\,[\mu F]$.
$q=C_C v_C=1.2\,[\mu F]\times 6\,[V]=7.2\,[\mu C]$.

問 4-6　$w_C=\dfrac{C v_C{}^2}{2}=\dfrac{C v_C}{2}v_C=\dfrac{1}{2}q v_C=\dfrac{1}{2}q\dfrac{q}{C}=\dfrac{q^2}{2C}$

問 4-7　式 (4-11) に，$i=2\,A$, $r=0.1\,m$ を代入．$H=3.18\,A/m$.

問 4-8　磁石を遠ざけるとコイルを貫通する磁束が減る．磁束を減らさないように図 4-19 (b) の向きに電流が流れる．すなわち図 4-20 (c) と反対向き．

問 4-9　$L\dfrac{di}{dt}=4\times 10^{-3}\,[H]\times \dfrac{2\,[A]}{0.5\times 10^{-3}\,[s]}=16\,[V]$. ただし，大きさを示した．

問 4-10　$N=80\,[mm]/0.3\,[mm]=266.66$（切り捨てて 266 巻）
式 (4-19) より，$L=3.14\times 1.256\times 10^{-6}\,[H/m]\times 1\times 266^2\times (1\times 10^{-2}\,[m])^2\div 8\times 10^{-2}\,[m]=3.49\times 10^{-4}\,[H]=0.349\,[mH]=349\,[\mu H]$.

問 4-11　$N=nl$, $S=\pi a^2$ を式 (4-19) に代入すれば求められる．

問 4-12　$100:12$

演習問題

1. 放電により時間の経過とともに v_C が減少するので，i が減少する．i が減少すれば，$i=-dq/dt$ の関係より q の減少率が小さくなる．$v_C=q/C$ より，v_C の減少率も小さくなる．$i=v_C/R$ であるから v_C の減少率が小さくなれば i の減少率も小さくなる．

2. (1) C_2 と C_3 の合成容量 C_C は $4\,\mu F$.
　　C_1, C_2 および C_3 の両端電圧を v_1, v_2, v_3 とすれば $v_2=v_3$. キルヒホッフの第 2 法則より
$$v_1+v_2=12\,[V] \qquad ①$$
C_1 に蓄えられる電荷を q_1 と書けば，$v_1=q_1/C_1$, $v_2(=v_3)=q_1/C_C$ であり，$C_1/C_C=1/2$ なので，
$$v_1/v_2=2/1 \qquad ②$$
① と ② より $v_1=8\,[V]$, $v_2=v_3=4\,[V]$. $q_1=8\,[V]\times(2\times 10^{-6})\,[F]=16\,[\mu C]$. C_2 と C_3 に蓄えられる電荷を q_2, q_3, とすれば，$q_2=1\,[\mu F]\times 4\,[V]=4\,[\mu C]$. $q_3=3\,[\mu F]\times 4\,[V]=12\,[\mu C]$.

(2) $C_1=2\,\mu F$ のコンデンサが $2\,V$ のときは，$v_1+v_2=3\,[V]$. したがって，電流 $i=(12-3)\,[V]/30\,[k\Omega]=0.3\,[mA]$. S を閉じた瞬間の電流は $12\,[V]/30\,[k\Omega]=0.4\,[mA]$ だから 0.75 倍．

3. $\theta=90°$ なので $dH=(i/4\pi a^2)ds$.
$H=\displaystyle\int_0^{2\pi a}(i/4\pi a^2)ds=(i/4\pi a^2)\times 2\pi a=i/2a$. 円に垂直で上向き．

4. 1次コイルによる磁界の大きさ H は $n_1 i_1$ であるから、磁束密度 $B = \mu_0 \mu_r n_1 i_1$.
   磁束 $\Phi = BS = \mu_0 \mu_r n_1 i_1 S$.
   2次コイルの起電力 $e_{L2} = n_2 l d\Phi/dt = n_1 n_2 l \mu_0 \mu_r S di_1/dt$.
   これより、相互インダクタンス $M = n_1 n_2 l \mu_0 \mu_r S$.

5. 二つのコイルの起電力を e_{L1} と e_{L2} とすれば、コイルは直列であるから、全起電力 e は $e = e_{L1} + e_{L2}$. これに $e_{L1} = L_1 \dfrac{di}{dt} + M \dfrac{di}{dt}$, $e_{L2} = L_2 \dfrac{di}{dt} + M \dfrac{di}{dt}$ を代入すると、$e = (L_1 + L_2 + 2M) \dfrac{di}{dt}$. これより、$L = L_1 + L_2 + 2M$.

6. (1) 電流が変化しないときは、$v_L = 0$.
   電流が変化する間は $v_L = L di/dt = 4 \times 10^{-3}$ [H] $\times (2$ [A]$/1$ [ms]$) = 8$ [V]. 極性は電流の減少を抑える方向. 電圧波形を解図 10 に示す.

   (2) 電流が変化する $1\,\mathrm{ms}$ の範囲において i [A] $= 2$ [A] $- \dfrac{2\,[\mathrm{A}]}{1 \times 10^{-3}\,[\mathrm{s}]} t$

   (3) $\displaystyle\int_0^{1\,[\mathrm{ms}]} v_L i\, dt = 8 \times 2 \int_0^{1\,[\mathrm{ms}]} \left(1 - \dfrac{t}{10^{-3}}\right) dt$
   $= 16 \times \left[t - \dfrac{t^2}{2 \times 10^{-3}}\right]_0^{1\,[\mathrm{ms}]} = 8\,[\mathrm{mJ}]$

   (4) $2\,\mathrm{A}$ のときコイルに蓄えられるエネルギー $w_{2\mathrm{A}}$ は $8\,\mathrm{mJ}$. $0\,\mathrm{A}$ では $0\,\mathrm{J}$.

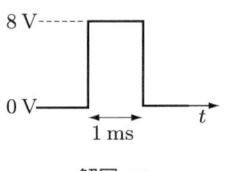

解図 10

第 5 章

問

問 5-1 式 (5-6) を $dq/dt + fq = g$ と書く. ただし $f = 1/CR$, $g = E/R$.
(a) 式 (5-14) より
$q = \mathrm{e}^{-\int f dt} \left\{\int g \mathrm{e}^{\int f dt} dt + c\right\} = \mathrm{e}^{-ft}\{(g/f)\mathrm{e}^{ft} + c\} = g/f + c \mathrm{e}^{-ft}$.
または、(b) 式 (5-16) より $q = c\mathrm{e}^{-ft} + g/f$. 初期条件 $t = 0$ で $q = 0$ より、$c = -g/f = -CE$. これより $q = CE(1 - \mathrm{e}^{-t/CR})$.

問 5-2 解図 11 参照.

問 5-3 解図 12 参照.

問 5-4 $\tau = CR = 2 \times 10^{-6}$ [F] $\times 2 \times 10^3$ [Ω] $= 4 \times 10^{-3}$ [s] $= 4$ [ms].

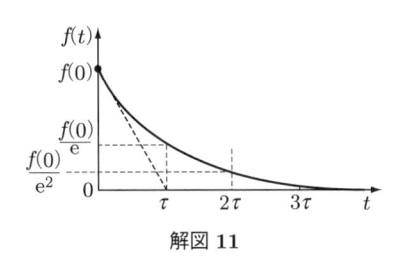

解図 11

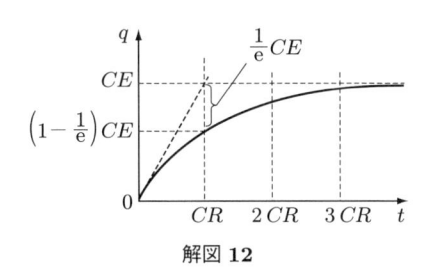

解図 12

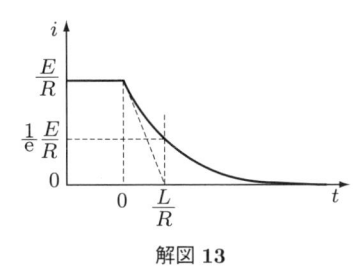

解図 13

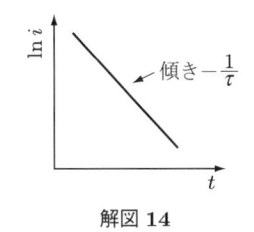

解図 14

問 5- 5 $dq/dt = -(1/CR)q$. 変数分離法により $\ln q = -(1/CR)t + c$. 初期条件 $t = 0$ で $q = CE$ より, $c = \ln CE$. 以上より $q = CEe^{-t/CR}$.

問 5- 6 $di/dt + (R/L)i = E/L$. 式 (5-16) より, $i = ce^{-Rt/L} + E/R$. $t = 0$ で $i = 0$ より, $c = -E/R$. よって, $i = (E/R)(1 - e^{-Rt/L})$.

問 5- 7 $\tau = L/R = 100 \times 10^{-3}\,[\mathrm{H}]/10\,[\Omega] = 1 \times 10^{-2}\,[\mathrm{s}] = 10\,[\mathrm{ms}]$.

問 5- 8 スイッチ S が閉じられ電源につながっている定常状態において, コイルに電磁エネルギーが蓄えられている. このエネルギーを放出して電流を流す. 定常状態を含めた電流の時間依存性は, 解図 13 に示すようになる.

演習問題

1. 両辺の対数をとれば, $\ln i = \ln(E/R) - (1/\tau)t$. すなわち, $\ln i$ と t との関係は傾き $-(1/\tau)$ の直線. 解図 14.

2. 微分方程式は式 (5-6) と同じ. 式 (5-8) において, 初期条件 $t = 0$ で $q = Q_0$ より, $c = -\ln(CE - Q_0)$. $(CE - q)/(CE - Q_0) = e^{-t/CR}$.
$q = CE - (CE - Q_0)e^{-t/CR}$, $i = dq/dt = (CE - Q_0)(CR)^{-1}e^{-t/CR}$

3. $v_C = q/C = Ri$ より, 微分方程式は $dq/dt + q/CR = 0$. ただし, $i = -dq/dt$. 初期条件 $t = 0$ で $q = EC$ より, $\ln\{q/CE\} = -t/CR$. すなわち, $t = -CR\ln(v_C/E) = CR\ln(E/v_C)$.
$C = 220\,\mathrm{\mu F}$, $R = 10\,\mathrm{k\Omega}$, $E/v_C = 10$ を代入すれば $t = 220 \times 10^{-6}\,[\mathrm{F}] \times 10^4\,[\Omega] \times \ln 10 = 5.1\,[\mathrm{s}]$.

4. 演習問題 3 で, $q = CEe^{-t/CR}$ が導かれるので, $i = -dq/dt = (E/R)e^{-t/CR}$. 微小時間 dt の間に抵抗 R で消費されるエネルギー dw は $dw = i^2 R dt$. 放電し終わるまでに抵抗で消費される全エネルギー w は,

$$w = \int_{t=0}^{t=\infty} dw = \int_0^\infty i^2 R\, dt = \frac{E^2}{R}\int_0^\infty e^{-2t/CR} dt$$

$$= -\frac{CE^2}{2}\left[e^{-2t/CR}\right]_0^\infty = \frac{CE^2}{2}$$

補足 これは，最初にコンデンサに $CE^2/2$ のエネルギーが蓄えられていたことを意味する（エネルギー保存則）．

5. コンデンサの電荷を q とする．キルヒホッフ第1法則より，$i = i_R + i_C$．これに $i_R = q/CR_2$ $(i_R R_2 = q/C$ より$)$ と $i_C = dq/dt$ を代入すれば i が q で書ける．これをキルヒホッフ第2法則 $E = R_1 i + q/C$ に代入すれば，q に関する1階微分方程式 $dq/dt + q(R_1+R_2)/CR_1R_2 = E/R_1$ が得られる．
初期条件 $t=0$ で $q=0$ より，
$q = ECR_2/(R_1+R_2) \times [1 - \exp\{-(R_1+R_2)t/CR_1R_2\}]$.
$i_C = dq/dt = (E/R_1)\exp\{-(R_1+R_2)t/CR_1R_2\}$,
$i_R = q/CR_2 = E/(R_1+R_2)[1 - \exp\{-(R_1+R_2)t/CR_1R_2\}]$,
$i = i_R + i_C = E/(R_1+R_2)[1 + (R_2/R_1)\exp\{-(R_1+R_2)t/CR_1R_2\}]$.
ここで，e^x を $\exp x$ と記した．

6. $dq/dt = J$（一定）より，両辺を t で積分して $q = Jt + c$. $t=0$ で $q=0$ とすれば $q = Jt$. $v_C = q/C = Jt/C$. v_C は t に比例して増加する．

7. キルヒホッフの第2法則より，$Ri + Ldi/dt = 0$. 初期条件は $t=0$ で $i = i_0 = E/R$ なので，変数分離法を使って，$i = (E/R)e^{-Rt/L}$.

8. 微小時間 dt の間に R で消費されるエネルギー dw は $dw = i^2 R\, dt = i_0^2 R e^{-2Rt/L} dt$. ただし，$i_0 = E/R$ とおいた．消費エネルギーの総量 w は

$$w = \int_{t=0}^{t=\infty} dw = i_0^2 R \int_0^\infty e^{-2Rt/L} dt = -\frac{Li_0^2}{2}\left[e^{-2Rt/L}\right]_0^\infty = \frac{Li_0^2}{2}$$

$(= LE^2(2R^2)^{-1})$.

9. $Ldi/dt = -i_0 R e^{-Rt/L} = -Ee^{-Rt/L}$

10. R_1 と R_2 の並列抵抗を R_p と書けば，キルヒホッフの第2法則より $Ldi/dt + R_p i = E$. 初期条件 $t=0$ で $i = E/R_1$ より，微分方程式を解くと，$i = (E/R_p) - E(R_1 - R_p)/(R_p R_1) \times \exp(-R_p t/L)$. $R_p = R_1 R_2/(R_1+R_2)$ を代入して整理すれば，$i = E(R_1+R_2)/(R_1 R_2) - (E/R_2)\exp\{-R_1 R_2 t/L(R_1+R_2)\}$. これを図示すれば解図15.

11. $di/dt = A(-p_1 e^{-p_1 t} + p_2 e^{-p_2 t})$.
ただし，$A = (E/L)\{(R/L)^2 - 4/LC\}^{-1/2}$. $di/dt = 0$ を与える t を t_m と書けば，

$$t_m = \frac{\ln p_2 - \ln p_1}{p_2 - p_1} = \frac{\ln\left[\frac{1}{2}(R^2C/L) + \frac{1}{2}RC\{(R/L)^2 - (4/LC)\}^{1/2} - 1\right]}{\{(R/L)^2 - (4/LC)\}^{1/2}}$$

解図 15

12. $di/dt = (E/L)(1-\alpha t)e^{-\alpha t}$. $di/dt = 0$ になる t を t_m と書けば, $1-\alpha t_\mathrm{m} = 0$. よって, $t_\mathrm{m} = 1/\alpha = 2L/R = CR/2$.

第6章
問

問 6-1 50 Hz：1 [s]/50 [Hz]=0.02 [s]=20 [ms], $\omega = 2\pi f = 6.28 \times 50 = 314$ [rad/s].
60 Hz：0.0167 [s]=16.7 [ms], 377 [rad/s].

問 6-2 横軸より上の面積と下の面積が等しいので, $V_\mathrm{a} = 0$.

問 6-3 $v = \dfrac{V_\mathrm{m}}{T/4}t = \dfrac{4}{T}V_\mathrm{m}t,$

$V_\mathrm{a} = \dfrac{1}{T/4}\displaystyle\int_0^{T/4} v\, dt = \dfrac{16}{T^2}V_\mathrm{m}\int_0^{T/4} t\, dt = \dfrac{16}{T^2}V_\mathrm{m}\left[\dfrac{t^2}{2}\right]_0^{T/4} = \dfrac{V_\mathrm{m}}{2}$

問 6-4 $v = \dfrac{V_\mathrm{m}}{T}t,\ V_\mathrm{a} = \dfrac{1}{T}\displaystyle\int_0^T v\, dt = \dfrac{V_\mathrm{m}}{T^2}\left[\dfrac{t^2}{2}\right]_0^T = \dfrac{V_\mathrm{m}}{2}$

問 6-5 図より $V_\mathrm{a} = V_\mathrm{m}/2$.

問 6-6 $V_\mathrm{a} = \dfrac{1}{T}\displaystyle\int_0^{T/2} V_\mathrm{m}\sin\omega t\, dt = \dfrac{V_\mathrm{m}}{\omega T}[-\cos\omega t]_0^{T/2} = \dfrac{V_\mathrm{m}}{\omega T}\left[-\cos\dfrac{\omega T}{2} + 1\right]$

$= \dfrac{V_\mathrm{m}}{2\pi}[-\cos\pi + 1] = \dfrac{V_\mathrm{m}}{\pi}.$

問 6-7 $V_\mathrm{a} = \dfrac{1}{T/2}\displaystyle\int_0^{T/2} V_\mathrm{m}\sin\omega t\, dt = \dfrac{2V_\mathrm{m}}{\pi}$ （問 6-6 より明らか）

問 6-8 $v = \dfrac{V_\mathrm{m}}{T/4}t = \dfrac{4}{T}V_\mathrm{m}t,\ v^2 = \dfrac{16}{T^2}V_\mathrm{m}^2 t^2,$

${V_\mathrm{e}}^2 = \dfrac{1}{T/4}\displaystyle\int_0^{T/4} v^2\, dt = \dfrac{64}{T^3}{V_\mathrm{m}}^2\left[\dfrac{t^3}{3}\right]_0^{T/4} = \dfrac{{V_\mathrm{m}}^2}{3},\ V_\mathrm{e} = \dfrac{V_\mathrm{m}}{\sqrt{3}}$

問 6-9 $v = \dfrac{V_\mathrm{m}}{T}t,\ v^2 = \dfrac{{V_\mathrm{m}}^2}{T^2}t^2,$

${V_\mathrm{e}}^2 = \dfrac{1}{T}\displaystyle\int_0^T v^2\, dt = \dfrac{1}{T^3}{V_\mathrm{m}}^2\left[\dfrac{t^3}{3}\right]_0^T = \dfrac{{V_\mathrm{m}}^2}{3},\ V_\mathrm{e} = \dfrac{V_\mathrm{m}}{\sqrt{3}}$

問 6-10 $v = V_m$. $v^2 = V_m{}^2$, $V_e{}^2 = \dfrac{1}{T}\displaystyle\int_0^{T/2} v^2 dt = \dfrac{1}{T}V_m{}^2[t]_0^{T/2} = \dfrac{V_m{}^2}{2}$,

$V_e = \dfrac{V_m}{\sqrt{2}}$.

問 6-11 $v = V_m \sin\omega t$, $v^2 = V_m{}^2 \sin^2\omega t dt = \dfrac{V_m{}^2}{2}(1-\cos 2\omega t)$.

$V_e{}^2 = \dfrac{1}{T}\displaystyle\int_0^{T/2} v^2 dt = \dfrac{V_m{}^2}{2T}\left[t - \dfrac{1}{2\omega}\sin 2\omega t\right]_0^{T/2} = \dfrac{V_m{}^2}{2T}\left(\dfrac{T}{2} - \dfrac{1}{2\omega}\sin\omega T\right) = \dfrac{V_m{}^2}{4}$,

$V_e = \dfrac{V_m}{2}$.

問 6-12 直流：$100^2\,[\mathrm{V}^2]/50\,[\Omega] = 200\,[\mathrm{W}]$.
交流：$100\,[\mathrm{V}]/50\,[\Omega] = 2\,[\mathrm{A}]$. $100^2\,[\mathrm{V}^2]/50[\Omega] = 200\,[\mathrm{W}]$.

問 6-13 解図 16 参照.
$\sqrt{1+2^2} = \sqrt{5}$, $\sqrt{1+3} = 2$, $\sqrt{(-2)^2 + 3^2} = \sqrt{13}$, $\sqrt{3+1} = 2$.

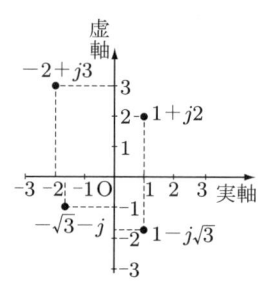

解図 16

問 6-14 $\dot{B} = -1 + j\sqrt{3}$, $|\dot{B}| = 2$, $\phi = 2\pi/3$, $\dot{B} = 2\mathrm{e}^{j2\pi/3}$.
$\dot{C} = -5j$, $|\dot{C}| = 5$, $\phi = 3\pi/2$, $\dot{C} = 5\mathrm{e}^{j3\pi/2}$.

演習問題

1. 周期 $T = 1\,[\mathrm{s}]/50\,[\mathrm{Hz}] = 0.02\,[\mathrm{s}] = 20\,[\mathrm{ms}]$. $20\,[\mathrm{ms}]$ が $2\pi\,[\mathrm{rad}]$ に相当するので，$\pi/4\,[\mathrm{rad}]$ は $20\,[\mathrm{ms}]\times(\pi/4)/2\pi = 2.5\,[\mathrm{ms}]$.

2. $v_1 + v_2 = V_{m1}\sin(\omega t - \theta_1) + V_{m2}\sin(\omega t - \theta_2)$
   $= V_{m1}(\cos\theta_1 \sin\omega t - \sin\theta_1 \cos\omega t) + V_{m2}(\cos\theta_2 \sin\omega t - \sin\theta_2 \cos\omega t)$
   $= (V_{m1}\cos\theta_1 + V_{m2}\cos\theta_2)\sin\omega t - (V_{m1}\sin\theta_1 + V_{m2}\sin\theta_2)\cos\omega t$.
   $a = (V_{m1}\cos\theta_1 + V_{m2}\cos\theta_2)$, $b = (V_{m1}\sin\theta_1 + V_{m2}\sin\theta_2)$ とおけば，
   $v = v_1 + v_2 = a\sin\omega t - b\cos\omega t = V_m \sin(\omega t - \delta)$.
   ただし，$V_m = (a^2 + b^2)^{1/2}$
   $= \{(V_{m1}\cos\theta_1 + V_{m2}\cos\theta_2)^2 + (V_{m1}\sin\theta_1 + V_{m2}\sin\theta_2)^2\}^{1/2}$,
   $\tan\delta = b/a = (V_{m1}\sin\theta_1 + V_{m2}\sin\theta_2)/(V_{m1}\cos\theta_1 + V_{m2}\cos\theta_2)$

3. 三角関数の公式（積を和に直す公式）より，

$$v_1 v_2 = V_{m1} V_{m2} \sin(\omega_1 t - \theta_1) \sin(\omega_2 t - \theta_2)$$
$$= (V_{m1} V_{m2}/2)[\cos\{(\omega_1 - \omega_2)t - (\theta_1 - \theta_2)\} - \cos\{(\omega_1 + \omega_2)t - (\theta_1 + \theta_2)\}]$$
$$= (V_{m1} V_{m2}/2)[\sin\{(\omega_1 - \omega_2)t - (\theta_1 - \theta_2 - \pi/2)\}$$
$$- \sin\{(\omega_1 + \omega_2)t - (\theta_1 + \theta_2 - \pi/2)\}].$$

4. 三角関数の公式(積を和に直す公式)より,

$$v_1 v_2 = V_{m1} V_{m2} \sin(\omega t - \theta_1) \sin(\omega t - \theta_2)$$
$$= (V_{m1} V_{m2}/2)[\cos(\theta_2 - \theta_1) - \cos\{2\omega t - (\theta_1 + \theta_2)\}].$$

この第 1 項は t を含まないので直流成分.第 2 項が角周波数 2ω の交流成分.直流成分の最大値は $\theta_2 = \theta_1$ のときで,$\cos(\theta_2 - \theta_1) = 1$,したがって最大値は $V_{m1} V_{m2}/2 = V_{e1} V_{e2}$.

5. $V_e = V_m/\sqrt{2}$, $V_a = 2V_m/\pi$, $V_e/V_a = \sqrt{2}\pi/4$.
6. $s = (5^2 - 2^2)^{1/2} = \sqrt{21}$. $\phi = -\tan^{-1}(\sqrt{21}/2) = -66.4°$.
7. 解図 17 のベクトル図より,$\dot{I}_3 = (I_1 + I_2 \cos\phi_2) + jI_2 \sin\phi_2$.
$I_3 = (I_1{}^2 + I_2{}^2 + 2I_1 I_2 \cos\phi_2)^{1/2}$. $\phi_3 = \tan^{-1}\{I_2 \sin\phi_2/(I_1 + I_2 \cos\phi_2)\}$

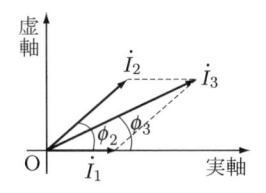

解図 17

8. j は大きさ 1,偏角 $\pi/2$ のベクトルなので $j = e^{j\pi/2}$.
$j\dot{z} = e^{j\frac{\pi}{2}}\dot{z} = e^{j\frac{\pi}{2}}|\dot{z}|e^{j\phi} = |\dot{z}|e^{(\phi + \frac{\pi}{2})}$.ただし ϕ は $\dot{z}$ の偏角.
これより,$j\dot{z}$ の偏角は $\phi + \pi/2$.すなわち,ベクトルが反時計方向に $\pi/2$ 回転.

第 7 章
問
問 7-1 R と C の並列インピーダンスは,$1/\dot{Z}_1 = 1/R + 1/(1/j\omega C)$.$R = 1 \times 10^3 \Omega$,$\omega = 10^3$ rad/s,$C = 3 \times 10^{-6}$ F を代入して,$\dot{Z}_1 = 100 - 300j\,[\Omega]$.
全インピーダンスは $-j/(10^3\,[\text{rad/s}] \times 10 \times 10^{-6}\,[\text{F}]) + \dot{Z}_1[\Omega] = 100 - 400j\,[\Omega]$.

問 7-2 $\omega = 1/CR = (1 \times 10^{-6}\,[\text{F}] \times 1 \times 10^3\,[\Omega])^{-1} = 10^3\,[\text{rad/s}]$.
$f = \omega/2\pi = 159\,[\text{Hz}]$.

問 7-3 $\dot{I} = j\omega \dot{C} \dot{V}_C = j\omega(C' - jC'')\dot{V}_C = \omega C'' \dot{V}_C + j\omega C' \dot{V}_C$.式 (7-33) と比較すると,$1/R_P = \omega C''$,$C_P = C'$ の対応関係がある.$\tan\delta = C''/C' = 1/\omega C_P R_P$ となって式 (7-34) と一致.

問 7-4 δ が小さいので $\tan\delta \approx \delta$ と近似できる．ポリカーボネート：$\delta \approx 0.001 \sim 0.005\,\mathrm{rad}\,(= 0.06 \sim 0.29°)$．固体タンタルコンデンサ：$\delta \approx 0.015\,\mathrm{rad} = 0.86°$．

演習問題

1. $dq/dt + (1/CR)q = (E_\mathrm{m}/R)\sin\omega t$．式 (5-14) より，
$$q = \mathrm{e}^{-t/CR}\left\{(E_\mathrm{m}/R)\int \mathrm{e}^{t/CR}\sin\omega t\,dt + c\right\}.$$

部分積分を行うと
$$\int \mathrm{e}^{t/CR}\sin\omega t\,dt = RC\mathrm{e}^{t/CR}\sin\omega t - CR\omega\int \mathrm{e}^{t/CR}\cos\omega t\,dt$$
$$= RC\mathrm{e}^{t/CR}\sin\omega t - \omega R^2C^2\mathrm{e}^{t/CR}\cos\omega t$$
$$-\omega^2 C^2 R^2 \int \mathrm{e}^{t/CR}\sin\omega t\,dt.$$

これより，$\displaystyle\int \mathrm{e}^{t/CR}\sin\omega t\,dt = \frac{\mathrm{e}^{t/CR}}{1+\omega^2 C^2 R^2}[CR\sin\omega t - \omega C^2 R^2 \cos\omega t]$
が得られるので，これを q の式に代入すれば，式 (7-3) が得られる．

2. $CR\sin\omega t - \omega C^2 R^2 \cos\omega t = \omega C^2 R\{(1/\omega C)\sin\omega t - R\cos\omega t\}$
$$= \omega C^2 R\sqrt{R^2 + (1/\omega C)^2}$$
$$\times \left\{\frac{1/\omega C}{\sqrt{R^2 + (1/\omega C)^2}}\sin\omega t - \frac{R}{\sqrt{R^2 + (1/\omega C)^2}}\cos\omega t\right\}$$
$$= \omega C^2 R\sqrt{R^2 + (1/\omega C)^2}(\sin\psi'\sin\omega t - \cos\psi'\cos\omega t)$$
$$= -\omega C^2 R\sqrt{R^2 + (1/\omega C)^2}\cos(\omega t + \psi').$$

これを使って，係数の部分を整理すれば，式 (7-4) が得られる．

3. $1/\dot{Z} = j\omega C_1 + j\omega C_2 = j\omega(C_1 + C_2)$．一方，$1/\dot{Z} = j\omega C_\mathrm{C}$．よって，$C_\mathrm{C} = C_1 + C_2$．

4. $\dot{Z} = 1/(j\omega C_1) + 1/(j\omega C_2) = (1/j\omega)(C_1^{-1} + C_2^{-1})$．一方 $\dot{Z} = (1/j\omega)C_\mathrm{C}^{-1}$．よって，$C_\mathrm{C}^{-1} = C_1^{-1} + C_2^{-1}$，$C_\mathrm{C} = C_1 C_2/(C_1 + C_2)$．

5. $\dot{E} = R\dot{I} - j(1/\omega C)\dot{I}$．ベクトル図は解図 18．$R\dot{I}$ と $-j(1/\omega C)\dot{I}$ はすべての ω で直交するので，$R\dot{I}$ の先端の軌跡は $\dot{E}$ を直径とする半円の円周上にある．

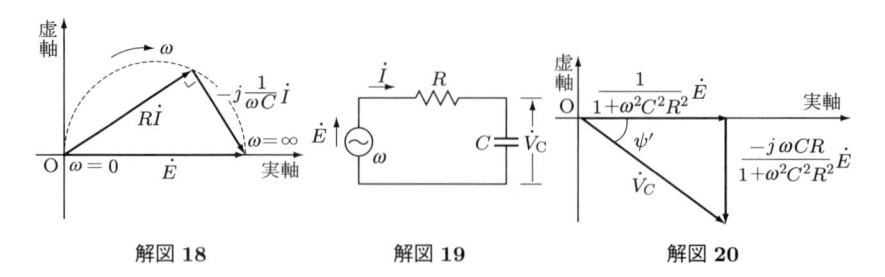

解図 18　　解図 19　　解図 20

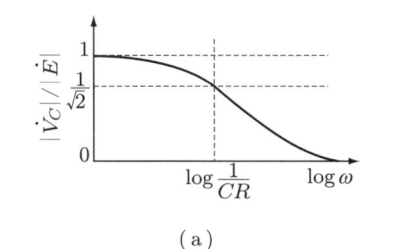

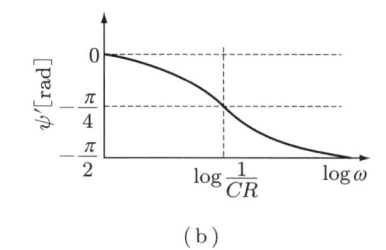

解図 21

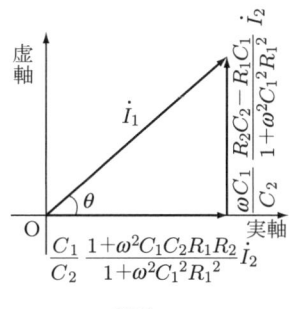

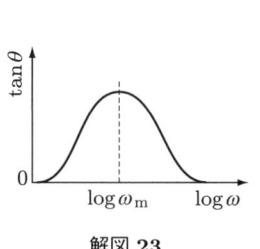

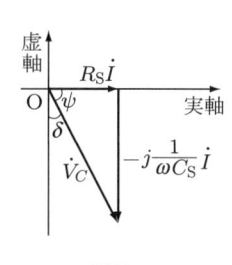

(a) $|\dot{V}_C|/|\dot{E}|$ vs $\log\omega$、$\omega=1/CR$ で $1/\sqrt{2}$

(b) ψ'[rad] vs $\log\omega$、$\omega=1/CR$ で $-\pi/4$

解図 22　解図 23　解図 24

6. 解図 19 の回路で，$\dot{V}_C = (-j/\omega C)\dot{E}/(R-j/\omega C) = \dot{E}(1-j\omega CR)/(1+\omega^2 C^2 R^2)$．$|\dot{V}_C|/|\dot{E}| = (1+\omega^2 C^2 R^2)^{-1/2}$．$\omega \to 0$ のとき $|\dot{V}_C|/|\dot{E}| = 1$，$\omega \to \infty$ のとき $|\dot{V}_C|/|\dot{E}| = 0$，$\omega = 1/CR$ のとき $|\dot{V}_C|/|\dot{E}| = 1/\sqrt{2}$．ベクトル図（解図 20）より，$\dot{V}_C$ は $\dot{E}$ より位相が遅れる．$\dot{E}$ を基準とすれば，$\tan\psi' = -\omega CR$．$\omega \to 0$ のとき $\psi' = 0$，$\omega \to \infty$ のとき $\psi' = -\pi/2$，$\omega = 1/CR$ のとき $\psi' = -\pi/4$．$|\dot{V}_C|/|\dot{E}|$ と ψ' の角周波数依存性は解図 21．

7. (1) $(R_1 + 1/j\omega C_1)\dot{I}_1 = (R_2 + 1/j\omega C_2)\dot{I}_2$ より，
$\dot{I}_1 = \{C_1(1+\omega^2 C_1 C_2 R_1 R_2)/C_2(1+\omega^2 C_1^2 R_1^2)\}\dot{I}_2 + j\{\omega C_1(C_2 R_2 - C_1 R_1)/C_2(1+\omega^2 C_1^2 R_1^2)\}\dot{I}_2$．これより，ベクトル図は解図 22．
(2) $\tan\theta = \omega(C_2 R_2 - C_1 R_1)/(1+\omega^2 C_1 C_2 R_1 R_2)$．
(3) $d\tan\theta/d\omega = (1-\omega^2 C_1 C_2 R_1 R_2)(R_2 C_2 - R_1 C_1)/(1+\omega^2 C_1 C_2 R_1 R_2)^2 = 0$ より，$\omega_{\mathrm{m}} = (C_1 C_2 R_1 R_2)^{-1/2}$．
(4) $\omega \to 0$ で $\tan\theta = 0$，$\omega \to \infty$ で $\tan\theta = 0$，$\omega = \omega_{\mathrm{m}}$ で $\tan\theta = 2^{-1}(C_2 R_2 - C_1 R_1)(C_1 C_2 R_1 R_2)^{-1/2}$．周波数特性は解図 23．

8. $\dot{V}_C = R_{\mathrm{S}}\dot{I} - j(1/\omega C_{\mathrm{S}})\dot{I}$ のベクトル図は解図 24．これより $\tan\delta = R_{\mathrm{S}}/(1/\omega C_{\mathrm{S}}) = \omega C_{\mathrm{S}} R_{\mathrm{S}}$．

9. (1) C_1 と R_1 の並列インピーダンスを $\dot{Z}_1$，C_2 と R_2 の並列インピーダンスを $\dot{Z}_2$ とすれば，$\dot{V}_{\mathrm{O}}/\dot{V}_{\mathrm{I}} = \dot{Z}_2/(\dot{Z}_1 + \dot{Z}_2)$．これに $\dot{Z}_1 = R_1/(1+j\omega C_1 R_1)$ と $\dot{Z}_2 = R_2/(1+j\omega C_2 R_2)$ を代入して整理し虚部をゼロとおけば $C_1 R_1 = C_2 R_2$．

(2) 問 (1) のとき $\dot{Z}_1/\dot{Z}_2 = R_1/R_2$ となるから,$\dot{V}_O/\dot{V}_I = R_2/(R_1+R_2)$.
(3) 端子 AC 間のインピーダンス $\dot{Z}_I = \dot{Z}_1 + \dot{Z}_2$.
$\dot{Z}_I/\dot{Z}_2 = \dot{Z}_1/\dot{Z}_2 + 1 = (R_1+R_2)/R_2$.

第 8 章
問

問 8-1 $\dot{Z} = 500 + j754\,[\Omega]$, $Z = \{R^2 + (\omega L)^2\}^{1/2} = 904\,[\Omega]$
問 8-2 $I_e = 12\,[\text{V}]/0.904\,[\text{k}\Omega] = 13.3\,[\text{mA}]$
問 8-3 解図 25,$\tan\psi' = \omega L/R = 754/500 = 1.51$,$\psi' = 56.5°$

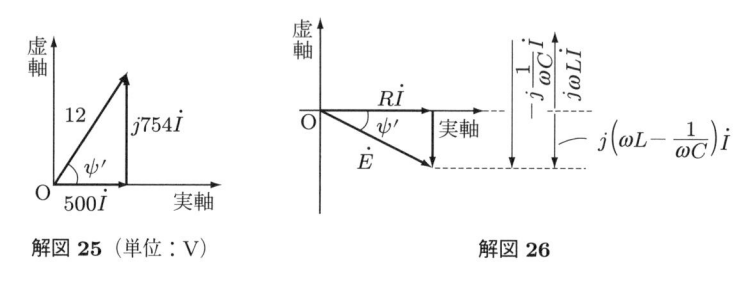

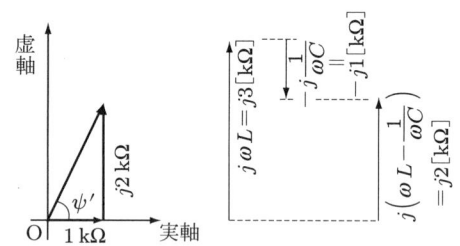

解図 25 (単位:V) 　　解図 26

解図 27

問 8-4 $300\,\Omega$ と $300\,\mu\text{H}$ の並列接続の合成複素インピーダンスは $150 + j150\,[\Omega]$. これと $150\,\mu\text{H}$ の直列接続の合成複素インピーダンスは $150 + 300j\,[\Omega]$
問 8-5 解図 26.
問 8-6 (1) $\omega L = 10^7\,[\text{rad/s}] \times 300 \times 10^{-6}\,[\text{H}] = 3\,[\text{k}\Omega]$,$1/\omega C = 1\,[\text{k}\Omega]$,よって,解図 27 のように書ける.
(2) $(1^2+2^2)^{1/2} = \sqrt{5} = 2.24\,[\text{k}\Omega]$.
(3) $10\,[\text{V}]/\sqrt{5}\,[\text{k}\Omega] = 2\sqrt{5}\,[\text{mA}] = 4.47\,[\text{mA}]$.
(4) $\tan\psi' = 2/1$,$\psi' = 63.4°$.
問 8-7 $\omega_0^2 = 1/LC = 2.5 \times 10^{12}\,[(\text{rad/s})^2]$. $\omega_0 = 1.58 \times 10^6\,[\text{rad/s}]$.
$f_0 = \omega_0/2\pi = 0.252 \times 10^6\,[\text{Hz}] = 252\,[\text{kHz}]$.
$Q = \omega_0 L/R = 1.58 \times 10^6\,[\text{rad/s}] \times 200 \times 10^{-6}\,[\text{H}] \div 20\,[\Omega] = 15.8$.

$\Delta f = f_0/Q = 252\,[\mathrm{kHz}]/15.8 = 16\,[\mathrm{kHz}]$.

問 8-8 コンデンサ両端の電圧 $-j(1/\omega_0 C)\dot{I}$ は，式 (8-31) を使って $-jQR\dot{I}$. 実効値は $QRI_\mathrm{e} = QE_\mathrm{e}$.

問 8-9 $G = 1/R$ とおけば，$\{G^2 + (\omega C - 1/\omega L)^2\}^{1/2} = \sqrt{2}G$. これより正の ω が二つ求まる．これを式 (8-29) に代入すればよい．

問 8-10 コンデンサを流れる電流 $j\omega_0 C\dot{V}$ は式 (8-34) を使って $j(Q/R)\dot{V}$. 実効値は $(Q/R)V_\mathrm{e} = QI_\mathrm{e}$.

演習問題

1. $\omega = 2\pi f = 314\,[\mathrm{rad/s}]$, $\omega L = 31.4\,[\Omega]$, $\dot{Z} = 20 + j31.4\,[\Omega]$,
   $\tan\psi = 31.4/20 = 1.57$, $\psi = 57.5°$,
   $I_\mathrm{e} = 100\,[\mathrm{V}]/Z[\Omega] = 100/(20^2+31.4^2)^{1/2} = 2.69\,[\mathrm{A}]$,
   皮相電力 $I_\mathrm{e}V_\mathrm{e} = 269\,[\mathrm{VA}]$, 力率 $\cos\psi = 0.537$, 有効電力 $I_\mathrm{e}V_\mathrm{e}\cos\psi = 144\,[\mathrm{W}]$,
   無効電力 $I_\mathrm{e}V_\mathrm{e}\sin\psi = 269 \times 0.843 = 227\,[\mathrm{Var}]$.

2. $E_\mathrm{e} = (R^2 + \omega^2 L^2)^{1/2} I_\mathrm{e}$, $E_\mathrm{e} = (R^2 + 10^2\omega^2 L^2)^{1/2}(I_\mathrm{e}/\sqrt{2})$ の 2 式より，
   $R = 0.995 E_\mathrm{e}/I_\mathrm{e}$, $L = 1.60 \times 10^{-2} f^{-1} E_\mathrm{e}/I_\mathrm{e}$.

3. $R = 995\,\Omega$, $L = 16\,\mathrm{mH}$.

4. (1) $\dot{E} = \dot{V}_R + \dot{V}_L = R\dot{I} + j\omega L\dot{I}$. ベクトル図は解図 28.
   (2) $\psi' = \tan^{-1}(\omega L/R)$ だけ $\dot{I}$ が $\dot{E}$ より遅れる．
   (3) $R\dot{I}$ と $j\omega L\dot{I}$ のなす角がすべての ω で $90°$ であるから，$|\dot{E}|$ を直径とする半円上．
   (4) ベクトル図から ψ' の周波数依存性の概略が分かる（解図 29）.

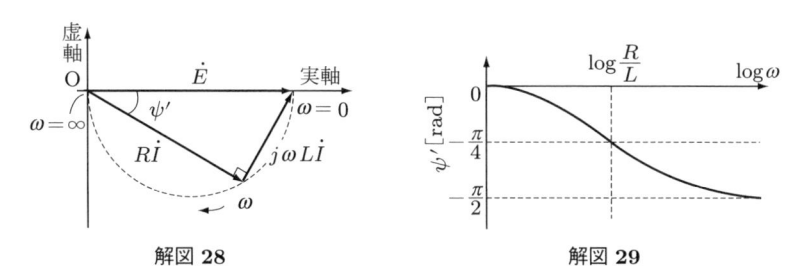

解図 28

解図 29

5. (1) $\dot{J} = \dot{I}_R + \dot{I}_L = (1/R)\dot{V} - j(1/\omega L)\dot{V}$. ベクトル図は解図 30.
   (2) $\psi' = \tan^{-1}(R/\omega L)$ だけ $\dot{V}$ が $\dot{J}$ より進む．
   (3) $|\dot{J}|$ を直径とする半円上．
   (4) ベクトル図から ψ' の周波数依存性の概略が分かる（解図 31）

6. C と R の並列インピーダンス $= R/(1+j\omega CR)$. $\dot{I} = \{j\omega L + R/(1+j\omega CR)\}^{-1}\dot{V}$.
   $\dot{I}_R = \{(1/j\omega C)/(R+1/j\omega C)\}\dot{I} = \{(1-\omega^2 LC)R + j\omega L\}^{-1}\dot{V}$. $\dot{I}_R$ が R に依存しないためには，R の係数 $1-\omega^2 LC$ がゼロになればよい．すなわち，$\omega = (LC)^{-1/2}$.

7. (1) $\dot{Z} = j\omega LR/(R+j\omega L) + 1/j\omega C = \omega^2 L^2 R(\omega^2 L^2 + R^2)^{-1}$
   $+j(\omega^2 LCR^2 - \omega^2 L^2 - R^2)/\{\omega C(\omega^2 L^2 + R^2)\}$.

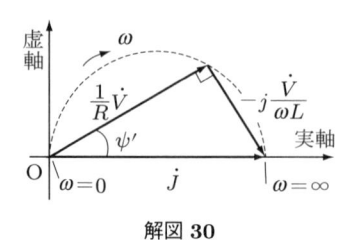

解図 30 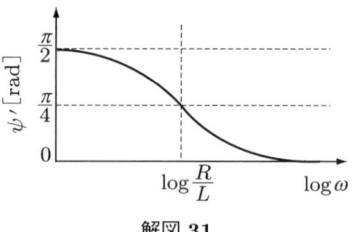　　　　　　　　解図 31

 (2) $\omega^2 LCR^2 - \omega^2 L^2 - R^2 = 0$ より $\omega_0 = RL^{-1/2}(CR^2 - L)^{-1/2}$.
 (3) $\dot{Z} = L/CR$.
8. $\dot{Z} = (R + j\omega L)/\{(1 - \omega^2 LC) + j\omega CR\}$.
 $Z^2 = |\dot{Z}|^2 = (R^2 + \omega^2 L^2)/\{(1 - \omega^2 LC)^2 + \omega^2 C^2 R^2\}$.
 (1) $dZ^2/dC = 2\omega^2(R^2 + \omega^2 L^2)\{L - C(R^2 + \omega^2 L^2)\}$
     $/\{(1 - \omega^2 LC)^2 + \omega^2 C^2 R^2\}^2$.
  $dZ^2/dC = 0$ より $C = L/(R^2 + \omega^2 L^2)$.
 (2) $\omega = (L - CR^2)^{1/2}/LC^{1/2}$.
 (3) $Z = L/CR$.
9. $\dot{Z}(= jX) = -j(1/\omega C_0)\{\omega L - 1/\omega C\}\{\omega L - (C + C_0)/\omega CC_0\}^{-1}$. $X = 0$ より $\omega_r = (LC)^{-1/2}$, $X = \infty$ より $\omega_a = \{(C + C_0)/LCC_0\}^{1/2}$ (解図 32).

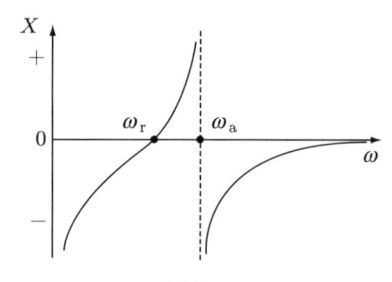

解図 32

10. 回路 II にキルヒホッフ第 2 法則を適用. $R\dot{I} + (1/j\omega C)\dot{I} + j\omega L\dot{I} + j\omega M\dot{J} = 0$.
 (1) $\dot{I} = \dot{J}\{-\omega M(\omega L - 1/\omega C) - j\omega MR\}/\{R^2 + (\omega L - 1/\omega C)^2\}$.
 (2) $\tan \psi = R/(\omega L - 1/\omega C) = \omega CR/(\omega^2 LC - 1)$,
  $\psi = \tan^{-1}\{\omega CR/(\omega^2 LC - 1)\}$.
 (3) 回路 II のインピーダンスを Z とすれば $Z = [R^2 + (\omega L - 1/\omega C)^2]^{1/2}$. $I = \omega MJ/Z$ より, Z が最小のとき I は最大. $dZ^2/dC = 2(\omega L - 1/\omega C)\omega^{-1}C^{-2}$. $dZ^2/dC = 0$ より, $C = 1/(\omega^2 L)$. このとき増減表より Z^2 が最小 (Z は常に正なので Z^2 の最小を調べた).

第 9 章
問
問 9-1 d/dt を $j\omega$ に変換すると，式 (8-2) は $Lj\omega\dot{i}+R\dot{i}=\dot{e}$. $\dot{e}=\dot{E}e^{j\omega t}$, $\dot{i}=\dot{I}e^{j\omega t}$ より $\dot{E}=j\omega L\dot{I}+R\dot{I}$.

演習問題
1. $\dot{Z}_S = (R/j\omega C)/(R+1/j\omega C) = R/(1+\omega^2 C^2 R^2) - j\omega C R^2/(1+\omega^2 C^2 R^2)$. $\dot{Z}_L = R_L + j\omega L_L$. インピーダンス整合の条件式 (9-23) より，$R_L = R/(1+\omega^2 C^2 R^2)$, $L_L = CR^2/(1+\omega^2 C^2 R^2)$. $\omega = 1/CR$ のときは，$R_L = R/2$, $L_L = CR^2/2$.

2. $\dot{I}_L = \dot{E}/(\dot{Z}_S + R_L)$, $\dot{V}_L = \dot{E}R_L/(\dot{Z}_S + R_L)$, 複素電力 $\dot{P} = \dot{V}_L\bar{\dot{I}}_L/2 = (1/2)|\dot{E}|^2 R_L/|\dot{Z}_S + R_L|^2 = E_e^2 R_L/\{(r_S + R_L)^2 + x_S^2\}$. これは実数なので P とおく．$dP/dR_L = E_e^2(r_S^2 + x_S^2 - R_L^2)/\{(r_S + R_L)^2 + x_S^2\}^2$. $dP/dR_L = 0$ より，$R_L = (r_S^2 + x_S^2)^{1/2} = |\dot{Z}_S|$.

3. 式 (9-17) より，$R_2\{1/R_4 + j\omega C_4\}^{-1} = R_1(R_3 + 1/j\omega C_3)$.
   整理して $R_1(1 - \omega^2 C_3 C_4 R_3 R_4) + j\omega\{C_3(R_1 R_3 - R_2 R_4) + C_4 R_1 R_4\} = 0$.
   実部 $= 0$，虚部 $= 0$ より，$\omega^2 C_3 C_4 R_3 R_4 = 1$ および $C_4/C_3 + R_3/R_4 = R_2/R_1$.

4. (1) 式 (9-17) より，$R_1 R_3 = \{(R_2/j\omega C_2)/(R_2 + 1/j\omega C_2)\}(R_S + j\omega L_S)$.
   整理して $(R_1 R_3 - R_2 R_S) + j\omega R_2(C_2 R_1 R_3 - L_S) = 0$.
   実部 $= 0$，虚部 $= 0$ より，$R_S = R_1 R_3/R_2$, $L_S = C_2 R_1 R_3$.
   (2) $Q = \omega L_S/R_S = \omega C_2 R_2$.

5. $\dot{Z}_S = R + j\omega L$. $\dot{E}_S = (\dot{E}_1 + \dot{E}_2)/2$.
   $\dot{I}_L = \{(\dot{E}_1 + \dot{E}_2)/2\}/\{(R + j\omega L) + (R - j/\omega C)\}$.
   $\dot{V}_L = (R - j/\omega C)\dot{I}_L = \{2R^2 - (1/\omega C)(\omega L - 1/\omega C) - jR(\omega L + 1/\omega C)\}(\dot{E}_1 + \dot{E}_2)2^{-1}\{4R^2 + (\omega L - 1/\omega C)^2\}^{-1}$.

参 考 文 献

1. 押本愛乃助, 岡崎彰夫：基礎電気・電子工学シリーズ　別巻　電気・電子工学概論, 森北出版.
2. 福田務, 栗原豊, 向坂栄夫：絵とき 電気理論, オーム社.
3. 阿部龍蔵：新物理学ライブラリ4　電磁気学入門, サイエンス社.
4. 藤本三治, 金井兼：わかりやすい 電磁気学, 森北出版.
5. 藤村安志：電気なんかこわくない 電気・電子回路計算演習, 誠文堂新光社.
6. 藤井信生：よくわかる 電気回路, オーム社.
7. 早川義晴, 松下祐輔, 茂木仁博：専修学校教科書シリーズ1 電気回路 (1) 直流・交流回路編, コロナ社.
8. 阿部鍼一, 粕谷英一, 亀田俊夫, 中場十三郎：専修学校教科書シリーズ2 電気回路 (2) 回路網・過渡現象編, コロナ社.
9. 平山 博：電気学会大学講座 電気回路論, 電気学会.
10. 末武国弘：基礎電気回路 I, 培風館.
11. 小寺平治：明解演習 線形代数, 共立出版.
12. 渡辺昌昭：理工科系わかりやすい 応用数学, 共立出版.

索　引

あ　行

網電流　53
アンペア　1
位相角　125
位相差　126
移動度　15
インダクタンス　95
インピーダンス　147, 153
インピーダンス整合　196
枝電流　50, 53
エレクトロンボルト　21
演算子　138
オイラーの公式　137
オーム　4
オームの法則　4

か　行

回路　1
回路網　29
角周波数　124
角速度　124
重ねの理　69
過渡解　108
過渡現象　111
カロリー　26
起電力　2
キャパシタ　78
Q　163, 181
行　45
共振角周波数　180
共振曲線　181
共振周波数　181
共振の鋭さ　181
行列　71
行列式　45
キルヒホッフの法則　30
クラメルの公式　49
クーロン　7
クーロンの法則　8
クーロン力　8
コイル　90
高域フィルタ　160
合成コンダクタンス　34, 37
合成抵抗　34, 37
合成容量　86
交流　123
固有抵抗　17
コンダクタンス　3
コンデンサ　78

さ　行

最大値　125
サセプタンス　190
サラスの展開　46
磁界　90
自己インダクタンス　95
自己誘導　95
自然対数　107
磁束　92
磁束線　90
磁束密度　91
実効値　129
時定数　109
磁場　90
ジーメンス　3
周期　125
充電　79
周波数　125
ジュール熱　26
瞬時値　123
小行列式　47
消費電力　26, 132
磁力線　91
枝路　29
真空の透磁率　91

真空の誘電率　8
振幅　125
正弦波　123
正弦波交流　123
静電容量　80
成分　46
節　29
絶対値　136
節点　29
節点方程式　72
相互インダクタンス　98
相互誘導　98
ソレノイド　96

た　行

$\tan \delta$　160
直流　2
直流電源　2, 60
直列共振　180
直列接続　33
低域フィルタ　160
抵抗　4
抵抗器　4, 76
抵抗素子　76
抵抗率　17
定常解　108
定常状態　111
定電圧源　62
定電流源　62
テブナンの定理　66
Δ-Y 変換　44
電圧　2
電圧降下　30
電圧ベクトル　139
電位　2, 19
電位差　2
電荷　7
電界　15
電気回路　1
電気伝導度　16
電気容量　80
電源　2
電子濃度　14
電子ボルト　21
電子密度　14
電磁誘導　92

電束　83
伝導電子　12
伝導電流　83
電流　1, 10
電流密度　14
電力　22, 24
電力量　23
等価回路　61
等価電圧源の定理　67
同次方程式　108
導体　10
導電率　16

な　行

内部抵抗　61
ネットワーク　29
ノード　29

は　行

発電機　94
バール　141
半値幅　181
ビオ・サバールの法則　103
皮相電力　141
比抵抗　17
比透磁率　91
微分方程式　106
比誘電率　85
ファラッド　8, 80
ファラデーの法則　93
負荷　2
負荷抵抗　60
複素アドミタンス　155
複素インピーダンス　152
複素数表示　135
複素電力　140
複素比誘電率　162
ブランチ　29
ブリッジ　58
平均値　127
並列共振　184
並列接続　36
閉路　1, 29
閉路電流　53
閉路方程式　54
ベクトルインピーダンス　153

索　引

ヘルツ　125
変圧器　98
変位電流　83
変数分離法　107
ヘンリー　95
ホイートストンブリッジ　55
放電　84
ボルト　2
ボルトアンペア　141

　　　　　　ま　行

無効電力　140

　　　　　　や　行

有効電力　140
誘電体　79
誘導起電力　93
誘導素子　76, 90

誘導リアクタンス　168
余因子　47
余因子展開　47
要素　46
容量素子　76, 78
容量リアクタンス　147

　　　　　　ら　行

リアクタンス　147
力率　141
ループ　1, 29
ループ電流　53
列　45
レンツの法則　92

　　　　　　わ　行

ワット　24

著者略歴

小林　敏志（こばやし・さとし）
- 1965 年　信州大学工学部通信工学科卒業
- 1970 年　東北大学大学院工学研究科電子工学専攻博士課程修了
- 1970 年　新潟大学講師
- 1971 年　新潟大学助教授
- 1981 年　新潟大学教授
- 2008 年　新潟大学名誉教授
　　　　　現在に至る
　　　　　工学博士

坪井　望（つぼい・のぞむ）
- 1984 年　新潟大学工学部電子工学科卒業
- 1989 年　新潟大学大学院自然科学研究科生産科学専攻博士課程修了
- 1989 年　長岡技術科学大学助手
- 1995 年　長岡技術科学大学講師
- 1995 年　新潟大学講師
- 2004 年　新潟大学助教授（2007 年より准教授）
- 2009 年　新潟大学教授
　　　　　現在に至る
　　　　　学術博士

基本を学ぶ電気と回路　　　　　　　© 小林敏志・坪井 望 2005

2005 年 10 月 11 日　第 1 版第 1 刷発行　【本書の無断転載を禁ず】
2020 年 9 月 10 日　第 1 版第 7 刷発行

著　者　小林敏志・坪井 望
発行者　森北博巳
発行所　森北出版株式会社
　　　　東京都千代田区富士見 1-4-11（〒102-0071）
　　　　電話 03-3265-8341 ／ FAX 03-3264-8709
　　　　https://www.morikita.co.jp/
　　　　日本書籍出版協会・自然科学書協会　会員
　　　　<（一社）出版者著作権管理機構　委託出版物>

落丁・乱丁本はお取替えいたします　　　印刷／太洋社・製本／協栄製本

Printed in Japan／ISBN978-4-627-73401-2